Bruno Kierdorf/Jürgen Kasedorf Service-Fibel für die Kfz-Elektrik

Bruno Kierdorf/Jürgen Kasedorf

Service-Fibel für die Kfz-Elektrik

Eine Einführung in die Kraftfahrzeug-Elektrik unter besonderer Berücksichtigung der schnellen Fehlersuche

12., erweiterte Auflage

VOGEL Buchverlag Würzburg

CIP-Titelaufnahme der Deutschen Bibliothek

Kierdorf, Bruno:
Service-Fibel für die Kfz-Elektrik: eine Einführung in die Kraftfahrzeug-Elektrik unter besonderer Berücksichtigung der schnellen Fehlersuche / Bruno Kierdorf; Jürgen Kasedorf. –
12., erw. Aufl. – Würzburg: Vogel, 1989.
(Vogel-Fachbuch: Technik: Service-Fibel)
ISBN 3-8023-0305-9
NE: Kasedorf, Jürgen:

ISBN 3-8023-0305-9
12., erweiterte Auflage. 1989

Printed in Germany

Herstellung: Alois Erdl KG, Trostberg

Vorwort

Fortschritte im Automobilbau werden heute meist an der elektronischen Ausrüstung gemessen. Deren Grundlage bleibt auch künftig die Kfz-Elektrik. Sie hat sich weiterentwickelt und den aktuellen Forderungen angepaßt.
Die Service-Fibel für die Kfz-Elektrik folgt diesen Veränderungen: In die nunmehr 12. Auflage wurden der Abschnitt 5.13 «Vollautomatische Lichtsteuerung» und das Kapitel 13 «Solaranlagen im Kfz» neu aufgenommen. Der Abschnitt 10.4.1 «Kontrolle der Zündkerzen» wurde neu gefaßt und wesentlich erweitert. Alles andere blieb in seiner bewährten Form erhalten.
Den Lernenden und den Werkstattfachleuten wünschen wir, daß sie aus diesem Buch viel Nutzen ziehen. Für Anregungen und fördernde Kritik sind wir jederzeit dankbar!

Bruno Kierdorf Jürgen Kasedorf

Inhaltsverzeichnis

1 Allgemeines

1.1 Rechtliche Grundlagen

Die Betriebsgefahren, die Kraftfahrzeuge verursachen, geben dem Kraftfahrzeugmechaniker und dem Kraftfahrzeugelektriker große Verantwortung. Denn von deren Arbeit ist die Verkehrssicherheit von Kraftfahrzeugen weitgehend abhängig. Dem entspricht auch die derzeitige Rechtsauffassung, daß Kraftfahrzeughandwerker, die durch unvorschriftmäßige Instandsetzungsarbeiten Unfallursachen schaffen, als grobfahrlässig angesehen und straf- und zivilrechtlich belangt werden. Somit müssen den Kraftfahrzeugelektrikern die ihrem Fach entsprechenden Gesetze und Verordnungen bekannt sein. Wer Änderungen an elektrischen Anlagen vornimmt oder zusätzliche Geräte einbaut, ist für das Einhalten der entsprechenden Vorschriften verantwortlich.
Zusätzliche Verantwortung ergibt sich für den Kraftfahrzeugmeister, wenn er, entsprechend den Richtlinien des Bundesverkehrsministers, Zwischenuntersuchungen von Kraftfahrzeugen nach § 29 der Straßenverkehrs-Zulassungsordnung ausführen darf.

1.2 Fachliche Grundlagen

Der Kraftfahrzeugelektriker soll die Ursachen von auftretenden Mängeln schnell und sicher finden. Dabei ist es erforderlich, nicht nur den Fehler zu finden und das schadhafte Bauteil zu erneuern, sondern es muß auch die Ursache des Schadens ergründet werden. Denn sehr oft treten Schadensfälle wiederholt auf, wenn nicht die Schadensursachen beseitigt wurden. Darum ist logisches Denken und das Wissen um die Funktion der einzelnen Geräte dringend erforderlich. Dies wiederum erfordert spezielle Begabung und praktische Erfahrung. Denn im Gegensatz zu den meisten anderen technischen Vorgängen in Kraftfahrzeugen, die plastisch vorstellbar sind, erfordert die Elektrotechnik und die Elektronik viel theoretisches Wissen. Das Begreifen dieser Vorgänge ist oft nur durch gedankliche Hilfskonstruktionen möglich.

Darum erfordert der Beruf des Kraftfahrzeugelektrikers weitaus mehr geistige als handwerkliche Fähigkeiten. Aus dem Wissen, daß man in diesem Beruf nie auslernt, muß der Kraftfahrzeugelektriker sich ständig weiterbilden, um mit zunehmenden naturwissenschaftlichen Erkenntnissen und den sich daraus ergebenden Entwicklungen Schritt zu halten.

1.3 Prüf- und Testgeräte

Für die Kraftfahrzeugelektrik wird eine Vielzahl von Prüf- und Testgeräten angeboten, die im wesentlichen die Feststellung von Fehlerursachen erleichtern sollen. Es kann nicht die Aufgabe dieser Fibel sein, für alle diese Geräte Bedienungsanleitungen zu geben, zumal diese ja den Geräten beigefügt werden. Hier soll die Fehlersuche mit möglichst einfachen Geräten und mit geringstmöglichem technischen Aufwand beschrieben werden. Dabei ist zu sagen, daß das beste Gerät zur Fehlersuche das fundierte technische Wissen und die genügende praktische Erfahrung ist. Die Testgeräte sollen im Regelfall auch einem weniger versierten Fachmann durch einige grundsätzliche Messungen die Möglichkeit geben, Fehler oder Störungsursachen festzustellen. Trotzdem kann auch das bestdurchdachte programmierte Testen das fachliche Wissen des Fachmannes nicht ersetzen, sondern nur ergänzen. Anderseits können durch entsprechendes Fachwissen komplizierte und teure Testgeräte durch Einsatz anderer einfacherer Geräte erspart werden. Die Tatsache, daß häufig komplizierte Testgeräte ungenutzt in Werkstätten altern, sollte erhärten, daß Testgeräte erst durch einen guten Fachmann voll ausgenutzt werden können. Es ist aber irreführend, wenn man behauptet, daß durch den Einsatz von Gruppentestern jeder mögliche – also auch nur zeitweise Störungen verursachende – Fehler ermittelt werden könnte. Man sollte darum in keinem Fall auf die Auswertung der vom Kraftfahrer gemachten Angaben verzichten. Denn diese Angaben ermöglichen den gezielten Einsatz von Meß- und Prüfgeräten und erhöhen die Aussicht, die Störungsursachen zu ermitteln.

2 Schaltbilder, Klemmenbezeichnungen und Kennfarben elektrischer Leitungen

2.1 Schaltpläne

Das Kennen und Verstehen von Schaltbildern ist eine der wesentlichsten Voraussetzungen für die Fehlersuche in der elektrischen Anlage von Kraftfahrzeugen. Ebenso ist es erforderlich, Schaltbilder herstellen zu können, um damit die Stromkreise zu verfolgen und sich die Funktionen einzelner Geräte erklärlich zu machen.
Um Schaltpläne zu verstehen und herzustellen, ist es notwendig, einige Grundsätze und die wesentlichen Schaltzeichen zu kennen. Dies ist erschwert, weil die DIN-Schaltzeichen nicht in jedem Falle verständlich sind und außerdem durch neue Vorschläge oft geändert werden. So gibt es neben den DIN-Schaltzeichen noch besondere Schaltzeichen einzelner deutscher Firmen und dazu noch die des Auslandes.
Der Schaltplan wird je nach Zweck und Erfordernis als Prinzipschaltplan, als Anschlußschaltplan oder als aufbaugerechter Wirkschaltplan hergestellt.
Der Prinzipschaltplan ist nur ein Übersichtsschaltplan, bei dem in vereinfachter Darstellung die Bauteile und die hauptsächlichsten Leitungen eingezeichnet sind (Bild 2.1).
Im Anschlußschaltplan sollen der Verlauf der Leitungen, die die möglichst lagerichtigen Geräte verbinden, und die Klemmenbezeichnungen dargestellt sein (Bild 2.2).
Der Wirkschaltplan soll die Geräte und Schaltung so darstellen, daß die Funktion der Geräte erklärbar ist. Dazu ist es erforderlich, die

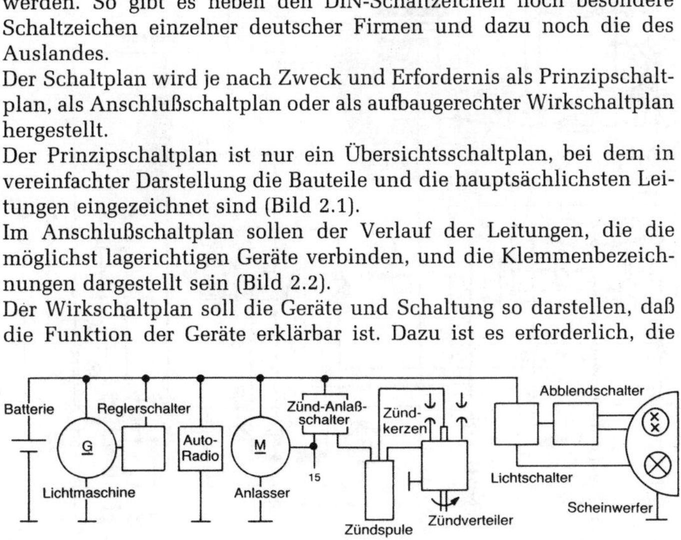

Bild 2.1 Übersichtsschaltplan einer elektrischen Anlage für Kraftwagen (nach Bosch)

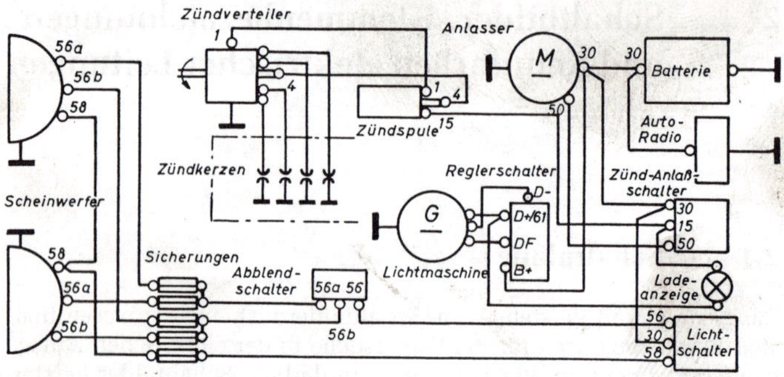

Bild 2.2 Anschlußschaltplan der in Bild 2.1 dargestellten elektrischen Anlage (nach Bosch)

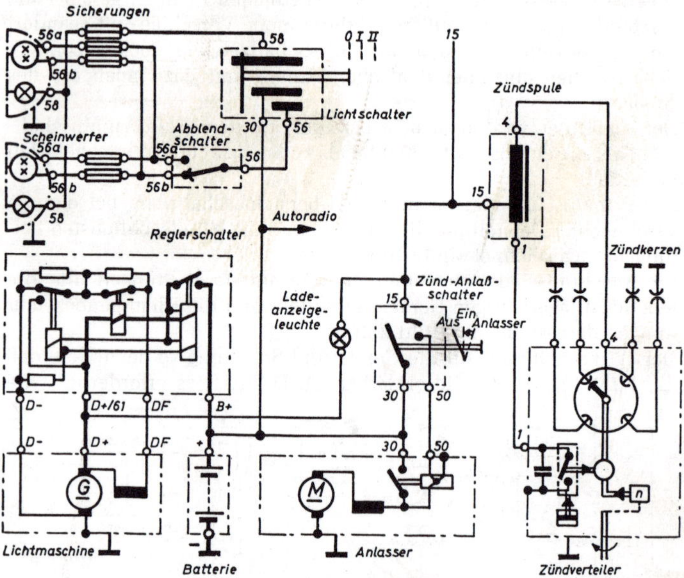

Bild 2.3 Wirkschaltplan der in den Bildern 2.1 und 2.2 dargestellten elektrischen Anlage (nach Bosch)

innere Schaltung der Geräte darzustellen. Da normgerechte Schaltzeichen nicht immer ausreichend deutlich sind, verwendet man hier oft aufbaugerechte Darstellungen von Geräten. Häufig verwendet man auch für die Bauteile, die für die Funktionserklärung unwesentlich sind, die üblichen Schaltzeichen und für die funktionswesentlichen Bauteile die aufbaugerechte Darstellung (Bild 2.3).
Die Schaltpläne sollen die Anlagen in stromlosem Zustand und die Schalter in ihrer Grundstellung zeigen. Der Verlauf von Leitungen soll geradlinig durch waagerechte oder senkrechte Striche dargestellt werden. Größere Leiterquerschnitte können durch größere Liniendicken kenntlich gemacht werden. Der Leitungsverlauf soll übersichtlich sein, und Kreuzungen von Leitungen sollte man möglichst vermeiden. Nach Möglichkeit sind bei Wirkschaltplänen die elektrische Energie erzeugenden Geräte links und die verbrauchenden Geräte rechts in das Schaltbild einzuzeichnen. Nichtlösbare (z.B. gelötete) Anschlüsse werden als Punkt und lösbare als Kreis dargestellt.

2.2 Schaltzeichen

Die Schaltzeichen und Schaltkurzzeichen sollen es ermöglichen, im Schaltbild Geräte, Schalter und sonstige häufig vorkommende Teile einfach darzustellen. Ihre Kenntnis ermöglicht es, die Schaltpläne zu lesen.

2.2.1 Kennzeichnungen für elektrische Geräte nach DIN 40 719/2

A	Anlage, Baugruppe, Teilegruppe wie: Autoradio, Schaltgeräte, Steuergeräte, Kombigeräte
B	Umsetzer von nichtelektrischen auf elektrische Größen oder umgekehrt wie: Sensoren, Sonden, Geber, Lautsprecher, Signalhörner, Luftmengenmesser
C	Kondensatoren aller Art
D	Binäre Elemente, Speichereinrichtungen wie: digitale Einrichtungen, integrierte Schaltkreise, Speicher, Verzögerer, Zeitglieder

E	Geräte, die an anderer Stelle nicht aufgeführt sind wie: Beleuchtungen aller Art, Heiz- und Klimaanlagen, Zündkerzen, Zündverteiler
F	Schutzeinrichtungen wie: Sicherungen, Polaritätsschutzgeräte, Stromschutzschaltungen
G	Stromversorgung wie: Batterie, Generator, Gleichrichtergeräte, Ladegeräte, Magnetzünder-Generator, Umformer
H	Kontroll-, Melde- und Signalgeräte wie: Anzeigelampen, Blinkkontrolle, Bremslicht, Blinklicht, akustische Meldegeräte, Fernlichtanzeige, Generatorkontrolle
K	Relais wie: Batterierelais, Blinkgeber, Blinkrelais, Einrückrelais, Startrelais, Warnblinkgeber
L	Induktivitäten wie: Spule, Wicklung
M	Motoren wie: Gebläsemotor, Lüftermotor, Scheibenwischermotor, Startermotor
N	Regler, Verstärker wie: elektronische oder elektromagnetische Regler, Spannungskonstanthalter
P	Meß-, Anzeige- und Prüfgeräte wie: Anzeige- und Meßinstrumente, Diagnoseanschlüsse, Meßpunkte, Tachometer, Uhren

R	Widerstände wie: Glühkerzen, Glühüberwacher, Heizwiderstände, Potentiometer, Regel- und Vorwiderstände, Widerstandsleitungen, Zigarettenanzünder
S	Schalter wie: Schalter und Taster aller Art, Druckschalter, Zündunterbrecher
T	Transformatoren wie: Stromwandler, Zündspulen
U	Umsetzer von elektrischen in andere elektrische Größen, Modulatoren wie: Umsetzer aller Art, Gleichstromwandler
V	Halbleiter wie: Dioden, Gleichrichter, Halbleiter aller Art, Transistoren, Thyristoren, Z-Dioden
W	Übertragungswege, Leitungen, Antennen wie: Autoantennen, Abschirmteile, geschirmte Leitungen, Kabelbäume, Leitungen, Massesammelleitungen
Y	elektrisch betätigte mechanische Einrichtungen wie: Dauermagneten, Einspritzventile, Elektrokraftstoffpumpen, Elektromagneten, Hubmagneten, Magnetventile, Zentralschließeinrichtungen
Z	elektrischer Filter wie: Entstörglieder, Siebketten

2.2.2 Symbolkennzeichen der Geräte im Kraftfahrzeug

Beispiele für Geräteschaltzeichen

Hallgenerator

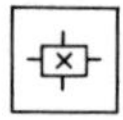

Verstärker

Frequenzumsetzer

Frequenzvervielfacher

Frequenzteiler

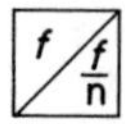

Pulsinverter (Umkehr)

Pulsformer

Meßumformer (Temperatur/Strom)

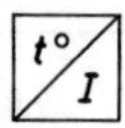

Getriebe, Drehzahlwandler

Elektrische Maschinen

Anker, Läufer mit Wicklung,
Bürste (nur, wenn notwendig)

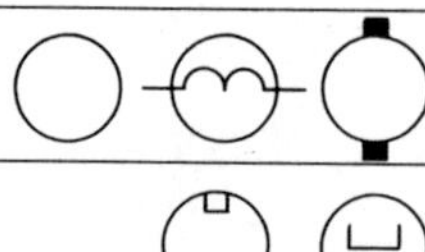

Leitstückläufer (Geber),
Läufer mit Dauermagnet

Gleich-, Wechsel-, Drehstrom	
Stern-, Dreieckwicklung Wicklungen	
Gleichstromgenerator; Gleichstrommotor; Wechselstromgenerator; Drehstromgenerator	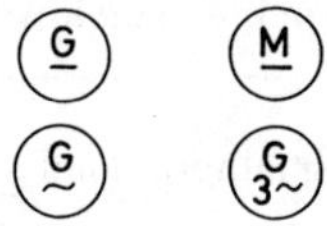
Neben-, Reihen-, Doppelschlußmaschine	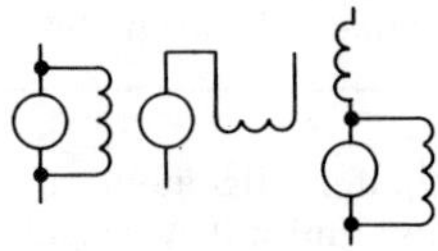
Magnetzünder; induktiver Geber	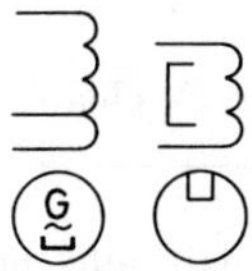
Drehstromgenerator in Sternschaltung; Schleifringläufer mit Erregerwicklung	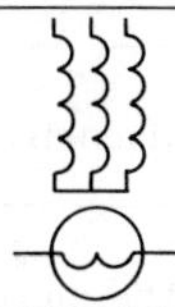

Geräte im Kraftfahrzeug

Batterie	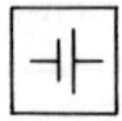
Steckdose	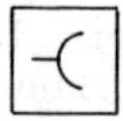
Leuchte, Scheinwerfer	
Signalhorn, Fanfare	
Heizbare Heckscheibe	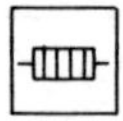
Schalter, allgemein ohne und mit Anzeigelampe	 
Druckschalter	
Relais, allgemein	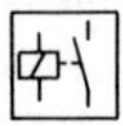
Magnetventil, Einspritzventil, Kaltstartventil	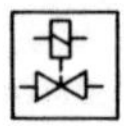
Thermozeitschalter	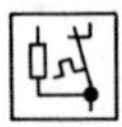
Drosselklappenschalter	
Drehsteller	
Zusatzluftfilter	

Zündkerze	
Zündspule	
Zündverteiler, allgemein	
Spannungsregler, Drehstromgenerator mit Regler	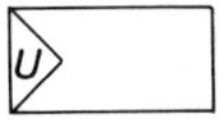 
Startermotor mit Einrückmagnet	
Elektrokraftstoffpumpe, Motorantrieb für Hydraulikpumpe	
Motor mit Gebläse, Lüfter	
Scheibenwischermotor	
Autoradiogerät	
Lautsprecher	
Schaltgerät, Steuergerät	
Spannungskonstanthalter, Stabilisator	
Induktiver Geber	
Warnblinkgeber, Blinkgeber, Blinkrelais, Impulsgeber, Intervallrelais	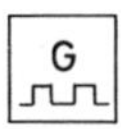

Piezoelektrischer Geber	
Lambda-Sonde	λ
Luftmengenmesser	
Luftmassenmesser	
Mengengeber, Kraftstoffstandgeber	
Temperaturschalter, Temperaturfühler	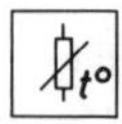

2.3 Kennzeichnung der Anschlußklemmen

Die Klemmenbezeichnungen sollen im Schaltbild und im Kraftfahrzeug den Leitungsanschluß erkennbar machen. Im Ausland ist in den meisten Fällen durch die mit Buchstaben bezeichneten Klemmen schon ein Hinweis auf den Zweck des Anschlußes gegeben. Dagegen wurde in Deutschland die meist durch Zahlen dargestellte Klemmenbezeichnung des größten Herstellerwerkes von Kraftfahrzeugelektrogeräten übernommen. Aus der die Klemmenbezeichnung darstellenden Zahl ist keine Beziehung zum Zweck der Klemme möglich. Darum ist es zweckmäßig, den Sinn der gängigsten Klemmenbezeichnung nach DIN 72552 und die sonst noch vorkommenden firmenüblichen Kennzeichnungen auswendig zu lernen.

2.4 Klemmenbezeichnungen nach DIN 72552

Zündanlage

1	Von Zündspule zum Zündverteiler (Niederspannung)
1 a	zum Zündunterbrecher I
1 b	zum Zündunterbrecher II (nur bei Fahrzeugen mit zwei getrennten Zündstromkreisen)
2	Vom Magnetzünder zum Zündschalter (Kurzschlußschalter)
4	Von Zündspule zum Zündverteiler (Hochspannung)
15	Vom Zündschalter zur Zündspule (Ausgang Fahrtschalter)
15 a	Ausgang am Vorwiderstand zu Zündspule und Schalter
15/54	Von Schaltkasten zu Zündspule, Anzeigenleuchte Sicherung für Tagesverbraucher, Vorglühanlaßschalter
16	Überbrückungsklemme am Starter zur Zündspule (Vorwiderstand)
16	Vom Anlasserschalter zum Zündspulenvorwiderstand zum Verstärken der Zündleistung beim Anlassen
17	Vorglühanlaßschalter – Glühüberwacher (Ausgang)
19	Vorglühschalter – Glühüberwacher (Eingang)

Batterie

30	Von Batterie (+) zum Anlasser, Schaltkasten, Zündschalter, Batterieumschalter bei 12/24-V-Anlasser
30 a	Von Batterie II (+) zum Anlasser
30 a	Von Batterie II (+) oder Anlasser zu V-Anlasser-Umschalter
30/51	Von Batterie (+) oder Generator zum Schaltschutz
31	Von Batterie (−) an Masse
31 a	Von Batterieumschalter zu Batterie II (−)
31 b	Rückleitung an Batterie Minus oder Masse über Schalter oder Relais

Starter

45	Getrenntes Startrelais, Ausgang Starter, Eingang (Hauptstrom)
48	Klemme am Starter und am Startwiederholrelais
50	Von Anlaßschalter zu Anlaßmagnetschalter
50 a	Von Vorglühanlaßschalter zu Batterieumschalter

Generator

44	Von Ausgleichsspule des Reglerschalters I zu Ausgleichsspule des Reglerschalters II

51	Von Generatorschalter zu Batterie, Anlasser, Schaltkasten oder Batterieumschalter
51 e	Gleichspannung am Gleichrichter mit Drosselspule
61	Ladekontroll-Leuchte

Beleuchtungsanlage

49	Von Zündschalter zu Blinkgeber
49 a	Von Blinkgeber zu Blinkerschalter
52	Von Anhängersteckdose zu Reifenwächter
54	Bremslicht
54	Von Bremsbetätigungsschalter zu elektrischem Bremsventil der 3. Bremse am Anhänger
L 54	Von Blinkerschalter zu Blink-Bremslicht – links
R 54	Von Blinkerschalter zu Blink-Bremslicht – rechts
54 f	Von Bremslichtschalter zu Zweikreisschalter für Fahrtrichtungsanzeiger
54 g	Von Anhängersteckdose zu elektrischem Anhängerbremsventil
55	Von Nebellampenschalter zu Nebelscheinwerfer
56	Von Lichtschalter zu Abblendschalter
56 a	Von Abblendschalter zu Scheinwerfer (Fernlicht)
56 b	Von Abblendschalter zu Scheinwerfer (Abblendlicht)
57	Von Lichtschalter zu Parklicht
57	Von Lichtschalter zu Standlicht (nur bei Motorrädern zulässig)
57 L	Parklicht – links
57 R	Parklicht – rechts
58	Von Lichtschalter zu Begrenzungs-. Schluß-, Kennzeichen und Instrumentenleuchten
58 d	Von Lichtschalter zu regelbarer Instrumentenbeleuchtung, Schluß- und Begrenzungsleuchte
58 L	Kennzeichenleuchte – links
58 R	Kennzeichenleuchte – rechts

Scheiben-Wisch-Wasch-Anlage

31 b	Rückleitung über Kurzschlußschalter zur Masse
53	Von Wischerschalter (+) zu Wischermotor
53 a	Wischer-Endabstellung (+)
53 b	Von Wischerschalter (Nebenschlußwicklung) zu Wischermotor
53 c	Elektrische Scheibenwascherpumpe
53 e	Wischer (Bremswicklung)
53 i	Dritte Bürste (für höhere Wischgeschwindigkeit)
83	Eingang am Stufenschalter

83 a Ausgang am Stufenschalter – Schaltstufe 1
83 b Ausgang am Stufenschalter – Schaltstufe 2
83 L Ausgang – Stellung links
83 R Ausgang – Stellung rechts

Tonfolgeschalter

71 Eingang
71 a Ausgang zu Horn 1 + 2 – tief
71 b Ausgang zu Horn 1 + 2 – hoch

Zusatzgeräte

75 Radio und/oder Zigarettenanzünder
76 Lautsprecher
77 elektr. Türzentralverriegelung

Schalter

81 Eingang – Öffner
81 a 1. Ausgang – Öffnerseite
81 b 2. Ausgang – Öffnerseite
82 Eingang – Schließer
82 a 1. Ausgang – Schließer
82 b 2. Ausgang – Schließer
82 z 1. Eingang – Schließer
82 y 2. Eingang – Schließer
83 Eingang – Mehrstellenschalter
83 a Ausgang – Stellung 1
83 b Ausgang – Stellung 2
83 L Ausgang – Stellung links
83 R Ausgang – Stellung rechts

Relais

84 Eingang – Stromrelais
84 a Ausgang – Antrieb
84 b Ausgang – Relaiskontakt
85 Ausgang am Schaltrelais
86 Eingang am Schaltrelais
87 Eingang am Relais bei Öffnern und Wechslern
87 a 1. Ausgang am Relais bei (bei Wechslern, die Öffnerseite)
87 b 2. Ausgang

87 c	3. Ausgang
87 z	1. Eingang
87 y	2. Eingang
87 x	3. Eingang
88	Eingang am Relais bei Schließern
88 a	1. Ausgang am Relais bei Schließern

B+	Von Batterie (+) an Generator, Reglerschalter, Lichtzündschalter
C	Von Anzeigelampe an Blinkgeber (−)
C2	Von Anzeigelampe an Blinkgeber (+)
L	Von Fahrtrichtungsschalter an Fahrtrichtungsanzeiger – links
R	Von Fahrtrichtungsschalter an Fahrtrichtungsanzeiger – rechts
D+	Von Generator (+) an Reglerschalter
D−	Von Reglerschalter (−) an Generator (−)
DF	Von Generatorreglerwicklung an Reglerschalter

Das für die gesamte elektrische Anlage in Kraftfahrzeugen festgelegte System der Klemmenbezeichnung soll ein fehlerfreies Anschließen der Leitungen an den Geräten, vor allem auch bei Reparaturen und Ersatz/Zusatzeinbauten, ermöglichen. Durch die Zuordnung von bestimmten Klemmennummern zu den einzelnen Stromzweigen und/oder Gerätegruppen und Geräten können auch Geräte verschiedener Herkunft nach ein und demselben Anschlußplan richtig verkabelt und angeschlossen werden.
Dabei ist zu beachten, daß die Klemmenbezeichnungen nicht identisch mit den Leitungsbezeichnungen sind, da an den beiden Enden einer Leitung Geräte mit unterschiedlicher Klemmenbezeichnung angeschlossen sein können.
Die Klemmen mit der Bezeichnung 30 stehen ohne Zwischenschalten eines Schalters immer unter Spannung, auch wenn das Fahrzeug abgestellt ist.
Die Klemmen 31 sind an Masse angeschlossen und haben dementsprechend dauernd Verbindung zum Minuspol der Batterie.

2.5 Farbenkennzeichnung für Autokabel

Für Instandsetzungsarbeiten und Störungssuche ist die Farbenkennzeichnung von elektrischen Leitungen eine Arbeitserleichterung. Nach DIN 72551 sind acht Grundfarben vorgesehen, die folgende Bedeutung haben:

Grün = Leitungen von Zündspulen zu Unterbrechern
Rot = Leitungen von Batterien zu Generatoren und zu den Licht- und Zündschaltern
Schwarz = Leitungen von Batterien zu Anlassern sowie von Licht- und Zündschaltern zur Zündspule, zur Vorglühanlage, der Anlaßanlage und den Tagesverbrauchern
Braun = Masseleitungen
Hellblau = Leitungen zu den Kontrollampen für Generatoren, Öldruck, Kraftstoff usw.
Weiß = Leitungen zu den Fahrscheinwerfern
Gelb = Leitungen für Abblendlicht
Grau = Leitungen für Schlußlicht, Nummernlicht, Begrenzungslicht usw.

Die Kennfarben sind aber bei den einzelnen Fahrzeug-Fabrikaten verschieden, und zur Zeit gibt es keine allgemein gültigen Richtlinien. Neben der Grundfärbung des Kabels dienen zusätzliche Kennfarben in Form von Farbstrichen auf der Isolierung oder durch eingeflochtene farbige Fäden der weiteren Unterteilung für einzelne Zwecke. Die Kennzeichnungen nach DIN 72551 sind zum Beispiel für folgende Leitungen:

Klemmen-bezeichnung	von	nach	Grundfarbe	Kennfarbe
31b	Öldruckanzeiger	Öldruckschalter	Hellblau	Grau
52	Reifenwarngerät	Reifenwächter	Hellblau	Gelb
53	Sicherung	Scheibenwischer	Schwarz	Lila
54	Sicherungsdose	Bremsleuchte	Schwarz	Rot
54	Sicherung	Signalhorn	Schwarz	Gelb
54	Sicherung	Heizscheibe	Schwarz	Gelb
56	Schaltkasten bzw. Lichtschalter	Abblendschalter	Weiß	Schwarz
56a	Sicherung	Fernlicht-anzeigeleuchte	Hellblau	Weiß
58	Sicherung	Schlußleuchte, Seitenleuchte und Begrenzungslicht links (Kennzeichenleuchte mit linker Schlußleuchte vereinigt)	Grau	Schwarz

Klemmen-bezeichnung	von	nach	Grundfarbe	Kennfarbe
58	Schaltkasten bzw. Lichtschalter	Instrumentenleuchte	Grau	Rot
L	Schalter	Fahrtrichtungs-anzeiger links	Schwarz	Weiß
R	Schalter	Fahrtrichtungs-anzeiger rechts	Schwarz	Grün

3 Das Kabelnetz

3.1 Leitungsquerschnitt

Die Leiterquerschnitte der elektrischen Leitungen für Kraftfahrzeuge sind durch DIN 72551 in „Nennquerschnitten" festgelegt. Es kommen folgende Nennquerschnitte zur Verwendung:

Querschnitt	Empfohlen für Dauerstrom	Höchststrom	
0,5 mm²	0,5 A	1,5 A	z.B. für Anzeigeleuchten, für Fernlichtkontrolle, Öldruck, Temperatur oder ähnliches, Benzinuhr, Zeituhr, Instrumentenleuchte usw.
0,75 mm²	2,5 A	5 A	z.B. für Begrenzungsleuchten, Parkleuchten usw.
1 mm²	3 A	10 A	z.B. Fahrtrichtungsanzeiger, Bremsleuchten, Batteriezünder usw.
1,5 mm²	6 A	15 A	z.B. für Scheinwerfereinzelleitungen, Leitungen zum Blinker und zum Blinkerschalter, Signalhorn, Wischermotor usw.
2,5 mm²	15 A	25 A	z.B. Scheinwerfersammelleitung (56), Sammelleitung für Tagesverbraucher (54), Signalhorn, Anlaßmagnetschalter usw.
4 mm²	20 A	40 A	z.B. für Ladeleitungen (51), Leitungen zu Lichtschaltern (30) und Vorglühanlagen usw.
6 mm²	25 A	60 A	
10 mm²	40 A	100 A	
16 mm²			für Anlasserleitungen
25 mm²			
35 mm²			
50 mm²			
70 mm²			
95 mm²			
120 mm²			

3.2 Bestimmung der Leiterquerschnitte

Für die Wahl der zur Verwendung kommenden Leitungsquerschnitte sind die drei Faktoren Preis, Erwärmung und Spannungsabfall ausschlaggebend. Wegen der geringeren mechanischen Festigkeit sollte man Nennquerschnitte unter 1 mm² nicht verwenden. Der Preis ist für

die Kalkulation neuer Fahrzeuge wichtig. Darum soll man, wenn man an vorhandene Leitungen zusätzliche Verbraucher anschließt, bedenken, daß auch der Hersteller kein teures Kabel von größerem Querschnitt verwenden wird, wenn es nicht sein muß. Wenn durch zusätzliche Verbraucher der Strom im Kabel viel zu groß wird, so kann die Leitung zu heiß werden und einen Brand des Fahrzeuges verursachen. In diesem Falle liegt Fahrlässigkeit vor, und der Elektriker kann zur Verantwortung herangezogen werden, weil jeder Kabelquerschnitt nur mit einem bestimmten Höchststrom belastet werden darf. Als Daumenregel kann bei Nennquerschnitten bis 6 mm² Dauerstrom 10 A, bei Nennquerschnitten von 10 bis 35 mm² 6 A, zwischen 50 bis 120 mm² 4 A und bei kurzzeitigen Strömen 20 A je Quadratmillimeter Nennquerschnitt als höchstzulässig angesehen werden.
Das DIN-Blatt 72551/3 gibt Richtlinien für den höchstzulässigen Spannungsabfall. Danach ist der zur Verwendung kommende Kabelquerschnitt je nach der Leitungslänge, dem Strom und dem höchstzulässigen Spannungsabfall durch Rechnung zu ermitteln. Dabei wird als höchstzulässig angesehen:

In Verbraucherleitungen	bei 6-V-Anlagen = 0,4 V
	bei 12-V-Anlagen = 0,8 V
In den Ladeleitungen bei Nenn-	bei 6-V-Anlagen = 0,15 V
leistung der Generatoren	bei 12-V-Anlagen = 0,3 V
In den Anlasserleitungen bei Kurz-	bei 6-V-Anlagen = 0,25 V
schlußstrom des Anlassers	bei 12-V-Anlagen = 0,5 V

Zur Errechnung des Leitungsquerschnittes dient die Grundformel:

$$A = \frac{\varrho \cdot L}{R}$$

Diese Formel wird je nach Art der Leitung entsprechend umgestellt. Die Formel für Verbraucherleitungen und Generatorleitungen lautet:

$$A = \frac{\varrho \cdot L \cdot P}{u \cdot U}$$

Als Formel für die Errechnung des Mindestquerschnittes der Anlasserleitung kann man, wenn die Kurzschlußstromangabe fehlt, verwenden:

$$A = \frac{\varrho \cdot L \cdot P \cdot 3000}{u \cdot U}$$

Dabei bedeuten:

A = Nennquerschnitt
ϱ = spezifischer Widerstand in Ω
L = Länge der Leitung in Meter
P = Nennleistung in PS (1 PS = 736 W)
u = höchster zulässiger Spannungsabfall in Volt
U = Nennspannung in Volt

Das Ergebnis der Rechnung ist auf den nächst höheren Nennquerschnitt für Kraftfahrzeugleitungen aufzurunden.

3.2.1 Beispiele zur Errechnung des Nennquerschnitts einer Generatorleitung

So muß z. B. für einen 12-V-Generator von 300 W Nennleistung bei 3 m Kabellänge folgender Leitungsquerschnitt verwendet werden:

$$A = \frac{0{,}018 \cdot 3 \cdot 300}{0{,}3 \cdot 12} = 4{,}5 \text{ mm}^2$$

Es ist somit der nächsthöhere Nennquerschnitt, also 6 mm², zu verwenden. Da dieser Querschnitt mit Rücksicht auf die Erwärmung pro mm² mit 10 A auf Dauer belastet werden kann, ist mit 10 × 6 = 60 A auch beim Dauerhöchststrom des Generators (37,5 A) der Leitungsquerschnitt ausreichend (siehe Abschnitt 8.3.3 bis 8.3.6).
Bei den meisten Generatoren wird seit einigen Jahren nicht mehr die Nennleistung, sondern die Ladespannung und der Dauerhöchststrom in der Typenbezeichnung angegeben (z. B. K1 14 V 35 A). In diesem Falle kann der Nennquerschnitt laut DIN-Norm aus ⅔ dieser Dauerhöchststromes bei 3 m Kabellänge wie folgt berechnet werden:

$$A = \frac{\varrho \cdot L \cdot I \cdot 2}{u \cdot 3} = \frac{0{,}018 \text{ m} \cdot 3 \text{ m} \cdot 35 \text{ A} \cdot 2}{0{,}3 \text{ V} \cdot 3}$$

$$= 4{,}2, \text{ also aufgerundet } 6 \text{ mm}^2$$

Bei Bosch-Generatoren, für die eine Betriebsspannung von 7, 14 oder 24 V und der Dauerhöchststrom angegeben sind, kann man nach dem Bosch-Taschenbuch den Leitungsquerschnitt angenähert nach dem Höchststrom errechnen, wenn man für 7-V-Generatoren 0,2 V, bei 14-V-Generatoren 0,4 V und bei 28-V-Generatoren 0,8 V höchstzulässigen Spannungsabfall (U_V) einsetzt.

$$A = \frac{\varrho \cdot L}{R} \cdot \frac{\varrho \cdot L \cdot I_{max}}{U_V}$$

Beim gleichen Generator wie oben also:

$$A = \frac{0{,}018 \cdot 3\ \text{m} \cdot 35\ \text{A}}{0{,}4\ \text{V}}$$

$$= 4{,}725, \text{ also aufgerundet } 6\ \text{mm}^2$$

3.3 Datenbus

Die Anforderungen an die Technik zur Verbesserung der Sicherheit, Wirtschaftlichkeit, Umweltfreundlichkeit und des Komforts in modernen Kraftfahrzeugen hat zu einer großen Zahl von elektrischen und elektronischen Komponenten geführt. Diese Bauteile werden heute noch meist als eigenständige Systeme verwendet. Hierdurch sind eine Vielzahl von Steuereinheiten und umfangreiche Kabelbäume erforderlich. Mit der Zunahme der Elektronik im Kraftfahrzeug stößt die Technik der getrennten Systemkomponenten bald durch den verfügbaren Platz zur Verlegung der Kabelstränge, die immer schwieriger werdende Fehlersuche und die Montagekosten an ihre Grenzen.
Zu fordern ist deshalb eine Zusammenfassung der eigenständigen Elektriken zu funktionsbereichsorientierten Steuereinheiten und die Verwendung einer seriellen Datenübertragung.
Die bisher angewandte Technik der parallelen Datenübertragung erforderte eine Vielzahl von Leitungen, die sowohl dem Signal- wie auch dem Energiefluß dienen. Speziell für den Kraftfahrzeugbau entwikkelte VDO ein Datenübertragungssystem, bei dem im Zeitmultiplex-Verfahren über eine Signalleitung alle Schalt- und Informationssignale und über die Energieleitung nur die benötigte elektrische Energie an die Verbraucher geleitet werden. Damit wird es möglich, über nur eine Leitung zeitlich nacheinander alle Signalempfänger anzusprechen. Hierbei ist allerdings noch für jeden Empfänger eine eigene Elektronik erforderlich, deren Logik in einer integrierten Schaltung (IC) aufgebaut wird.
Als Weiterentwicklung faßt VDO mit Hilfe leistungsfähigerer Schaltungen Teilfunktionen zu Funktionsblöcken oder, anders ausgedrückt, zu einem Datenbus-System zusammen. Der Datenaustausch zwischen den einzelnen Funktionsblöcken erfolgt seriell. Vier Einzelleitungen stellen die Verbindung der an das Bus-System angeschlossenen Funktionsblöcke her. Davon übernehmen zwei Leitungen die Datenübertragung für das Signal und ein entsprechend invertiertes Signal. Eine weitere Leitung dient als Plus- und die vierte Leitung als Masseleitung. Durch die doppelte Führung der Signalleitung ist das System gegen Störeinflüsse und Ausfall gesichert. Zur Auswertung wird

immer das Differenzsignal aus beiden Leitungen herangezogen. Eingekoppelte Störeinflusse werden somit weitgehend ausgeschaltet. Bei Ausfall der einen Leitung ist außerdem immer noch eine Datenübertragung über die zweite Leitung möglich.
Der Informationsaustausch erfolgt digital als Datentelegramm. Darin sind die Systemkomponente, die angesprochen werden soll, die zu übermittelnden Daten sowie ein Prüfwort enthalten. Mit dem Prüfwort werden die übermittelten Daten auf Vollständigkeit überprüft.
In einer Grundversion des Datenbus-Systems plant VDO zunächst eine Zusammenfassung der Bereiche Fahrerinformation, also Kombiinstrument, Bordcomputer usw. sowie Tür-Sitz-Bereich in zwei getrennten Systemen. Damit können vor allem im problematischen Armaturenbrettbereich die Datenleitungen reduziert und mehr Übersicht geschaffen werden. Aber auch die Verkabelung der Bereiche Sitz und Tür können mit dem Datenbus-System weitgehend vereinfacht werden. Bei Fahrzeugen mit komfortabler Ausstattung übernehmen heute bis zu 30 Einzelleitungen die Datenübermittlung für z. B. elektrische Spiegelverstellung, Heizung, Fensterheber, Zentralverriegelung und Sitzverstellung. Hier läßt sich eine Verringerung auf vier Leitungen erzielen. Vorverkabelungen etwa der Tür mit lösbaren Steckerverbindungen sind möglich, so daß auch der nachträgliche Einbau von zusätzlichen Komfortsystemen gewährleistet ist. Schließlich kann die Grundstruktur durch zusätzliche Funktionsblöcke, z. B. zur Motordatenerfassung, erweitert werden.
Die Busleitung ermöglicht eine direkte Rückmeldung jedes angesprochenen Verbrauchers sowie eine Funktionskontrolle aller angeschlossenen Verbraucher und Sensoren für Diagnosezwecke. Oder in der Sprache des Elektronikers: Ein bidirektionaler Datenaustausch ist möglich. Zentrale Sicherungen schützen das System in konventioneller Weise vor Ausfällen z. B. bei Kurzschlüssen. Die Datenleitungen selbst sind mit Entkopplungs-Widerständen abgesichert.
Zusammenfassend noch einmal die Vorteile des Datenbus-Systems:

- ☐ einfache Erweiterungsmöglichkeit
- ☐ Wartungs- und Servicefreundlichkeit durch Modulbauweise und Diagnosefähigkeit
- ☐ Erzeugung von Standard-Kombinationen leicht möglich über die Software
- ☐ Abgriff aller verfügbaren Informationen über eine Schnittstelle

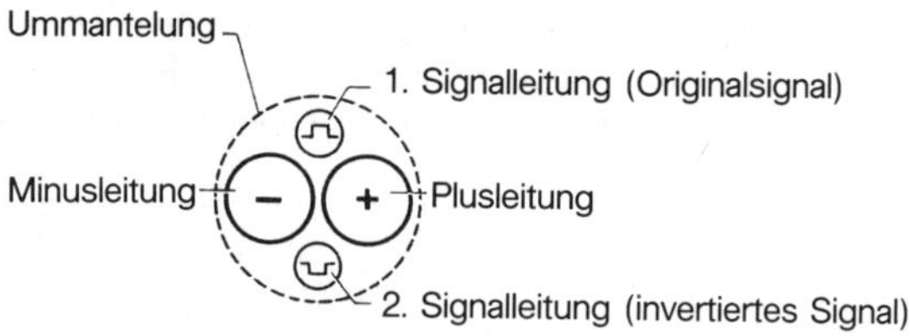

Bild 3.1 Vier Einzelleitungen verbinden die an das Datenbus-System angeschlossenen Funktionsblöcke (VDO)

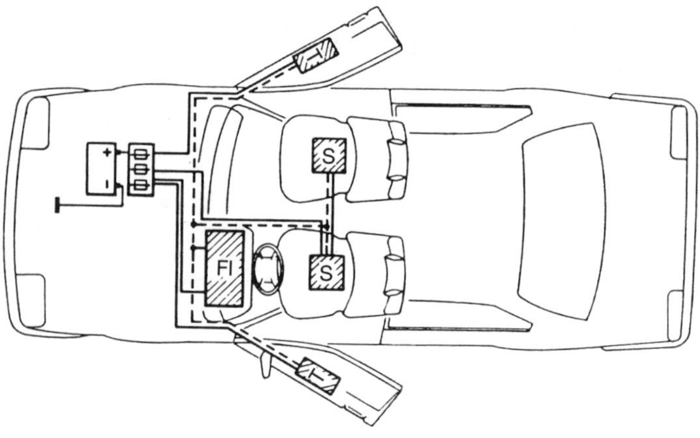

Bild 3.2 Das Datenbus-System von VDO in der Grundversion (VDO)
Es bedeuten:

----------	Signalleitung	S	Sitzmodul
————	Energieleitung	T	Türmodul
FI	Fahrerinformation		

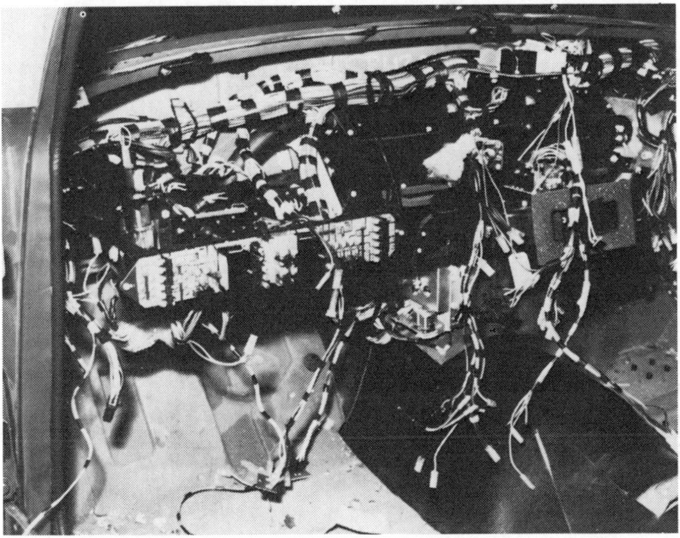

Bild 3.3 «Kabelsalat» im Problembereich Armaturenbrett (VDO)

3.4 Schalter

Auch die Schalter sind in ihrem leitenden Querschnitt für einen ihrer Bauweise entsprechenden Höchststrom entwickelt. Der für die Schalter als Höchstwert angegebene Strom darf nicht überschritten werden, weil sie dadurch Schaden erleiden. Darum sollte man auch die vom Herstellerwerk eingebauten Schalter nicht mit zusätzlich eingebauten Verbrauchern belasten, wenn man nicht weiß, ob diese Schalter dafür ausreichend sind. So sind zum Beispiel bei vielen preisgünstigen Kraftfahrzeugen die Tagesverbraucher, wie Wischer, Bremslicht, Signalhorn usw., direkt mit Plus der Batterie verbunden, weil der normale Zündschalter maximal etwa 5 A schalten soll. Dies hat zur Folge, daß die Tagesverbraucher auch ohne Einschalten der Zündung eingeschaltet werden können. Die Tagesverbraucher können dabei auch unbeabsichtigt bei abgestelltem Fahrzeug eingeschaltet bleiben und die Batterie entladen. Darum ist es sinnvoll, daß durch den Zündschalter zugleich die Tagesverbraucher ausgeschaltet werden,

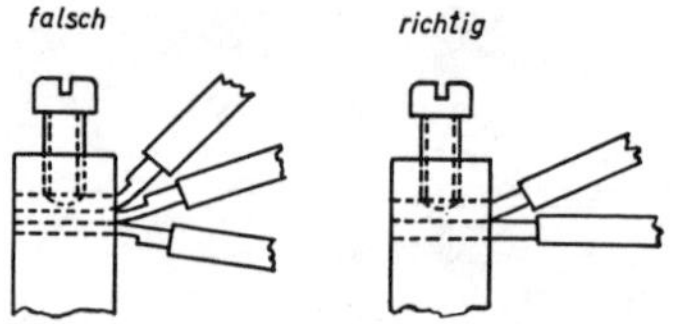

Bild 3.4 In Kabelklemmen sollen nicht mehr Leitungen geklemmt werden, als normal hineinpassen

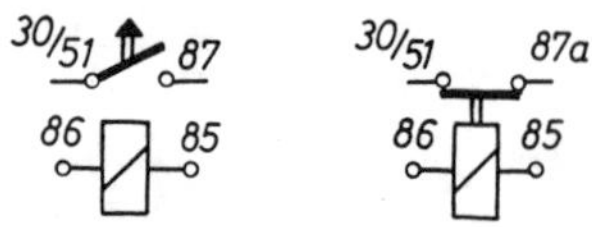

Bild 3.5 Schaltrelais links mit Arbeitskontakt, rechts mit Ruhekontakt

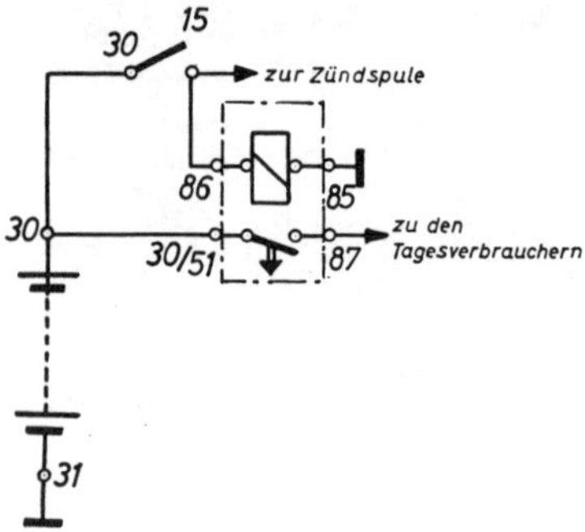

Bild 3.6 Um den Zündschalter nicht mit zu großem Strom zu belasten, kann man mit diesem ein Schaltrelais einschalten, der die Tagesverbraucher direkt mit der Batterie verbindet

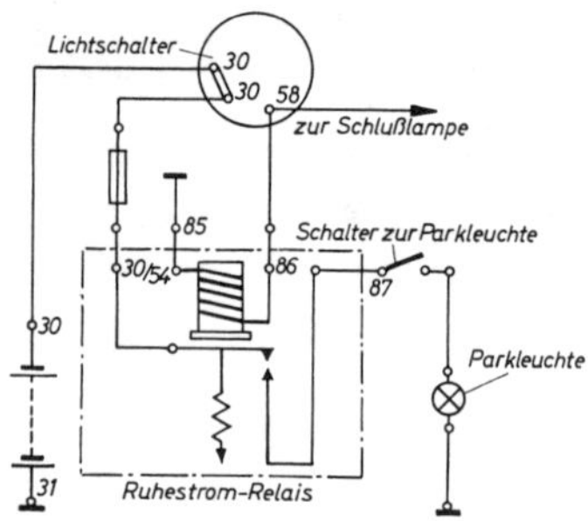

Bild 3.7 Durch Schaltrelais mit Ruhekontakt kann man beim Einschalten von Verbrauchern andere Verbraucher selbsttätig ausschalten. Beim gezeigten Schaltbild wird z. B. beim Einschalten des Lichtes die Parkleuchte ausgeschaltet

wie dies bei Kraftfahrzeugen höherer Preisklassen üblich ist. Hier wird oft der Fehler begangen, die Tagesverbraucher an den entsprechend schwächer ausgeführten Zündschalter anzuschließen, der dadurch überlastet und schadhaft wird. Von außen ist an einem Schalter nicht immer der Höchststrom zu erkennen, der mit ihm geschaltet werden darf. Auch sind diese Angaben nicht allgemein bekannt. Deshalb sollte man sich zur Regel machen, an einem Schalter nie mehr Kabel anzuschließen, als in der Bohrung der Anschlußklemme an Leiterquerschnitten unterzubringen sind (Bild 3.4). Dies gilt in gleicher Weise für das Anbringen zusätzlicher Steckerfahnen bei Steckerverbindungen.

3.5 Schaltrelais

Wenn größere Ströme geschaltet werden sollen, ohne kleinere Schalter oder geringere Leitungsquerschnitte zu überlasten, aber auch um einen zu großen Spannungsabfall zu vermeiden, verwendet man elektrisch gesteuerte Schalter. Solche Schalter, die auch Relais oder Schaltschütz genannt werden, bestehen im wesentlichen aus einer Zugspule mit Eisenkern, über dem ein Schalteranker angeordnet ist. Werden bei Strom in der Zugspule die Kontakte geschlossen, so spricht man vom «Arbeitskontakt». Werden dagegen bei Strom in der Spule die Kontakte getrennt, so spricht man vom «Ruhekontakt» (Bild 3.5).

Mit einem geringen Strom von 0,15 bis 0,3 A in den Schaltspulen können die Schaltrelais Ströme bis 100 A schalten. Man könnte zum Beispiel ein Schaltrelais mit Arbeitskontakt verwenden, um mit einem nur für die Batteriezündung ausgelegten Zündschalter auch die Tagesverbraucher einzuschalten. Dazu werden dessen Schaltspulenklemme Nr. 86 mit der Klemme Nr. 15 des Zündschalters und die andere Schaltspulenklemme Nr. 85 mit Masse verbunden. Bei Anschluß der Klemme Nr. 30/51 des Schaltrelais an die Klemme Nr. 30 am Anlasserschalter kann der Strom direkt von dieser Klemme über die Klemme Nr. 87 des Schaltrelais zu den Tagesverbrauchern geschaltet werden. Dadurch werden die übrigen Leitungen nicht zusätzlich belastet, und ein zu großer Spannungsabfall wird vermieden (Bild 3.6). Bei Verbrauchern mit größerer Stromaufnahme ist es sogar zweckmäßig, die Klemme Nr. 30/51 mit der Klemme Nr. 51 des Generatorreglerschalters zu verbinden, um bei Betrieb des Motors den Strom und damit den Spannungsabfall im Ladekabel Nr. 51 zu vermindern.

Ebenso können Schaltrelais verwendet werden, um selbsttätig beim Einschalten eines Verbrauchers die Benutzung eines anderen Verbrauchers zu verhindern (Bild 3.7).

Abblendrelais können den Spannungsabfall in der Zuleitung zu den Scheinwerfern stark herabsetzen. Dabei werden die langen über Lichtschalter und Abblendschalter geführten Leitungen nur zum Steuern der Schaltrelais benutzt. Es ist dabei möglich, Scheinwerferlampen vom Generator über Schaltrelais und Sicherungen zu versorgen. Damit entfällt auch der Spannungsabfall in der Ladeleitung B+/51 (Bild 3.8).

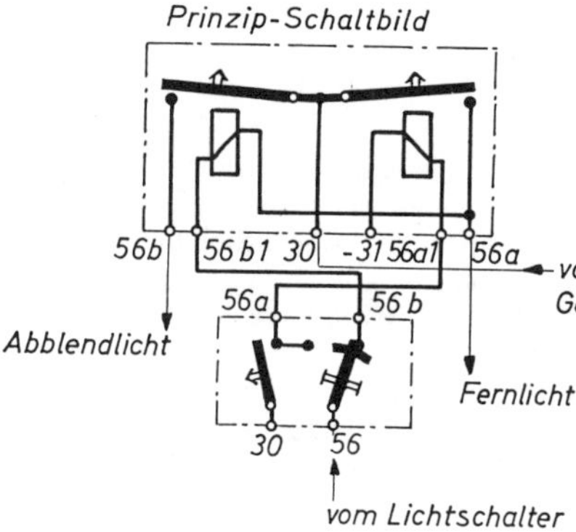

Bild 3.8 Schaltrelais für Fern- und Abblendlicht mit Lichthupenkontakt im Abblendschalter

3.6 Sicherungen

Die Sicherungen haben die Aufgabe, die in ihrem Stromkreis angeordneten Leitungen vor zu hohem Stromfluß zu schützen, der sie unzulässig erwärmen würde. Dadurch kann die Leitung vor dem Verschmoren und das Kraftfahrzeug vor Brand geschützt werden. Die allgemein verbreitete Meinung, daß eine Sicherung nur bei einem Kurzschluß bzw. Masseschluß abschmelzen muß, ist irrig. Denn auch vor zu großem Strom, infolge des Anschlusses von zusätzlichen Verbrauchern oder durch blockierten Wischermotor usw., soll die Sicherung schützen. In deutschen Kraftfahrzeugen sind meist Schmelzeinsätze für Dauerstrom von 8 A und 25 A und Sicherungsstreifen für Dauerstrom von 50 A und 80 A üblich. Die Schmelzeinsätze werden im Kabelnetz verwendet. Die Sicherungsstreifen finden meist an Reglerschaltern und Batterieumschaltern Verwendung.
Die Schmelzeinsätze nach DIN 72581 müssen folgende Voraussetzungen erfüllen:

Übliche Bezeichnung	Mindestens 1 Stunde vor dem Abschmelzen	Spätestens in einer Minute Abschmelzen bei	Zulässiger Spannungsabfall zwischen den Kappen
8/15 A	12 A	20 A	bei 8 A = 0,08 V
25/40 A	35 A	62,5 A	bei 25 A = 0,05 V

Die üblichen Schmelzeinsätze haben den Fehler, daß die zwischen Federn eingeklemmten Spitzen der Sicherungskappen bei den Betriebserschütterungen der Kraftfahrzeuge zeitweise den Kontakt verlieren und dabei die Kontaktstellen verschmoren. Weil dadurch der Übergangswiderstand im Stromkreis erhöht wird, werden diese Sicherungen zu einer zusätzlichen Ursache von Betriebsstörungen. Deshalb sollte man bei auftretenden Mängeln zuerst den Kontakt der Sicherung prüfen. Dies geschieht in einfachster Weise durch Drehen der Sicherung in ihren Klemmfedern. In neueren Fahrzeugen werden fast ausschließlich nur noch moderne Stecksicherungen verwendet. Ihr Vorteil ist, daß sie standfester gegen Kontaktwiderstände sind als die zuvor beschriebenen Klemmsicherungen.

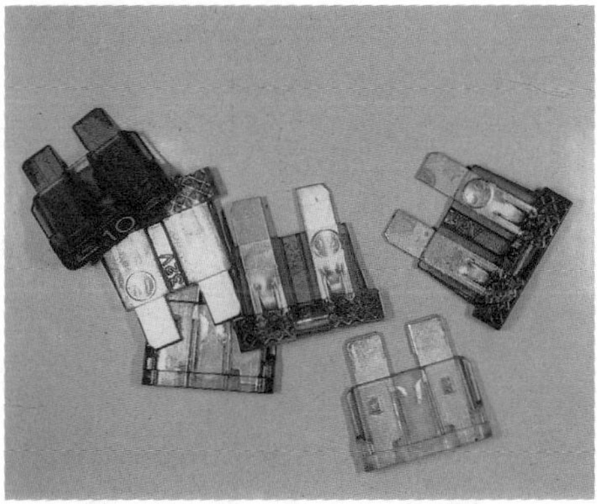

Bild 3.9 Die neuen Stecksicherungen lassen Korrosion und Übergangswiderständen keine Chance (JK-Archiv)

3.6.1 Sicherungen mit Kennfarben

Um die Sicherungen besser auf die an ihnen angeschlossenen Verbraucher abstimmen zu können, werden bei modernen Automobilen Schmelzeinsätze verwendet, die für einen Dauerstrom von 5, 8, 16 oder 25 A ausgelegt sind. Dabei werden für alle Stromstärken Schmelzeinsätze gewählt, die in ihren Abmessungen dem 8/15-A-Schmelzeinsatz nach DIN 72581 entsprechen. Dies ermöglicht es, den Schmelzeinsatz je nach angeschlossenen Verbrauchern auszusuchen, aber auch ihn nach dem Anschluß zusätzlicher elektrischer Verbraucher gegen einen solchen für den entsprechenden höheren Strom auszutauschen.

Da die beschriebenen Schmelzeinsätze für die verschiedenen Dauerströme gleiche Abmessungen haben, werden diese durch verschiedene Färbung ihrer Isolatoren gekennzeichnet.
Dabei bedeuten:

Farbe	Dauerbetriebsstrom
gelb	5 A
weiß	8 A
rot	16 A
blau	25 A

4 Störungen im Kabelnetz

Die meisten vorkommenden Störungen in der elektrischen Anlage sind Masseschluß, Unterbrechungen und zu großer Spannungsverlust in der Leitung. Wenn diese Störungen akut auftreten, ist ihre Feststellung nicht schwierig. Treten sie aber nur zeitweise in Abhängigkeit von der Belastung bei Fahrterschütterungen auf, so ist die Lokalisierung der Störungsstelle nicht immer einfach.

4.1 Masseschluß einer Leitung

Bei Dauerkontakt einer Leitung mit der Masse wird diese beim kurzzeitigen Anschluß an Plus der Batterie bis zum Masseschluß warm. Damit ist es möglich, bei freiliegenden Leitungen die Stelle des Masseschlusses festzustellen. Bei unübersichtlich verlegten oder brandgefährdeten Leitungen kann man durch kurzes Anschlagen einer mit Plus der Batterie verbundenen Leitung einen Öffnungsfunken ziehen. Da die Induktivität der Leitung mit deren Länge zunimmt, wird der Öffnungsfunken größer, wenn der Masseschluß weiter von der Kontaktstelle entfernt ist. Bei einiger Übung kann man auf diese Weise ziemlich genau die Stelle des Masseschlusses ermitteln.
Zeitweise auftretende Masseschlüsse bemerkt man meist durch das häufige Abschmelzen einer Sicherung. In diesem Fall sollte man zuerst überprüfen, ob die Sicherung nicht durch zusätzlich angeschlossene Verbraucher überlastet wird, so daß nach Einschalten aller mit der Sicherung verbundenen Verbraucher bei 8/15-A-Sicherungen nicht mehr als 8 A und bei 25/40-A-Sicherungen nicht mehr als 25 A über jede Sicherung fließen. Denn geringfügig höhere Ströme verursachen ein Abschmelzen der Sicherungen erst nach geraumer Zeit; dann wird auch oft zeitweiser Masseschluß angenommen (siehe Abschnitt 3.6).
Zum Feststellen der Stelle des zeitweisen Masseschlusses kann man eine Prüflampe, aber besser einen Summer oder eine Klingel benutzen. Bei der am Verbraucher abgeklemmten Leitung oder ausgebauter Glühlampe wird diese Klingel in die Leitung geschaltet und die Leitung vom Anschluß ausgehend bis zum Verbraucher bewegt und

gezerrt. Wenn die Stelle des Masseschlusses gefunden ist, wird dies durch das Kontrollgerät angezeigt.
Dabei hat ein akustisches Signal gegenüber der Prüflampe den Vorteil, daß man es nicht im Auge behalten muß, was beim Abtasten der Leitung meist nicht möglich ist. Es sind auch einfache Geräte handelsüblich, die den Schluß sowohl durch eine Glühlampe als auch durch einen Ton anzeigen.

4.2 Unterbrechung in einer Leitung

Eine Unterbrechung in einer Leitung kann dauernd, aber auch in Abhängigkeit von den Betriebsbeanspruchungen kurzzeitig sein. Im ersten Falle führt die Unterbrechung zum vollen Aussetzen des Stromes und damit zum Versagen des mit der Leitung verbundenen Verbrauchers. Kurzzeitige, während der Fahrt auftretende Unterbrechungen verursachen zeitweiliges Aussetzen der Verbraucher und sind meist nicht sofort erkennbar.
Unterbrechungen werden meist durch Kontaktkorrosion an den Anschlußklemmen, durch Dauerschwingungsbrüche, seltener durch Abreißen oder Durchscheuern verursacht. Darum sollte man bei festgestellter Unterbrechung zuerst die Klemmenstellen und Anschlüsse der Leitungen überprüfen. Bei durch Schmelzeinsätze abgesicherten Leitungen sollte man zuerst durch Drehen der Sicherung in ihren Haltefedern deren Kontakt prüfen. Eine Prüflampe ermöglicht die Feststellung der Unterbrechung. Dazu wird eine Klemme der Prüflampe mit Masse des Kraftfahrzeuges verbunden und mit der zweiten Klemme die Anschlüsse von der Stromquelle ausgehend abgetastet. Bis zur Unterbrechung glüht die Prüflampe auf und dahinter nicht mehr. Bei speziellen Prüflampen für diesen Zweck ermöglicht eine Nadel- oder Prüfspitze auch die Stelle der Unterbrechung in einer Leitung zu finden, indem man mit der Nadel die Kabelisolation durchsticht (Bild 4.1). Man kann sich dabei im Regelfall darauf beschränken, das Kabel nur vor und hinter Knickstellen oder sonstigen durch Dauerschwingungen beanspruchten Stellen zu durchstechen.
Werden zeitweise Unterbrechungen in Leitungen vermutet, so ist es zweckmäßig, den mit der Leitung verbundenen Verbraucher einzuschalten und an der Leitung zu ziehen oder die Leitung zu knicken. Wenn die Stelle der Unterbrechung in dieser Weise beansprucht wird, so versagt der angeschlossene Verbraucher. Auch bei dieser Erprobung sollte man in der Hauptsache die Kabelstellen prüfen, die durch Knickung und Dauerschwingungen beansprucht werden.

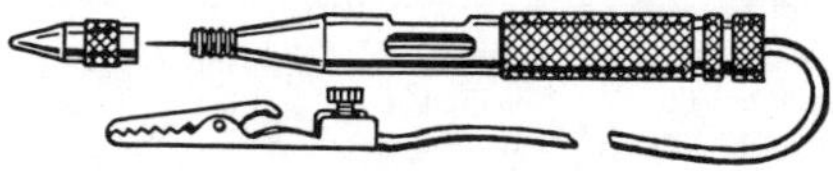

Bild 4.1 Die Prüflampe der Fa. Herth & Buss hat unter der abschraubbaren Prüfspitze eine Nadel, mit der man die Isolationen von Leitungen durchstechen kann

4.3 Spannungsverlust

Zu große Übergangs- und Leitungswiderstände verursachen übernormale Spannungsverluste, die ihrerseits wieder die Leistung angeschlossener Verbraucher stark reduziert. Dies macht sich insbesondere bei Scheinwerferleitungen durch starke Verminderung der Leuchtkraft bemerkbar. Aber auch bei den anderen Verbrauchern verursacht der Spannungsabfall überproportionalen Leistungsverlust. Beim Betrieb der Kraftfahrzeuge erzeugen die Generatoren den elektrischen Strom für die Verbraucher und zum Laden der Batterien. Darum wird am zweckmäßigsten die Erzeugerspannung zwischen der Klemme Nr. 51 (B+) am Reglerschalter und Masse des Generators gemessen.
Beim Anlassen von Motoren erzeugen die Batterien den Anlasserstrom. Darum wird in diesem Fall die Erzeugerspannung an den Anschlußpolen der Batterien gemessen.
Der Spannungsverlust ist unbedenklich, wenn folgende Werte nicht überschritten werden:

	im ganzen Stromkreis	in den Leitungen
Im Scheinwerferstromkreis	0,6 V	0,2 V
In anderen Verbraucherstromkreisen		
bei 6 V	0,8 V	0,3 V
bei 12 V	1,5 V	0,5 V
bei 24 V	2,0 V	1,0 V
Im Ladestromkreis bei Nennleistung des Generators	in der Ladeleitung Nr. 51	
bei 6 V	0,2 V	0,15 V
bei 12 V	0,4 V	0,3 V
bei 24 V	0,8 V	0,6 V

Im Anlasserstromkreis zwischen Batterie und Anlasser bei auf Stillstand gebremstem Anlasser (Kurzschlußstrom)	Mindest-spannung am Anlasser	Spannungsabfall in der Masseleitung	Spannungsabfall in der Anlasserleitung
bei 6 V	3,5 V	0,25 V	0,25 V
bei 12 V	7,0 V	0,5 V	0,5 V
bei 24 V		1,0 V	

Die Automobilindustrie kalkuliert scharf. Einzelne Hersteller verwenden geringere Kabelquerschnitte, die sie für ausreichend halten. Deshalb werden die angegebenen Werte nicht immer eingehalten. Hier muß von Fall zu Fall entschieden werden, ob durch Neuverlegung von Leitungen geeigneten Querschnitts eine Verbesserung erreicht werden kann.

Das Prüfen des Spannungsverlustes geschieht am einfachsten mit einem Voltmeter. Zum Prüfen des Gesamtspannungsverlustes wird bei eingeschaltetem Verbraucher dessen Betriebsspannung gemessen. Wenn diese Betriebsspannung zum Beispiel zwischen Klemme Nr. 56a und dem Scheinwerfereinsatz nicht um mehr als 0,6 V geringer ist als die zwischen der Klemme Nr. 51 und Masse des Reglerschalters, ist der Spannungsverlust unbedenklich. Bei wesentlich größerem Span-

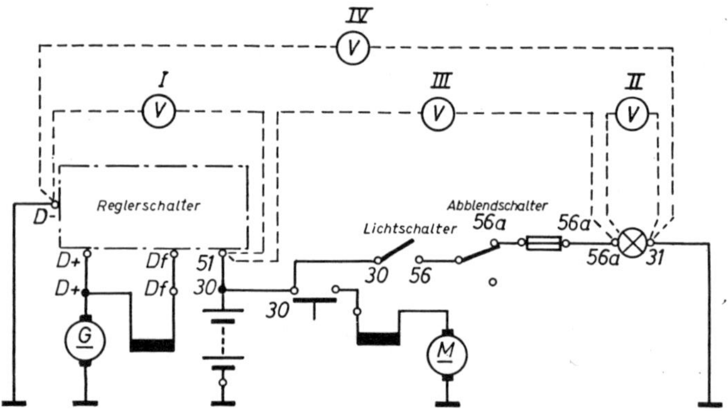

Bild 4.2 Das Messen des Spannungsverlustes im Stromkreis eines Scheinwerfers mit einem Voltmeter (I Messen der Reglerspannung; II Messen der Scheinwerferspannung; III Messen des Spannungsverlustes in Leitungen, Schaltern, Klemmstellen und Sicherungen; IV Messen des Spannungsverlustes in der Masseleitung)

nungsabfall wird bei eingeschaltetem Scheinwerfer zwischen der Klemme Nr. 56a am Scheinwerfer und der Klemme Nr. 51 am Reglerschalter der Spannungsverlust in den Leitungen gemessen. Dieser darf bis 0,2 V betragen. Die zwischen der Masse des Scheinwerfereinsatzes und der Masse des Reglerschalters gemessene Spannung soll nicht mehr als 0,4 V betragen (Bild 4.2).
Wenn zwischen den Meßpunkten eine höhere Spannung gemessen wird, so kann die Stelle des erhöhten Widerstandes durch Messung einzelner Teilabschnitte ermittelt werden. Bei den anderen Verbraucherstromkreisen kann der Spannungsabfall unter Zugrundlegung der entsprechenden Werte in ähnlicher Weise ermittelt werden. Beim Anlasserstromkreis ist die Spannungsdifferenz zwischen Plus und Minus der Batterie zu Plus und Minus des auf Stillstand gebremsten Anlassers zu messen.
Der Spannungsverlust im Generatorstromkreis kann bei eingeschaltetem Fahrlicht und mittleren bis höheren Drehzahlen des Motors gemessen werden. Der gesamte Spannungsverlust ist die Differenz der Spannung zwischen der Klemme Nr. 51 und Masse des Reglerschalters zur Spannung zwischen Plus und Minus an der Batterie.
Beim Prüfen der Masserückleitung im Generatorstromkreis, das bei stehendem Kraftfahrzeug erfolgt, können andere Verhältnisse vorliegen als beim Betrieb. Denn bei stehendem Fahrzeug hat der Motor, und damit der Generator, über die Zahnräder und Kugellager der Getriebe und Triebachsen zusätzliche Masseverbindung. Diese Masseverbindung entfällt, wenn das Kraftfahrzeug betrieben wird, weil nun der Schmierfilm zwischen den Lagern die Masseverbindung aufhebt. Aus diesem Grunde ist auch die Tatsache, daß der Anlasser einwandfrei arbeitet, kein Beweis für eine gute Masseverbindung. Darum sollte man sich trotz einwandfreien Prüf- und Testergebnissen zusätzlich vom Zustand der Massebänder des Motors überzeugen.

5 Beleuchtungseinrichtungen

Als Beleuchtungseinrichtungen für Kraftfahrzeuge gelten alle nach außen wirkenden Leuchten und Scheinwerfer. Ebenso zählen zu den Beleuchtungseinrichtungen alle nach außen wirkenden rückstrahlenden Einrichtungen, wie Rückstrahler und Leuchtfarben. Die Beleuchtungseinrichtungen müssen in Ausführung und Anbringung den Vorschriften entsprechen. Man unterscheidet vorgeschriebene und zulässige Beleuchtungseinrichtungen.

☐ An Kraftfahrzeugen und ihren Anhängern dürfen nur die vorgeschriebenen und für zulässig erklärten lichttechnischen Einrichtungen angebracht sein.
☐ Lichttechnische Einrichtungen sind auch Leuchtstoffe und rückstrahlende Mittel.
☐ Lichttechnische Einrichtungen müssen vorschriftsmäßig und fest angebracht sein.
☐ Sie müssen ständig betriebsbereit sein.
☐ Sie dürfen nicht verdeckt sein (nur Nebelscheinwerfer dürfen mit Kappen abgedeckt werden, solange sie nicht benutzt werden).
☐ Es darf nur weißes Licht verwendet werden.
☐ Abblendlicht- und Fernlichtscheinwerfer dürfen getrennt sein.
☐ Das Abblendlicht darf bei eingeschalteten Fernscheinwerfern mitleuchten.
☐ Das Abblendlicht darf symmetrisch oder asymmetrisch ausgebildet sein.
☐ Die Leistungsaufnahme der Abblendlicht-Glühlampe beträgt 40 W.
☐ Die Leistungsaufnahme der Fernlicht-Glühlampe beträgt 45 W.
☐ Halogenscheinwerfer sind zugelassen.
- Halogen-Einfaden-Glühlampen Typ H 1/H 3 haben eine Leistungsaufnahme von 55 W.
- Halogen-Zweifaden-Lampen haben für das Abblendlicht eine Leistungsaufnahme von 55 W, für das Fernlicht von 60 W.

☐ Normales Hauptlicht darf auf Halogenlicht umgerüstet werden.
☐ Die untere Spiegelkante von Scheinwerfern darf nicht höher als 1000 mm über der Fahrbahn liegen.
☐ Fernscheinwerfer müssen rechts und links im gleichen Abstand zur Fahrzeugmittelachse montiert sein.

☐ Zusatzscheinwerfer dürfen die Karosserie nicht überragen und nicht höher als das Hauptlicht sein.

☐ Nebelscheinwerfer müssen nach rechts und links im gleichen Abstand von der Mittelachse des Fahrzeugs montiert sein.

☐ Nebelscheinwerfer müssen zusammen mit den Abblendlichtscheinwerfern geschaltet sein, wenn der äußere Rand der Lichtaustrittsfläche der Nebelscheinwerfer mehr als 400 mm von der breitesten Stelle des Fahrzeugumrisses entfernt ist.

☐ Nebelscheinwerfer dürfen nur mit dem Standlicht zusammen geschaltet sein, wenn der äußere Rand der Lichtaustrittsfläche der Nebelscheinwerfer weniger als 400 mm von der breitesten Stelle des Fahrzeugumrisses entfernt ist.

☐ Nebelscheinwerfer dürfen nicht zusammen mit den Fernscheinwerfern leuchten.

☐ Nebelscheinwerfer dürfen mit weißer oder gelber Streuscheibe ausgerüstet sein (auch gelbe Nebelscheinwerfer müssen ein internationales oder nationales Prüfzeichen tragen).

☐ Es sind insgesamt zwei Nebelschlußleuchten zulässig.

☐ Nebelschlußleuchten müssen nach rechts und links im gleichen Abstand zur Mittelachse des Fahrzeugs montiert werden.

☐ Nebelschlußleuchten müssen so montiert werden, daß der äußere Rand der Lichtaustrittsfläche mindestens 100 mm vom Bremslicht entfernt ist.

☐ Nebelschlußleuchten müssen so montiert sein, daß der untere Rand der Lichtaustrittsfläche mindestens 250 mm über der Fahrbahn steht.

Bild 5.1 Auf dem Scheinwerferglas muß das Bauart-Prüfzeichen E aufgeprägt sein. In der Bundesrepublik Deutschland hergestellte Scheinwerfer tragen das Zeichen E 1 (Hella)

☐ Nebelscheinwerfer müssen so montiert sein, daß der obere Rand der Lichtaustrittsfläche höchstens 1000 mm über der Fahrbahn steht.

☐ Wird nur eine Nebelschlußleuchte montiert, so muß sie auf der linken Fahrzeugseite montiert sein.

☐ Nebelschlußleuchten dürfen nur zusammen mit dem Fahrzeughauptlicht leuchten.

☐ Nebelschlußleuchten müssen unabhängig von den Nebelscheinwerfern ein- und ausschaltbar sein.

☐ Das Leuchten der Nebelschlußleuchte muß durch eine gelbe Kontrolleuchte im unmittelbaren Blickfeld des Fahrzeugführers angezeigt werden (bei vor dem 1. 1. 1981 zugelassenen Kraftfahrzeugen darf das Kontrollicht auch grün sein).

☐ Sonstige Außenleuchten am Kraftfahrzeug müssen ein internationales oder nationales Prüfzeichen tragen (Ausnahme: Suchscheinwerfer, Rückfahrscheinwerfer).

☐ Sonstige Außenleuchten dürfen nur für den vorgesehenen Zweck verwendet werden.

☐ Kraftfahrzeuge dürfen mit einem Suchscheinwerfer ausgerüstet sein.

☐ Der äußere Rand der Lichtaustrittsfläche des Suchscheinwerfers darf nicht höher als 1000 mm über der Fahrbahn montiert sein.

☐ Die Leistungsaufnahme des Suchscheinwerfers darf maximal 35 W betragen.

☐ Ein Suchscheinwerfer darf nur in Verbindung mit den Schluß- und Kennzeichenleuchten des Fahrzeugs geschaltet werden.

☐ Je Kraftfahrzeug dürfen maximal zwei Rückfahrscheinwerfer montiert werden.

☐ Der obere Rand der Lichtaustrittsfläche darf bei Rückfahrscheinwerfern maximal 1000 mm Abstand zur Fahrbahnfläche haben.

☐ Rückfahrscheinwerfer müssen so angebracht sein, daß sie die Fahrbahn hinter dem Fahrzeug höchstens 10 m weit ausleuchten.

☐ Rückfahrscheinwerfer dürfen nicht bei Vorwärtsfahrt oder nach Abziehen des Zündschlüssels einschaltbar sein.

Außer den vorgeschriebenen oder für zulässig erklärten Beleuchtungseinrichtungen dürfen keine weiteren Beleuchtungseinrichtungen an Kraftfahrzeugen angebracht sein, wenn sie nicht durch eine sonstige Verordnung (z. B. Bo Kraft), durch eine Sondergenehmigung oder eine Ausnahmebestimmung vorgeschrieben werden oder gestattet sind. Für besondere Zwecke, zum Beispiel Abschleppwagen, Sonderfahrzeuge der Behörden usw., sind arteigene Beleuchtungseinrichtungen vorgeschrieben bzw. zulässig.

5.1 Bauartgenehmigung

Fast alle nach außen wirkenden Beleuchtungseinrichtungen und die darin verwendeten Glühlampen sind nach § 22a der StVZO in ihrer Bauart genehmigungspflichtig. Ausgenommen sind nur die Suchscheinwerfer und die Rückfahrscheinwerfer. Die Bauartgenehmigung erteilt in der Regel das Kraftfahrtbundesamt, nachdem der Bautyp durch ein von diesem beauftragtes technisches Institut geprüft wurde. Die bauartgenehmigten Beleuchtungseinrichtungen sind durch eine Wellenlinie mit drei Perioden, einem Buchstaben und einer Zahl gekennzeichnet. Beleuchtungseinrichtungen, die nach gemeinsamen europäischen Richtlinien geprüft und bauartgenehmigt wurden, sind durch ein «E» im Kreis und eine Zahl gekennzeichnet. Nach § 23 Abs. 2 des Straßenverkehrsgesetzes kann derjenige, welcher Kraftfahrzeugteile, die bauartgenehmigt sein müssen, in einer nicht genehmigten Ausführung gewerbsmäßig feilbietet, mit einer Geldbuße bis zu 10000 Mark bestraft werden. Auch nachträgliche Änderungen an diesen Bauteilen gelten als rechtswidrig und werden geahndet. Deshalb gilt: nur bauartgenehmigte Beleuchtungseinrichtungen anbauen und verkaufen. Ebenso sollte man bei Instandsetzungen an Fahrzeugbeleuchtungen nur Originalersatzteile verwenden und keine Änderungen vornehmen.

5.2 Allgemeine Grundsätze für Beleuchtungseinrichtungen

Der § 49a der StVZO nennt die allgemeinen Grundsätze für Beleuchtungseinrichtungen. Danach müssen alle Beleuchtungseinrichtungen – also nicht nur die vorgeschriebenen, sondern auch die zulässigen – immer betriebsbereit sein. Sie müssen vorschriftsmäßig angebracht sein (Bild 5.2 und 5.3). Bei paarweiser Verwendung von Beleuchtungseinrichtungen müssen diese gleich hoch über der Fahrbahn und gleich weit von der Fahrzeugmittellinie befestigt sein. Die Lichtwirkung dieser Beleuchtungseinrichtungen muß gleich sein. Die paarweisen Beleuchtungseinrichtungen müssen mit Ausnahme von Fahrtrichtungsanzeiger und Parkleuchten gleichzeitig einschaltbar sein.
Nach vorne wirkende Beleuchtungseinrichtungen – mit Ausnahme von Fahrtrichtungsanzeigern und Parkleuchten – müssen so geschaltet sein, daß sie nur in Verbindung mit Schluß- und Kennzeichenbeleuchtung eingeschaltet werden können. Werden jedoch die Scheinwerfer zur Abgabe von Leuchtzeichen verwendet (Lichthupe), so dürfen Schluß- und Kennzeichenbeleuchtung nicht aufleuchten.

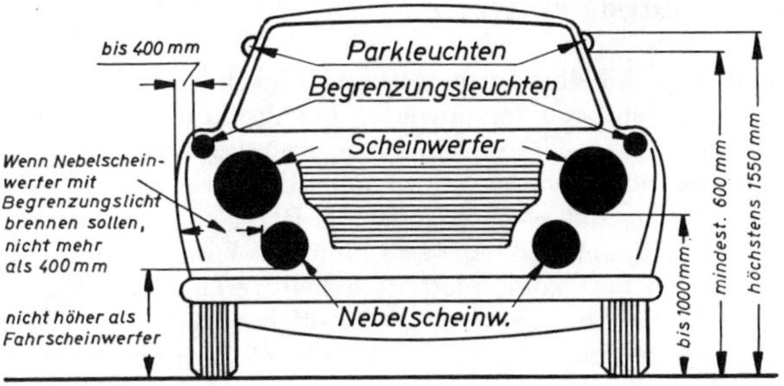

Bild 5.2 Vorgeschriebene Anbaumaße für die vorderen Beleuchtungseinrichtungen von Personenkraftwagen
(lt. StVZO muß das Maß an der Kante der Lichtaustrittsfläche angelegt werden)

In allen nach außen wirkenden Beleuchtungseinrichtungen dürfen nur die dafür bestimmten, in ihrer Bauart genehmigten Glühlampen verwendet werden.

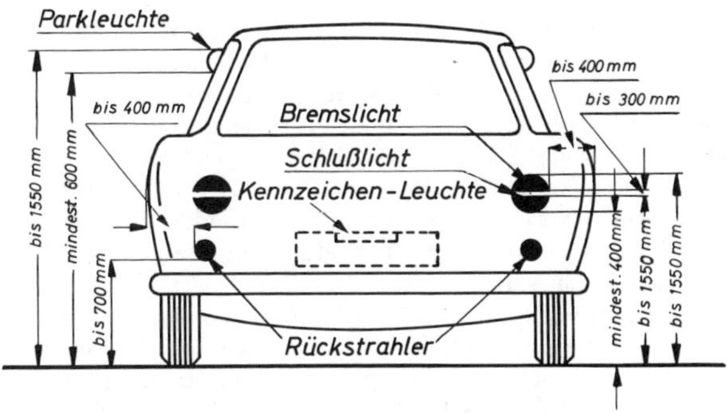

Bild 5.3 Vorgeschriebene Anbaumaße für hintere Beleuchtungseinrichtungen von Personenkraftwagen (lt. StVZO muß das Maß an der Kante der Lichtaustrittsfläche angelegt werden)

5.3 Fahrscheinwerfer

Kraftfahrzeuge mit einer Höchstgeschwindigkeit von mehr als 30 km/h benötigen abblendbare Scheinwerfer. Für die in der Bundesrepublik Deutschland hergestellten Kraftfahrzeuge sind zulässig:
Abblendbare Scheinwerfer mit symmetrischem oder europäischem asymmetrischen Abblendlicht oder H4-Halogen-Abblendlicht, oder besondere, getrennte Scheinwerfer für das Fernlicht und für das Abblendlicht. Bei kombinierten Scheinwerfern für Fern- und Abblendlicht sind bei zweispurigen Kraftfahrzeugen zwei zusätzliche Fernscheinwerfer zulässig. Diese zusätzlichen Fernscheinwerfer müssen anstelle oder gemeinsam mit dem Fernlicht des Abblendscheinwerfers leuchten. Ihre wahlweise Ab- oder Zuschaltung ist nicht erlaubt.
Bei getrennten Fern- und Abblendscheinwerfern dürfen beim Einschalten der Fernscheinwerfer die Abblendscheinwerfer mitbrennen.
Bei normalen Kraftfahrzeugen dürfen die Scheinwerfer mit dem unteren Rande ihrer Reflektorkante nicht mehr als 1 m von der Fahrbahn entfernt sein.
In 100 m Entfernung muß in Verlängerung der Fahrzeuglängsachse in Höhe der Scheinwerfermitte vor jedem Scheinwerfer folgende Mindestbeleuchtungsstärke erreicht werden.

Bei Krafträdern unter 100 cm^3 Hubraum	= 0,25	Lux,
Bei Krafträdern über 100 cm^3 Hubraum	= 0,5	Lux,
bei anderen Kraftfahrzeugen	= 1,0	Lux.

Als abgeblendet gelten die Scheinwerfer, wenn in 25 m vor dem Fahrzeug in Höhe der Scheinwerfermitte und darüber nicht mehr als 1 Lux gemessen wird. Bei Scheinwerfern mit europäischem asymmetrischen Abblendlicht und H4-Halogenabblendlicht darf die Grenze der höheren Lichtstärke (> 1 Lux) von der verlängerten Scheinwerfermitte aus nach rechts, mit einem Winkel von 15° ansteigen, sofern durch internationale Vereinbarungen oder Rechtsakte nicht etwas anderes bestimmt wird. In 25 m Entfernung muß vor jedem Scheinwerfer bei Abblendlicht 15 cm über der Fahrbahn mindestens 1 Lux Beleuchtungsstärke meßbar sein.
Das Einschalten des Fernlichtes muß durch eine blaue Kontrolleuchte im Blickfeld des Fahrzeugführers angezeigt werden. Dies ist bei Krafträdern und Zugmaschinen mit offenem Fahrersitz nicht erforderlich, wenn das Einschalten des Fernlichtes an der Stellung des Abblendschalters erkannt werden kann.

5.3.1 Moderne Scheinwerfer-Technologien

Insbesondere die Anforderungen des Luftwiderstandsbeiwertes moderner Pkw ließ den Einbauraum für Scheinwerfer immer kleiner werden. Es war daher erforderlich, neue kleinere Scheinwerfertypen zu entwickeln, deren Lichtausbeute aber den herkömmlichen Scheinwerfern in nichts nachstehen durfte.

Probleme mit mangelnder Einbautiefe löste z.B. Bosch durch die Entwicklung des Homofocular-Reflektors. Hierbei sind zwei Paraboloide unterschiedlicher Brennweite um einen gemeinsamen (homo) Brennpunkt (focus) angeordnet. Damit wurde sowohl ein großes Lichtvolumen für die Vorfeld- und Seitenstreuung wie auch eine große Abblendlicht-Reichweite erzielt. Die Vor-, Mittel- und Seitenfeldausleuchtung wird vom zentralen Reflektorsegment und das Abblendlicht-Fernfeld von den übrigen Segmenten mit großer Brennweite übernommen.

Mit dem Reflektortyp läßt sich entweder die Scheinwerferleistung um 30 % vergrößern oder bei gleicher Leistung die Einbautiefe und -höhe um 30 % verringern.

Der Homofocular-Reflektor kann wegen seiner Segmentabstufungen aus Stahlblech nicht hergestellt werden. Bosch hat deshalb speziell für diesen Scheinwerfertyp eine Duroplastmasse entwickelt, die eine hohe Oberflächenglätte aufweist und gleichzeitig der Temperaturabstrahlung einer Halogenlampe standhält.

Die Firma Hella stellte einen Kraftfahrzeug-Scheinwerfer kleiner Baugröße vor, bei dem das Projektionsprinzip zur Anwendung kommt. Anlaß zu dieser völlig neuartigen Konstruktion war die Forderung der Automobilhersteller nach kleinformatigen, vor allem flach bauenden Scheinwerfern, die zudem eine stärkere Neigung und Pfeilung der Abschlußscheibe erlauben sollten. Die bisher übliche konventionelle Bauart erfordert demgegenüber insbesondere für ein befriedigendes Abblendlicht recht große Scheinwerfer. Zwischen dem entscheidenden Breitenmaß dieser Scheinwerfer und ihrer Lichtleistung gibt es einen unmittelbaren physikalischen Zusammenhang. Zudem soll die Streuscheibe möglichst im rechten Winkel zur Lichtaustrittsrichtung stehen.

Der neue DE-Abblendscheinwerfer (DE = dreiachsiges Ellipsoid) von Hella bietet eine Lösung dieser Probleme. Rein äußerlich sind folgende Merkmale erkennbar:

- ☐ Die Bauhöhe des Scheinwerfers ist mit ca. 100 mm vergleichsweise gering.
- ☐ Der Reflektor hat nicht die übliche Paraboloidform, sondern entspricht einem dreiachsigen Ellipsoid.

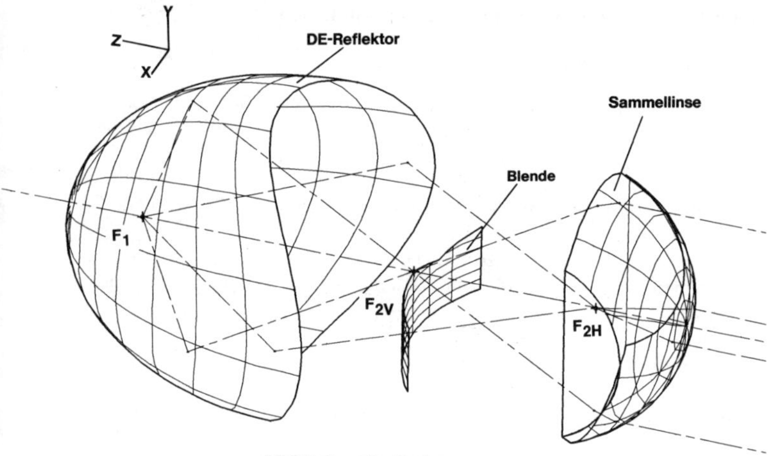

Bild 5.4 Beim DE-Reflektor werden die von der Glühlampe im Brennpunkt F1 ausgehenden Strahlen reflektiert und über die Sammellinse im zweiten Brennpunkt F2H auf die Fahrbahn projiziert (Hella)

- Hinter der nur wenig profilierten Abdeckscheibe befindet sich eine Sammellinse kurzer Brennweite.
- Die Abschattungsblende, die die notwendige Hell-Dunkel-Grenze des Abblendlichtes erzeugt, befindet sich nicht in der Glühlampe, sondern zwischen Glühlampe und Sammellinse.

Das von einer H3-Lampe abgestrahlte Licht wird bei diesem Scheinwerfer nicht von einer Streuscheibe auf die Fahrbahn verteilt, sondern wie bei einem Diaprojektor von einer Sammellinse regelrecht «projiziert». Entsprechend den besonderen Anforderungen an einen Kraftfahrzeug-Scheinwerfer wurde dazu ein völlig neuartiger Reflektor entwickelt, der mathematisch als dreiachsiges Ellipsoid beschrieben ist. Ein derartiger Reflektor erfaßt einen wesentlich größeren Teil des Lichtstroms der Glühlampe als ein konventioneller Paraboloidreflektor gleicher Größe. Durch seine spezielle Formgebung wird eine Lichtverteilung erzielt, wie sie insbesondere zur Fahrbahnausleuchtung vor dem Kraftfahrzeug benötigt wird.
Ein ähnliches System wurde von Bosch entwickelt: der Polyellipsoid-Scheinwerfer. Ein spezielles Linsensystem bewirkt bei dieser Scheinwerferart sehr starke Lichtbündelung, so daß die Lichtaustrittsfläche

nur noch 60 mm Durchmesser beträgt. Trotzdem erzielt ein solcher Abblendscheinwerfer Reichweiten wie ein herkömmlicher Parabolreflektor-Scheinwerfer mit viermal so großem Lichtaustritt. Für eine exakte Hell-Dunkel-Grenze sorgt eine im Strahlengang vor dem Linsensystem angeordnete Blende.

Bild 5.5 Erste Serienanwendung eines Polyellipsoid-Scheinwerfers an einem Omnibus (Bosch)

5.4 Scheinwerfereinstellung

Die Grundlage der Scheinwerfereinstellung ist eine Prüftafel, die in 10 m Entfernung senkrecht vor jedem einzelnen Scheinwerfer aufgestellt wird (Bild 5.6). Ihre Markierung für die Scheinwerfermitte muß dabei in gleicher Höhe wie die Scheinwerfermitte parallel zur verlängerten Fahrzeugmittellinie vor dem Scheinwerfer sein. Die Mitte des Scheinwerferlichtkegels soll möglichst auf der Markierung «Scheinwerfermitte» auftreten. Entscheidend ist aber bei abblendbaren Scheinwerfern die Einstellung des Abblendlichtes, und diesem entsprechend muß anschließend der Scheinwerfer höher oder tiefer eingestellt werden. Die Hell-Dunkel-Grenze des Abblendlichtes soll bei beiden Scheinwerferarten nach links von der Markierung «Scheinwerfermitte» 10 cm unter der Höhe der Scheinwerfermitte liegen. Bei Scheinwerfern mit europäischem, asymmetrischem Abblendlicht darf

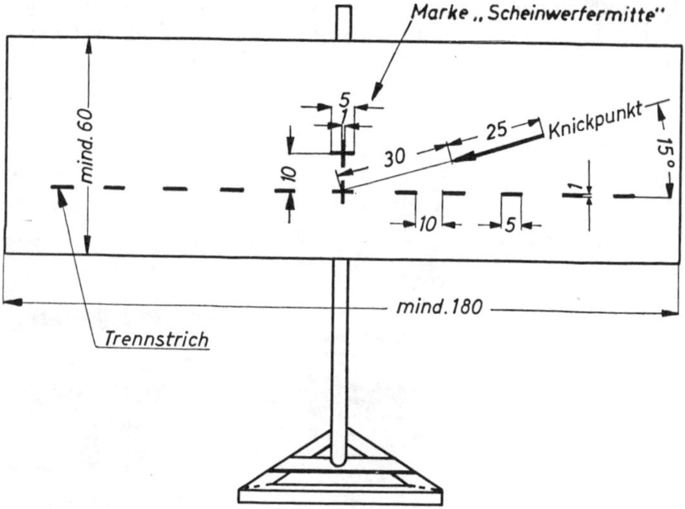

Bild 5.6 Amtlich vorgeschlagene Prüftafel zum Prüfen der Scheinwerfereinstellung auf 10 m Entfernung

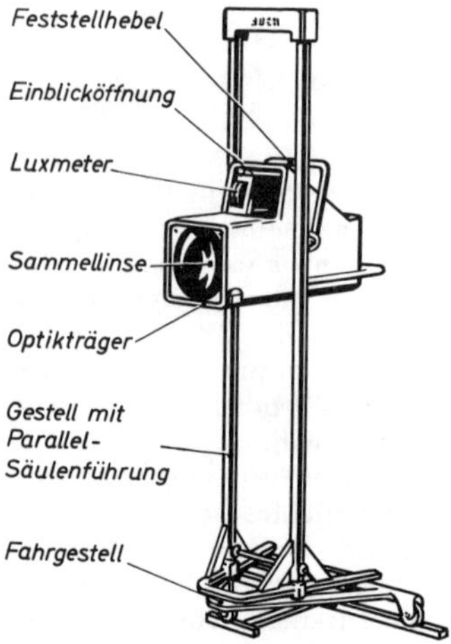

Bild 5.7 Bosch-Scheinwerfereinstellgerät EFLE 33 mit eingebautem Luxmeter

die Hell-Dunkel-Grenze nach rechts von der Markierung «Scheinwerfermitte» um 15 Winkelgrade ansteigen. Wenn bei Belastung des Kraftfahrzeuges die Neigung der Hell-Dunkel-Grenze vermindert wird, so muß die Scheinwerfereinstellung bei einem mit der zulässigen Nutzlast belasteten Fahrzeug, sonst bei einem nur mit dem Fahrer belasteten Fahrzeug erfolgen.
Um die Prüfung und die Einstellung der Scheinwerfer zu erleichtern, wurden durch das Bundesministerium für Verkehr besondere Richtlinien veröffentlicht, die das Überprüfen der Scheinwerfereinstellung auch beim unbelasteten Fahrzeug ermöglichen.

5.5 Scheinwerfereinstellgeräte

Die Scheinwerfereinstellung mit einer Prüffläche in 10 m Entfernung erfordert einen abgedunkelten Raum mit ebenem Boden von 15 bis 20 m Länge. Durch Scheinwerfereinstellgeräte, die mit besonderen Vorrichtungen zum Kraftfahrzeug ausgerichtet werden können, ist eine Scheinwerfereinstellung auf beschränktem Raum möglich. Mit optischen Systemen wird der Abstand des Bildschirmes vom Scheinwerfer meist auf etwa 1 m verkürzt. Weil nun aber 1 mm auf 1 m Entfernung 1 cm auf 10 m Entfernung entspricht, muß die Ausrichtung des Gerätes sorgfältig vorgenommen werden.
Das Bosch-Scheinwerfereinstellgerät EFLE 33 ist zusätzlich mit einem Luxmeter ausgerüstet. Das Meßinstrument ist in das Glas der Einblicköffnung eingelassen, so daß mit einem Blick Einstellung und Lichtstärke beurteilt werden können. Die Fotodiode ist hinter dem Fernlichtkreuz angebracht. Sie ist farbkorrigiert, d.h., sie zeigt zum Beispiel auch dann richtige Lichtwerte an, wenn durch Spannungsabfall das Scheinwerferlicht gelb statt weiß ist. Dadurch wird eine relativ hohe Meßgenauigkeit erreicht. Das Luxmeter hat je einen Meßbereich für Fern- und Abblendlicht, wobei der kleine Meßbereich für das Abblendlicht mit Druckknopf eingeschaltet wird. Die Skala des Anzeigeinstruments hat für jeden dieser beiden Meßbereiche je einen roten (= schlecht) und einen grünen Bereich (= gut) und ist auf die vorgeschriebenen Werte der deutschen Straßenverkehrs-Zulassungsordnung geeicht.

5.6 Begrenzungsleuchten

Kraftwagen und Krafträder mit Beiwagen müssen mit 2 Begrenzungsleuchten ausgerüstet sein. Die Begrenzungsleuchten dürfen mit ihrer Lichtaustrittsfläche nicht mehr als 40 cm von der breitesten Stelle des Kraftfahrzeuges bzw. des Anhängers entfernt sein. Begrenzungsleuchten müssen so geschaltet sein, daß sie auch bei Fernlicht und Abblendlicht mit eingeschaltet sind. Begrenzungsleuchten dürfen auch im Scheinwerfer untergebracht sein, wenn diese mit ihrer Lichtaustrittsfläche nicht mehr als 40 cm vom Fahrzeugumriß entfernt sind.
Zwei zusätzliche Begrenzungsleuchten sind zulässig, wenn ein Paar Begrenzungsleuchten im Scheinwerfer eingebaut sind.
Zusätzliche Begrenzungsleuchten für Anhänger sind vorgeschrieben, wenn deren seitliche Begrenzung mehr als 400 mm über den äußeren Rand der Lichtaustrittsflächen der Begrenzungsleuchten für das Kraftfahrzeug hinausragen.

5.7 Parkleuchten

Zur Kenntlichmachung bei Dunkelheit in geschlossenen Ortschaften genügen bei parkenden Kraftwagen ohne Anhänger, die nicht breiter als 2 m und nicht länger als 6 m sind, Parkleuchten an der dem Verkehr zugewandten Seite. Parkleuchten müssen nach vorne weißes und nach hinten rotes Licht zeigen und mit der Unterkante mindestens 60 cm und mit der Oberkante der Lichtaustrittsfläche höchstens 155 cm über der Fahrbahn befestigt sein.
Um zu verhindern, daß die Parkleuchte auch bei eingeschaltetem Licht mit eingeschaltet bleibt, sind besondere Schaltungen möglich. Die einfachste Schaltung dieser Art ermöglicht eine zweipolige Parkleuchte. Wenn man dabei die zweite Leitung anstelle der Masse mit der Klemme Nr. 58 verbindet, hat die Begrenzungsleuchte nur solange Masseverbindung über die Glühlampen der Schluß-Kennzeichen- und Begrenzungsleuchten, bis das Licht eingeschaltet wird.
Anstelle besonderer Begrenzungsleuchten kann auch an der dem Verkehr zugewandten Seite verwendet werden:
Eine mit der Schlußleuchte zu einem Gerät vereinte rote Parkleuchte in Verbindung mit einer mit der Begrenzungsleuchte vereinten Parkleuchte für weißes Licht. Oder:
Eine Schlußleuchte in Verbindung mit einer Begrenzungsleuchte oder einer Parkleuchte für weißes Licht an der gleichen Fahrzeugseite.

5.8 Suchscheinwerfer

Ein Suchscheinwerfer ist zulässig, wenn er so geschaltet ist, daß er nur in Verbindung mit Schluß- und Kennzeichenbeleuchtung eingeschaltet werden kann. Er darf nur kurzfristig und nicht zum Beleuchten der Fahrbahn benutzt werden. Er ist darum auch mit der Klemme Nr. 58 zu verbinden. In Suchscheinwerfern dürfen nur Glühlampen mit einer Leistungsaufnahme von maximal 35 W verwendet werden. Für Suchscheinwerfer ist keine besondere Bauartgenehmigung erforderlich.

5.9 Nebelscheinwerfer

An zweispurigen Kraftfahrzeugen ist nur die paarweise Anbringung von Nebelscheinwerfern zulässig. Nebelscheinwerfer dürfen nicht höher als die am Kraftfahrzeug befindlichen, vorgeschriebenen Scheinwerfer angebracht werden. Sie müssen so geschaltet sein, daß sie nur zugleich mit der Schluß- und Kennzeichenbeleuchtung eingeschaltet werden können. Nebelscheinwerfer dürfen nur bei Nebel oder Schneefall und nur in Verbindung mit dem Abblendlicht eingeschaltet werden. Wenn zwei Nebelscheinwerfer an einem Kraftwagen so befestigt werden, daß ihre Lichtaustritte nicht mehr als 40 cm von der breitesten Stelle des Fahrzeugumrisses entfernt sind, dürfen sie auch bei eingeschaltetem Begrenzungslicht benutzt werden.
Bei schlechter Sicht am Tage wegen Nebel, Schneefall oder Regen dürfen dann auch die Nebelscheinwerfer anstelle des sonst vorgeschriebenen Abblendlichtes eingeschaltet werden.
Wenn eine Schaltvorschrift besteht, die das Einschalten der Nebelscheinwerfer in Verbindung mit dem Fernlicht nicht gestattet, sind entsprechende Schaltungen erforderlich. Dadurch wird ein unbeabsichtigtes Einschalten bei Fernlicht verhindert. Es werden dazu einfach einzubauende spezielle Nebelscheinwerferschaltschütze geliefert. Eine entsprechende Schaltung ist aber auch unter Verwendung eines normalen Schaltrelais möglich (Bild 5.8), (Bild 5.9).
Halogen-Nebelscheinwerfer sollten immer mit Schaltrelais geschaltet werden. Denn bei größerem Spannungsabfall ist der Wolfram-Halogen-Kreisprozeß gestört (siehe 5.12.1). Dabei ist es zweckmäßig, die Leitung zur Klemme 30/51 des Relais mit B+/51 am Reglerschalter oder Drehstromgenerator zu verbinden. Denn damit wird auch der Spannungsabfall in der Ladeleitung ausgeschaltet. Die Leitung zum Relais und den Nebelscheinwerfern sollte aus dem gleichen Grunde bei 6-V-Anlagen mindestens 4 mm^2 und bei 12 V mindestens 2,5 mm^2 Nennquerschnitt haben. Bei Schaltung nach Bild 5.8 und 5.9 werden

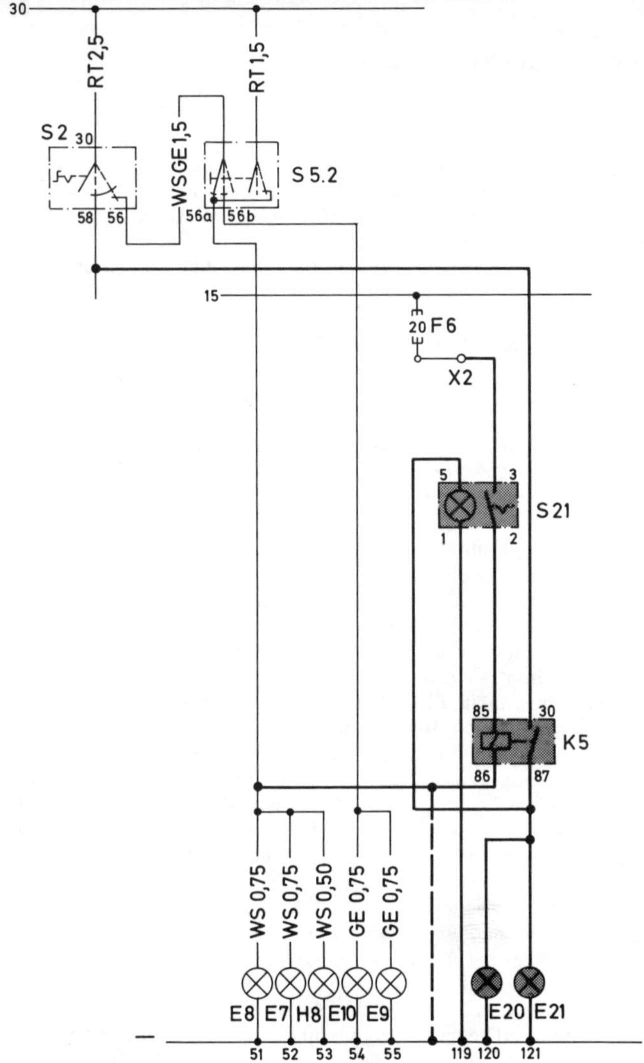

Bild 5.8 Schaltung von Nebelscheinwerfern, deren Lichtaustrittsflächen nicht mehr als 400 mm von der breitesten Stelle des Fahrzeugumrisses entfernt sind, mit Schaltrelais

Bild 5.9 Schaltung von Nebelscheinwerfern, deren Lichtaustrittsflächen mehr als 400 mm von der breitesten Stelle des Fahrzeugumrisses entfernt sind

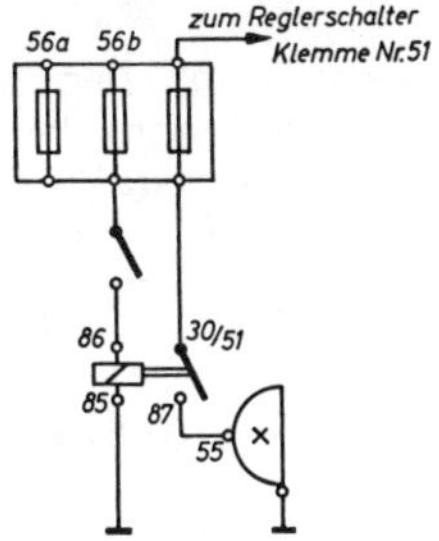

beim Einschalten des Fernlichtes die Nebelscheinwerfer durch das Relais selbsttätig ausgeschaltet. Beim Umschalten auf Abblendlicht werden die Nebelscheinwerfer selbsttätig durch das Relais wieder eingeschaltet. Bei nicht benutzten Nebelscheinwerfern ist deren Abdeckung erlaubt.

5.9.1 Einstellen der Nebelscheinwerfer

Nach den «Richtlinien für die Einstellung von Scheinwerfern an Kraftfahrzeugen und Fahrrädern» muß bei normalen Personenkraftwagen, Lastkraftwagen, Kraftomnibussen und Kombinationskraftwagen mit voller Nutzlast die höchste Stelle der Hell-Dunkel-Grenze des Nebelscheinwerfers auf einer in 10 m Abstand vor dem Scheinwerfer aufgestellten Prüftafel mindestens 20 cm tiefer liegen als die Höhe der Nebelscheinwerfermitte. Liegt die Höhe der Hell-Dunkel-Grenze in Abhängigkeit vom Belastungszustand auf 10 m Entfernung zwischen 15 und 50 cm unter der Höhe der Scheinwerfermitte, so wird dies bei polizeilicher Kontrolle auf der Straße nicht beanstandet. Die als Nebelscheinwerfer in Deutschland zugelassenen «Breitstrahler» wirken mit größerer Neigung bei Nebel besser. Darum ist es zweckmäßig, die laut den Richtlinien zulässige größere Neigung zu nutzen. Die auf älteren

Bild 5.8 Es bedeuten:
S 2 = Lichtschalter
S 5.2 = Abblendschalter
F 6 = 6. Sicherung im Sicherungskasten
X 2 = Zubehörklemme "15"
S 21 = Nebelscheinwerferschalter
K 5 = Nebelscheinwerferrelais
E 20 = Nebelscheinwerfer links
E 21 = Nebelscheinwerfer rechts
E 8 = Fernlicht links
_ _ _ = Nebelscheinwerferleuchten auch in Verbindung mit Fernlicht

Nebelscheinwerfern angegebenen Neigungsangaben sind nach der neueren Fassung der Richtlinien vom 4. Juli 1967 hinfällig. Für Vorderlader-Lastkraftwagen und Arbeitsmaschinen, bei denen die Scheinwerfer mehr als 100 cm über der Fahrbahn liegen, sind besondere Einstellvorschriften zu beachten.

5.10 Rücklicht

Zweispurige Kraftfahrzeuge und ihre Anhänger müssen mit zwei Schlußleuchten für rotes Licht ausgerüstet sein. Bei einspurigen Fahrzeugen genügt eine Schlußleuchte. Schlußleuchten müssen mit ihrem unteren Rand mindestens 40 cm und dürfen mit ihrem oberen Rand höchstens 155 cm über der Fahrbahn befestigt sein. Der äußere Rand darf höchstens 40 cm von der breitesten Stelle des Fahrzeugumrisses entfernt sein. Kraftwagen dürfen mit zwei zusätzlichen, höher als 1550 mm über der Fahrbahn angebrachten Schlußleuchten ausgerüstet sein. Die Leitungen zu den beiden Schlußleuchten müssen getrennt abgesichert sein, wenn ihre Wirksamkeit nicht vom Fahrersitz aus überwacht werden kann. Die Überwachungsstellen fordern zum Teil außerdem, daß die rechte Schlußleuchte des Kraftwagens und die linke Schlußleuchte des Anhängers an derselben Sicherung angeschlossen ist.

Die rückwärtigen amtlichen Kennzeichen müssen eine Beleuchtungseinrichtung haben, die sie bei Krafträdern und Kleinwagen auf 20 m und bei den übrigen Fahrzeugen auf 25 m Entfernung lesbar machen. Die Leitung für die Kennzeichenbeleuchtung kann mit einer Schlußleuchtenleitung verbunden werden.

Rote Rückstrahler mit mindestens 20 cm^2 rückstrahlender Fläche sind für Kraftfahrzeuge ebenfalls vorgeschrieben. Kraftwagen benötigen zwei, einspurige Kraftfahrzeuge einen roten Rückstrahler. Anhänger müssen mit zwei dreieckigen roten Rückstrahlern von mindestens 15 cm Seitenlänge ausgerüstet sein. Eine Ecke dieser Rückstrahler muß nach oben zeigen.

Rückstrahler dürfen mit dem unteren Rand ihrer wirksamen Fläche höchstens 90 cm über der Fahrbahn und mit ihrem äußeren Rand höchstens 40 cm von der breitesten Stelle des Fahrzeugumrisses entfernt sein.

Kraftwagen und Anhänger mit einer durch ihre Bauart bestimmten Höchstgeschwindigkeit von über 25 km/h müssen zwei Bremsleuchten für rotes Licht führen, die durch ihr Aufleuchten nach rückwärts das Betätigen der Betriebsbremse anzeigen. Die Bremsleuchten sollen in der Nähe der Schlußleuchten befestigt sein. Sie dürfen mit dem

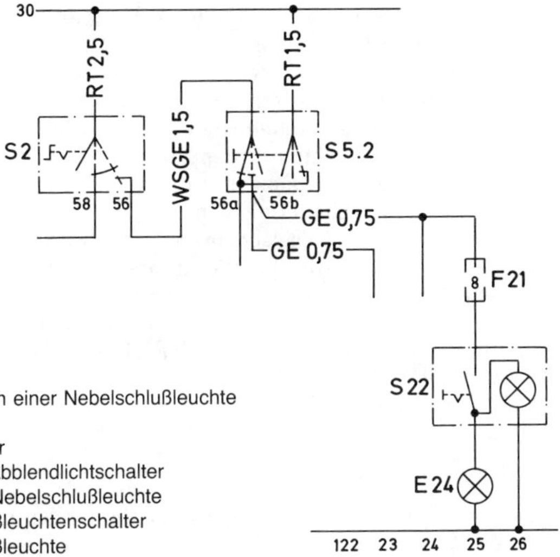

Bild 5.10 Schaltplan einer Nebelschlußleuchte
Es bedeuten:
S 2 = Lichtschalter
S 5.2 = Fern- und Abblendlichtschalter
F 21 = Sicherung Nebelschlußleuchte
S 22 = Nebelschlußleuchtenschalter
E 24 = Nebelschlußleuchte

unteren Rand ihrer Lichtaustrittsflächen höchstens 300 mm über den Schlußleuchten und mit dem oberen Rand ihrer Lichtaustrittsflächen bis 1550 mm über der Fahrbahn angebracht sein. Bremsleuchten und Blinkleuchten können zu einem Gerät zusammengebaut werden. Dabei genügt es bei älteren Kraftwagen, wenn zugleich gebremst und geblinkt wird, daß nur die Bremsleuchte aufleuchtet, die nicht zur Fahrtrichtungsanzeige benutzt wird. Mehrspurige Kraftfahrzeuge dürfen mit zwei zusätzlichen, höher als 1000 mm über der Fahrbahn innen oder außen am Fahrzeug fest angebrachten Bremsleuchten ausgerüstet sein. Diese dürfen auch höher als 300 mm oberhalb der Schlußleuchten und höher als 1550 mm über der Fahrbahn angebracht sein.

5.10.1 Nebelschlußleuchten

An der Rückseite von mehrspurigen Kraftfahrzeugen dürfen eine oder zwei und an Krafträdern eine Nebelschlußleuchte für rotes Licht angebracht sein. Die untere Begrenzung der Lichtaustrittsfläche von Nebelschlußleuchten muß mindestens 250 mm und die obere Begrenzung höchstens 1000 mm über der Fahrbahn liegen. Der Abstand der leuchtenden Flächen von Bremsleuchten und Nebelschlußleuchten muß mindestens 100 mm betragen. Beim Anbau einer Nebelschluß-

leuchte an mehrspurigen Kraftfahrzeugen muß diese in der Fahrzeugmittellinie oder links davon angebracht sein.
Nebelschlußleuchten dürfen nur gemeinsam mit Scheinwerfern, Abblendlicht oder Nebelscheinwerfern einschaltbar sein. Sie müssen unabhängig von Nebelscheinwerfern ausgeschaltet werden können.
Die Nebelschlußleuchten dürfen nur bei Nebel mit Sichtweite unter 50 m eingeschaltet werden und dann auch innerhalb geschlossener Ortschaften eingeschaltet bleiben.
Das Einschalten der Nebelscheinwerfer soll durch eine gelbe Kontrollleuchte im Blickfeld des Fahrzeugführers angezeigt werden.
Die obigen am 15. 1. 1980 in Kraft getretene Schaltvorschriften sind für alle ab 1. 9. 1981 erstmals zugelassenen Kraftfahrzeuge anzuwenden. Für vordem angebaute Nebelschlußleuchten sind nach der Übergangsvorschrift die vorher gültigen Schaltvorschriften noch zulässig. Vorläufig müssen diese Anlagen noch nicht umgeschaltet werden.

5.10.2 Spurhalteleuchten

An Anhängern darf am hinteren Ende der beiden Längsseiten je eine nach vorn wirkende bauartgenehmigte Leuchte für weißes Licht (Spurhaltelicht) angebracht sein. Sie soll dem Fahrzeugführer bei Kurvenfahrten ermöglichen, Abweichungen des Anhängers von der Spur des ziehenden Fahrzeuges im Rückspiegel festzustellen.

5.10.3 Rückfahrscheinwerfer

Es sind ein oder zwei Rückfahrscheinwerfer zulässig, die so geschaltet sein müssen, daß sie bei Vorwärtsfahrt und bei abgezogenem Zündschlüssel nicht brennen können. Sie müssen mit der Klemme 15/54 des Zündschalters verbunden sein, oder aber es muß ein Schaltrelais – wie in 3.5 Abs. 2 beschrieben – geschaltet werden.
Rückfahrscheinwerfer müssen so befestigt und eingestellt sein, daß sie die Fahrbahn auf höchstens 10 m hinter dem Fahrzeug beleuchten. Diesem wird entsprochen, wenn die Lichtkegelmitte in 5 m Entfernung vom Rückfahrscheinwerfer ½mal so hoch wie die Mitte des Rückfahrscheinwerfers über der Fahrbahn ist.

5.10.4 Umrißleuchten

Fahrzeuge, die über 2,10 m breit sind, dürfen auf jeder Fahrzeugseite mit einer nach vorn weiß und einer nach hinten rot leuchtenden Umrißleuchte ausgerüstet sein. Diese Leuchten einer Fahrzeugseite können auch zu einer nach vorn weiß und nach hinten rot leuchtenden Leuchte zusammengefaßt sein. Diese Leuchten sollen möglichst an der breitesten Stelle des Fahrzeugumrisses symmetrisch angebracht sein.

5.11 Seitliche Rückstrahler

Kraftfahrzeuge mit einer Länge von mehr als 6 m – ausgenommen Personenkraftwagen – und ihre Anhänger müssen an den Längsseiten mit gelben, nicht dreieckigen Rückstrahlern ausgerüstet sein.
Der am weitesten vorn angebrachte Rückstrahler darf nicht mehr als 3 m vom vordersten Punkt des Kraftwagens bzw. vom vordersten Punkt der Zugeinrichtung des Anhängers und der am weitesten hinten angebrachte Rückstrahler nicht mehr als 1 m vom hintersten Punkt des Fahrzeuges befestigt sein. Zwischen zwei hintereinander folgenden Rückstrahlern darf der Abstand nicht mehr als 3 m betragen. Der höchste Punkt der rückstrahlenden Flächen der seitlichen Rückstrahler darf nicht mehr als 900 mm über der Fahrbahn liegen. Wenn dies die Bauart des Fahrzeugs nicht zuläßt, dürfen die seitlichen Rückstrahler höher, aber nicht höher als 1500 mm über der Fahrbahn angebracht werden. Bei Fahrzeugen, für die seitliche Rückstrahler nicht vorgeschrieben sind, dürfen diese so angebracht werden, daß sie der Vorschrift der vorgeschriebenen entsprechen. Jedoch genügt in diesen Fällen je ein Rückstrahler im vorderen und im hinteren Drittel der Fahrzeuglängsseiten. Ebenso sind reflektierende gelbe waagerechte Streifen an den Längsseiten zulässig, die auch unterbrochen sein können, sie dürfen aber nicht die Form von Schriftzügen oder Emblemen haben.

5.12 Glühlampen für Kraftfahrzeuge

Die Glühlampen für Kraftfahrzeuge haben gegenüber den etwa 1000 Brennstunden normaler Haushaltglühlampen, mit 100 Brennstunden der Scheinwerferlampen und 200 Brennstunden der Kleinlampen, eine geringe Lebensdauer. Die Angaben beziehen sich auf die 100%-Spannung dieser Lampen. Die 100%-Spannung ist bei Glühlampen für 6 V Nennspannung 6,75 V und bei 12 V Nennspannung 13,5 V. Geringere Betriebsspannungen ergeben höhere und höhere Betriebsspannung geringere Lebensdauer. Nach Angaben der Firma Bosch verändern sich Lebensdauer und Lichtstärke folgendermaßen:

Spannung	85%	90%	95%	100%	105%	110%	120%
Lichtstärke	53%	67%	83%	100%	120%	145%	200%
Lebensdauer	1000%	440%	210%	100%	50%	28%	6%

Danach sind Lichtstärke und Lebensdauer der Glühlampen sehr von der Betriebsspannung abhängig. Durch geringen Spannungsabfall sinkt die Leuchtkraft der Beleuchtungseinrichtungen stark ab. Anderseits wird durch geringe Spannungserhöhung die Lebensdauer der Glühlampen stark vermindert. Da die Glühdrähte auch bei höheren Temperaturen spröde bleiben, sind Glühlampen erschütterungsempfindlich, und die Glühdrähte können durch kurze harte Stöße abbrechen. Auch kann durch einen Riß im Kotflügel oder eine lose Schraube in der Nähe der Glühlampen ein häufiger Defekt durch Dauerschwingungsbruch des Glühfadens verursacht werden.
Die Lichtstärke, die eine Glühlampe erzeugt, wird mit zunehmender Lebensdauer geringer, weil beim Betrieb Metall vom Glühfaden abdampft. Bereits nach der Hälfte der Lebensdauer ist ein beachtliches Nachlassen der Lichtwirkung meßbar. Darum sollte man Glühlampen frühzeitig wechseln, besonders dann, wenn Schwärzung des Glaskolbens die Lichtstärke zusätzlich vermindert.

5.12.1 Halogen-Glühlampen

Höhere Spannung erhöht die von der gleichen Glühlampe erzeugte Lichtstärke. Die hellere Glutfarbe des Glühdrahtes verbessert zugleich das Licht. Anderseits wird bei höherer Spannung die Lebensdauer der Glühlampen stark vermindert. Der normale Glühlampenverbrauch beruht darauf, daß von den Glühdrähten Metall abdampft. Dies geschieht um so mehr, je höher die Glühdraht-Temperaturen sind. Die Lichtausbeute der Glühlampen kann ohne wesentliche Verringerung der Lebensdauer erhöht werden, wenn das Abdampfen von Glühdrahtmetall vermindert wird. Eine dieser Möglichkeiten ist die Befüllung der Lampenkolben mit Halogen.
Halogene sind Elemente, die sich mit Metallen zu Salzen verbinden. Bei Kraftfahrzeug-Scheinwerferlampen verwendet man das Halogen Brom, welches dem Füllgas als Methylenbromid beigemischt wird. Dadurch war es möglich, die Zerstörung von geringer temperierten Metallteilen – z. B. Glühdrahthalterungen – zu vermeiden. Außerdem war dadurch die Entwicklung der H4-Zweifadenabblendlampe möglich.
Wie der Schnitt A–B (Bild 5.11) durch eine H4-Abblendlampe zeigt, verdampfen in der heißen Zone I an der mit ca. 3200 °C glühenden Wolframwendel Wolframatome. Sie werden in der Zone II bei 1300 bis

Bild 5.11
Der Wolfram-Brom-Kreisprozeß in Philips-Halogenlampen

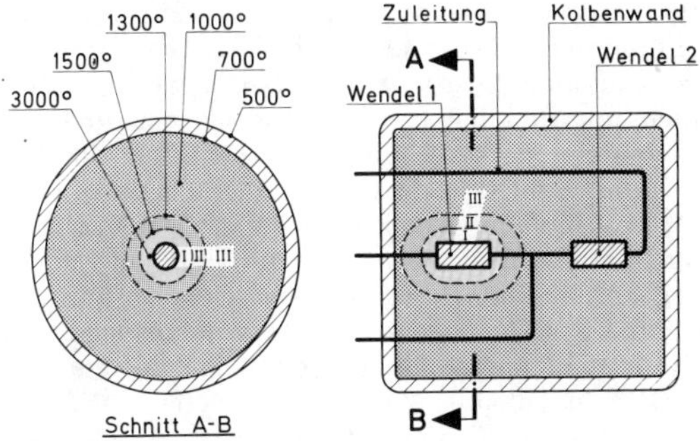

Zone I : W, Br_2, H_2, Kr (Verdampfung, Dissoziation, Kollision) — $WBr_6 \rightarrow W + 3Br_2$ bei >1500° C

Zone II : W, Br_2, WBr_6, Kr (Wolframhalogenidbildung) — $W + 3Br_2 \rightarrow WBr_6$ bei <1500° C

$2HBr \rightarrow H_2 + Br_2$ bei >1300° C

Zone III: HBr, WBr_6, Kr (Diffusion, Konvektion) — $CH_2Br_2 \rightarrow C + 2HBr$ bei > 500° C

1500 °C mit dort freiwerdendem Brom zu gasförmigem Wolframbromid abgebunden. Das in die Temperaturzone III von 700 bis 1300 °C gelangende Wolframbromid kann hier infolge der hohen Temperatur nicht kondensieren. In dieser Temperaturzone wird zugleich bewirkt, daß aus Methylenbromid durch Zerfall bei Temperaturen über 500 °C der erforderliche Bromwasserstoff entsteht. Durch Austauschvorgänge zwischen den verschiedenen Zonen wandert das *Wolframbromid* zur glühenden Wendel, wo es zerfällt und Wolfram ausscheidet. Dadurch ist der *Wolfram-Halogenkreislauf* geschlossen. Die in der kalten Zone III liegenden Teile werden vom nicht aggressiven Bromwasserstoff umhüllt. Darum werden diese Teile im Gegensatz zur *Jod-Halogenlampe* chemisch nicht angegriffen. Um die erforderlichen Gastemperaturen zu erreichen, muß der Raum für die Füllgasmenge viel kleiner gehalten werden, als dies bei normalen Glühlampen üblich ist. Dabei wird die Temperatur des Lampenkolbens so hoch, daß normales Glas hierzu nicht verwendet werden kann.

Quarzglaskolben, die man bei Halogenlampen aus thermischen Gründen verwendet, haben auch eine höhere Festigkeit als herkömmliche Kolben. Darum wird zusätzlich durch höheren Gasdruck im Lampeninneren die Siedetemperatur des Wolframglühfadens erhöht und so dessen Verdampfungsmenge herabgesetzt. Diese Druckerhöhung und der Halogen-Kreisprozeß bewirken gleichbleibendes Licht über die Lebensdauer der Halogenlampen und machen es möglich, trotz höhe-

rer Lichtausbeute eine normale Lebensdauer zu erreichen. Es ist aber erforderlich, daß die entsprechenden Temperaturen am Quarzglaskolben und im Füllgas herrschen. Darum wird bei verringerter Spannung nicht nur die Lichtausbeute, sondern auch die Lebensdauer der Halogenlampen stark vermindert. Diesem muß durch geringstmöglichen Spannungsabfall in der Anschlußleitung entsprochen werden.
H1-Halogenlampen haben einen flachen Quarzglaskolben mit dichtgequetschten Enden, in welchen die Glühdrahtwendel in Längsrichtung angeordnet sind. *H3-Halogenlampen* haben nur eine einseitige Quetschung des Quarzglaskolbens mit querliegendem Glühdrahtwendel. Diese Weiterentwicklung ergibt eine bessere Strahlenführung des Lichtes im entsprechenden Scheinwerfer.
Außerdem ist an der H3-Lampe das Anschlußkabel befestigt. *H4-Zweifaden-Halogenlampen* sind seit 1972 für den dafür speziell entwickelten H4-Abblendscheinwerfer für asymmetrisches Abblendlicht zugelassen und z.Z. für 12-V- und 24-V-Anlagen lieferbar. Sie erzeugen etwa 100% höheren Lichtstrom gegenüber der normalen Glühlampe für asymmetrisches Abblendlicht.

5.13 Vollautomatische Lichtsteuerung

Das Einschalten des Fahrlichtes wird immer wieder bei Einbruch der Dämmerung von Autofahrern vergessen. Durch Einsatz einer vollautomatischen Lichtsteuerung kann dieser Gefährdung des Straßenverkehrs begegnet werden. Dazu wird ein vollautomatisches Lichtsteuergerät benötigt, das bei Unterschreiten eines bestimmten Lichtwertes automatisch in Funktion tritt. Ab einem bestimmten Dämmerungswert werden von ihm die Abblend-, Park- und Instrumententafelbeleuchtung automatisch ein- und auch wieder ausgeschaltet, und das auch dann, wenn der manuelle Lichtschalter in die «Ausstellung» gebracht wurde. Wird jedoch der manuelle Lichtschalter betätigt, so übersteuert seine Schaltung automatisch das Lichtsteuergerät, welches unmittelbar ausschaltet. Das Lichtsteuergerät wird parallel zur eingebauten Fahrzeug-Lichtanlage geschaltet. Es ist mit einem Sensor als Steuerungselement verbunden. Eine mit dem Sensor kombinierte Kontrolleuchte zeigt an, wenn die Fahrzeugbeleuchtung durch das LSG eingeschaltet worden ist. Bei stark reflektierenden Nebelschwaden, bedingt durch grelle Sonneneinstrahlung, kann es erforderlich sein, den Lichtschalter manuell zu betätigen. Damit das Ausschalten des Fahrlichtes bei Fahrtende nicht vergessen wird, erinnert ein akustisches Warnsignal, das im LSG integriert ist, daran, daß der Fahrlichtschalter auf «Aus» gestellt werden muß.

6 Signalgeräte

6.1 Fahrtrichtungsanzeiger

Als Fahrtrichtungsanzeiger sind nur gelbe Blinkleuchten zulässig, die an Vorder- und Rückseite von Kraftfahrzeugen und an der Rückseite von Anhängern angebracht sein müssen. Fahrtrichtungsanzeiger müssen so beschaffen sein, daß die Anzeige der beabsichtigten Fahrtrichtungsänderung von den Verkehrsteilnehmern, für die sie von Bedeutung ist, deutlich erkennbar ist. Die Blinkleuchten sollen mit einer Frequenz von 90 Impulsen je Minute blinken. Dabei ist eine Toleranz von plus oder minus 30 Blinkimpulsen zulässig. Die Blinkimpulse werden meist durch elektronische Blinkgeber oder Hitzdrahtblinkgeber, seltener durch motorisch angetriebene oder pneumatisch steuernde Blinkgeber gesteuert. Der preisgünstigste, aber auch störungsanfälligste Blinkgeber ist der Hitzdrahtblinkgeber (Bild 6.1a und 6.1b).

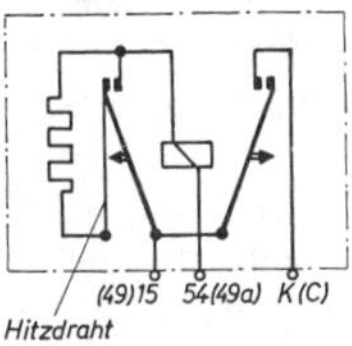

Bild 6.1a (oben)
Innere Schaltung eines Bosch-Hitzdrahtblinkgebers mit Dunkelbeginn

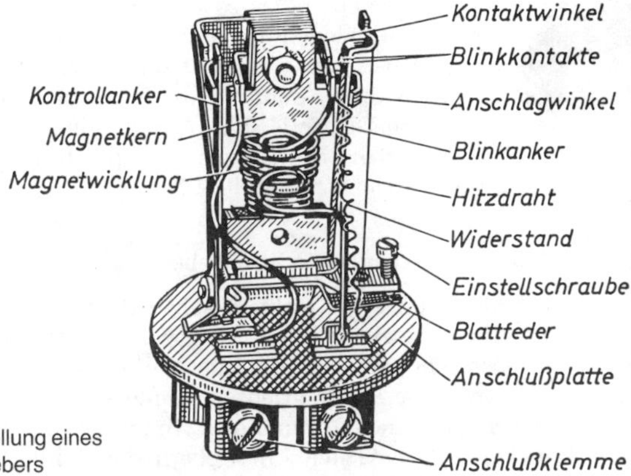

Bild 6.1b (rechts)
Aufbaugerechte Darstellung eines Bosch-Hitzdrahtblinkgebers

Im Ruhestand werden die Blinkkontakte durch den kalten, am Blinkanker angreifenden Hitzdraht, entgegen der Wirkung der Ankerfelder offen gehalten. Die Hitzdrahtvorspannung kann mit einer gegen eine Blattfeder drückenden Schraube eingestellt werden. Dadurch wird die Frequenz des Blinkers verändert.
Wird der Blinkschalter betätigt, so fließt der von der Batterie über den Zündschalter kommende Strom zur Klemme 15 (49), über den Blinkanker, den Hitzdraht, den Widerstand und die Magnetwicklung zu Klemme 54 (49a). Von hier über den Blinkschalter und die Blinkleuchten zur Masse. Obwohl Strom durch die Blinkleuchten fließt, leuchten diese wegen des eingeschalteten Widerstandes noch nicht auf. Der Hitzdraht wird nun heiß und dehnt sich, so daß der Blinkanker durch die Kraft der Ankerfeder gegen den Magnetkern gezogen wird, bis die Blinkkontakte sich schließen. Nun sind Hitzdraht und Vorwiderstand kurzgeschlossen, es fließt der volle Blinkleuchtenstrom, und die Lampen der Fahrtrichtungsanzeiger leuchten auf. Zugleich wirkt eine zusätzliche Magnetkraft auf den Blinkanker, so daß die Blinkkontakte mit kräftigem Kontaktdruck schließen. Der nun kurzgeschlossene Hitzdraht kühlt sich wieder ab, zieht sich zusammen und bewirkt, daß auf den Blinkanker eine ansteigende Zugkraft ausgeübt wird. Sobald die Zugkraft die magnetische Haltekraft überwindet, öffnet der Hitzdraht ruckartig die Blinkkontakte, weil nun auch die Magnetkraft entfällt. Die Blinkleuchten erhalten jetzt wieder den geringen Strom über den Hitzdraht und verlöschen. Der geschilderte Vorgang wiederholt sich in regelmäßiger Folge so lange, bis der Blinkschalter ausgeschaltet wird.
Da der Hitzdraht bereits durch den Betrieb erwärmt ist, kann er bei kurzzeitig auftretenden Masseschlüssen in den Leitungen zum Schalter oder zur Blinkleuchte überhitzt werden, bevor die Sicherung abschmilzt. Dabei braucht der Hitzdraht nicht gleich abzuschmelzen. Er kann bereits durch Dehnung die Funktion des Blinkgebers verändern. Aus diesem Grunde sollte man besonders bei häufigem Defekt des Blinkgebers diese Leitungen und die Blinkleuchten auf Masseschluß prüfen (siehe Abschnitt 4.1).

6.1.1 Elektronische Blinkgeber

Die Entwicklung von elektronischen Bauteilen zu günstigen Preisen ermöglicht die Herstellung von gegenüber den Hitzdrahtblinkgebern betriebssichereren elektronischen Blinkgebern, die außerdem noch den Vorteil der von Betriebsspannung und Belastung unabhängigen Blinkfrequenz haben. Zur Zeitbestimmung der Blinkfrequenzen dienen bei elektronischen Blinkgebern die Kondensatoren C_1 und C_2, deren Aufladung durch mit ihnen in Reihe geschaltete, entsprechend abgestimmte Widerstände zeitlich verzögert wird. Durch die mit der Ladung zunehmende Kondensatorspannung werden die Transistoren eines elektronischen Schaltsystems geschaltet, welches man *astabilen Multivibrator* nennt (Bild 6.2).

Zur Funktionserklärung soll die Grundschaltung der Fa. AEG-Telefunken dienen:

Bei Anlegen der Versorgungsspannung sind alle Transistoren gesperrt, da die Spannung an C_1 Null ist und der Emitter von T_1 eine Vorpannung erhält, die von R_3 und R_4 bestimmt wird. Damit fließt durch das Relais nur der Teiler- und der Ladestrom des Kondensators C_1, der sich über R_1 auflädt. Sobald seine Spannung größer wird als die Emittervorspannung plus Basis-Emitter-Flußspannung von T_1, fließt sein Basisstrom, und der Transistor T_1 wird leitend. Dann kann auch über die Basis von T_2 und T_3 ein Strom fließen, und die Spannung über dem Zweipol bricht auf einen Wert zusammen, der im wesentlichen von den zwei Basis-Emitter-Spannungen von T_2 und T_3 und der Restspannung an T_1 bestimmt wird (insgesamt ca. 1 V). Die Differenz zur Versorgungsspannung liegt am Verbraucher. Im leitenden Zustand der Transistoren ist die Emitter-Versorgungsspannung des Transistors T_1 auf einen geringeren Wert abgesunken, und der Kondensator C_1 entlädt sich über die Basis und R_4 so lange, bis der Strom nicht mehr zur Steuerung von T_1 ausreicht. Dann sperrt der Zweipol, die Emittervorspannung von T_1 springt auf den ursprünglichen Wert, und der Kondensator C_1 muß sich wieder aufladen. Der Widerstand R_1 bestimmt die Dunkelphase, und R_2 zusammen mit R_4 bestimmen die Hellphase.

Die Last der parallelgeschalteten Richtungs-Blinklampen ist zu hoch, um sie mit kleineren und damit preisgünstigen Transistoren zu schal-

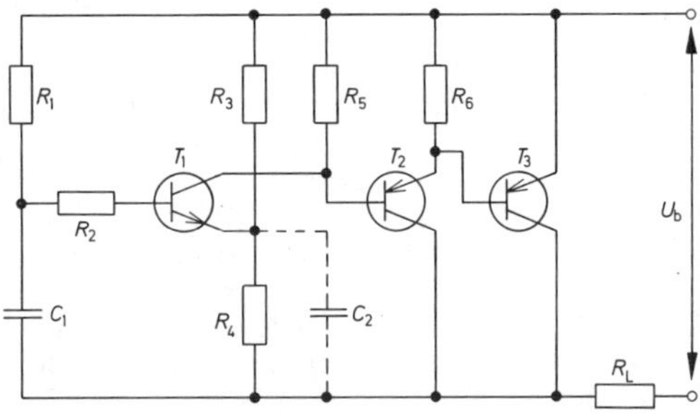

Bild 6.2 Grundschaltung eines elektronischen Blinkgebers nach einem Schaltbeispiel der Firma Telefunken

ten. Deshalb steuert der Zweipol ein Relais R_L, das den Lampenstrom schaltet. Damit erfüllt man zugleich die Bedingung, daß sich die Frequenz beim Ausfall von Lampen nicht ändern darf. Eine dem Relais parallelgeschaltete Diode verhindert Spannungsspitzen beim Abschalten.
Moderne Fertigungstechniken ermöglichen es, elektronische Funktionseinheiten auf einem Halbleiter-Trägerplättchen von geringen Abmessungen zusammen zu bauen. Derartige meist von Spezialfirmen hergestellten *Integrierte Schaltungen* ermöglichen es den Kraftfahrzeug-Ausrüstern, elektronische Blinkgeber von geringer Abmessung zu erschwinglichen Preisen herzustellen.

6.1.2 Anbringung der Fahrtrichtungsanzeiger

Die bauartgenehmigten Fahrtrichtungsanzeiger müssen vorschriftsmäßig angebracht sein. An der Vorderseite, der Rückseite und an den Längsseiten der Kraftfahrzeuge dürfen nur Fahrtrichtungsanzeiger für gelbes Licht angebracht sein. Bei Fahrzeugen unter 4 m Länge und 1,6 m Breite genügen Fahrtrichtungsanzeiger an den Längsseiten. Längere und breitere Kraftfahrzeuge müssen Fahrtrichtungsanzeiger an der Vorderseite oder am vorderen Teil der Längsseiten und Blinkleuchten an der Rückseite führen. Wenn der Abstand zwischen den vorderen und den hinteren Fahrtrichtungsanzeigern mehr als 6 m beträgt, so müssen zusätzliche Fahrtrichtungsanzeiger an beiden Längsseiten des Kraftfahrzeuges angebracht sein.

6.2 Kontrolleinrichtungen für Fahrtrichtungsanzeiger

Sind Fahrtrichtungsanzeiger nicht im Blickfeld des Fahrzeugführers, so muß diesem die Wirksamkeit der Fahrtrichtungsanzeige angezeigt werden. Im Regelfall verwendet man hier Kontrolleuchten, die nach einer internationalen Empfehlung grün sein sollen.
Bei je einer Blinkleuchte auf jeder Wagenseite ist es ausreichend, wenn die Anschlüsse zur Kontrolleuchte mit 15 (49) und 54 (49a) des Blinkgebers oder mit L und R des Blinkschalters verbunden werden. Im erstgenannten Falle leuchtet die Kontrolleuchte, solange die Blinkleuchten nicht brennen, und im zweiten Falle mit den Blinkleuchten gemeinsam. Wenn mehr als eine Blinkleuchte je Seite angebracht sind, müssen Blinkgeber mit einem Kontrollanker verwendet werden. Diese Blinkgeber müssen für Spannung, Blinkleuchtenzahl und Leistungsaufnahme der Blinkerlampen passend gewählt werden. Wenn die

Blinkkontakte sich schließen, wird der Kontrollanker durch die volle Erregung des Magnetfeldes angezogen und damit die Anzeigeleuchte eingeschaltet. Beim Öffnen der Blinkkontakte wird auch der Kontrollanker losgelassen und die Anzeigeleuchte ausgeschaltet. Die Anzeigeleuchte blinkt also im gleichen Rhythmus wie die Blinkleuchte. Setzt eine Blinkleuchte aus, so ist die Stärke des durch die Magnetwicklung fließenden Stroms geringer, und die kleinere Magnetkraft genügt nicht mehr zum Anziehen des Kontrollankers. Die Anzeigeleuchte bleibt infolgedessen dunkel (Bild 6.1).

6.3 Warnblinkeinrichtungen

Um Unfälle durch Auffahren auf ein auf der Fahrbahn stehendes Fahrzeug zu vermeiden, sollen vom liegengebliebenen Fahrzeug Warneinrichtungen in Tätigkeit gesetzt werden. Abweichend von § 53a Abs. 2 StVZO sollen mehrspurige Fahrzeuge, die mit Fahrtrichtungsanzeiger ausgerüstet sind, mit einer Rundum-Warnblinkanlage ausgerüstet sein. Sie muß wie folgt beschaffen sein:
Für die Schaltung muß im Kraftfahrzeug ein besonderer Schalter vorhanden sein, nach dem Einschalten müssen – unabhängig von der Stellung anderer Schalter – alle am Fahrzeug oder Zug vorhandenen Blinkleuchten gleichzeitig mit einer Frequenz von 90 ± 30 Perioden in der Minute blinken, und dem Fahrzeugführer muß durch eine auffällige Kontrolleuchte für rotes Licht angezeigt werden, daß das Warnblinklicht eingeschaltet ist.
Das Warnblinklicht darf auch während der Fahrt einschaltbar sein.

6.4 Signalhörner

Als Vorrichtung für Schallzeichen müssen an Kraftfahrzeugen Hupen oder Hörner angebracht sein. Diese müssen einen in seiner Tonhöhe gleichbleibenden Klang oder einen Akkord erzeugen, der in 7 m Entfernung 104 DIN-Phon nicht übersteigen darf. Es finden meist elektrische Signalhörner Verwendung (Bild 6.4). Ihre Wirkungsweise beruht darauf, daß mit Hilfe eines Elektromagneten und eines Unterbrechers nach der Arbeitsweise des Wagnerschen Hammers (eingeschalteter Elektromagnet öffnet Kontakte, geöffnete Kontakte unterbrechen Magnetstromkreis) eine Membrane in Schwingungen versetzt wird. Ein zum Unterbrecher parallel geschalteter Kondensator unterdrückt die Funkenbildungen und bewirkt, daß die Unterbrecherkontakte weniger abgenützt werden.

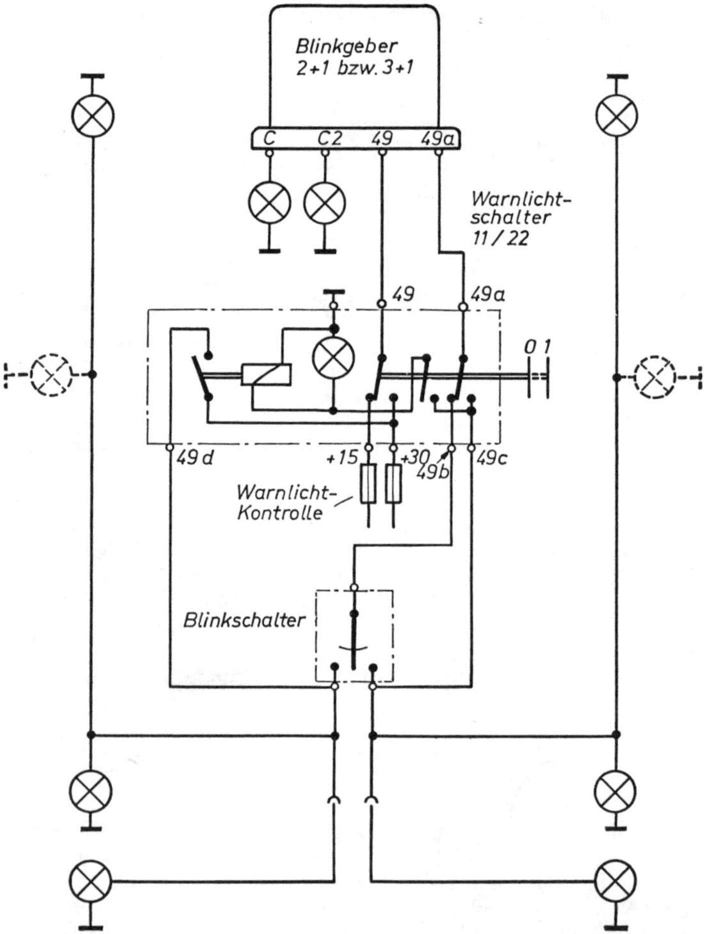

Bild 6.3 Aufbaugerechtes Schaltbild einer Hella-Warnblinkanlage

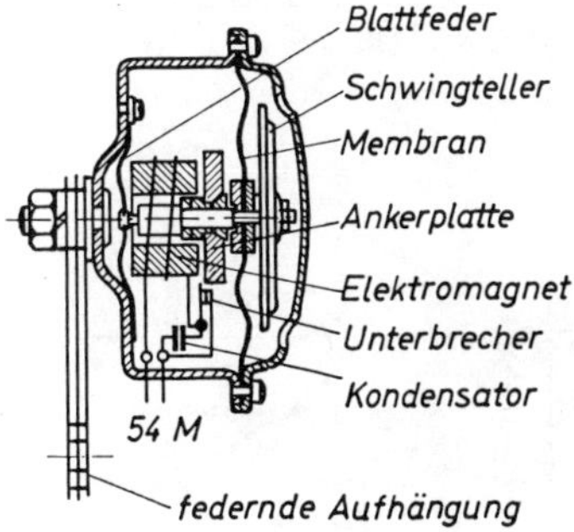

Bild 6.4
Schnittbild eines Bosch-Hornes

6.4.1 Tonfolgeschalter

Nach StVZO müssen vorfahrtberechtigte Fahrzeuge der Polizei, Feuerwehr oder Krankentransporte neben anderen Warnvorrichtungen eine akustische Alarmanlage besitzen, die abwechselnd einen tiefen und einen hohen Warnton abgibt.

Dazu gibt ein elektronischer Tonfolgeschalter an die in zwei Tonlagen (tief und hoch) abgestimmten Hörner eine zeitlich gestaffelte Stromimpulsfolge ab, so daß die Hörner dann abwechselnd Tief- und Hochtöne abstrahlen. Durch dieses durchdringende Warnsignal werden andere Verkehrsteilnehmer auf das Herannahen von Einsatzfahrzeugen aufmerksam gemacht.

Die akustisch-optische Warnanlage besteht aus dem elektronischen Tonfolgeschalter und dem Horndrucktaster. Als akustische Signalgeräte werden Starktonhörner Tief und Hoch verwendet, optisch wird durch eine oder mehrere Rundumkennleuchten gewarnt. Die Funktion der Anlage wird durch eine Anzeigeleuchte überwacht.

Vom elektronischen Tonfolgeschalter wird an die in Tonlage Tief/Hoch gestimmten Hörner eine zeitlich gestaffelte Stromimpulsfolge abgegeben, sobald die Alarmvorrichtung durch Betätigen des Horndrucktasters eingeschaltet wird. Da gesetzlich auch bei einer kurzfristigen Betätigung des Alarmschalters stets eine vollständige Tonfolge, bestehend aus vier Tönen, ablaufen muß, ist das Schaltgerät entsprechend auszulegen.

Die Tonfolgefrequenz wird von einem astabilen, d.h. freischwingenden Multivibrator im elektronischen Tonfolgeschalter bestimmt. Dabei beträgt die Dauer (T) des Einzeltons ca. 0,75 s, die Dauer (T) einer vollständigen Viertonfolge aufgrund dessen $4 \times 0{,}75\ \text{s} = 3\ \text{s}$. Die

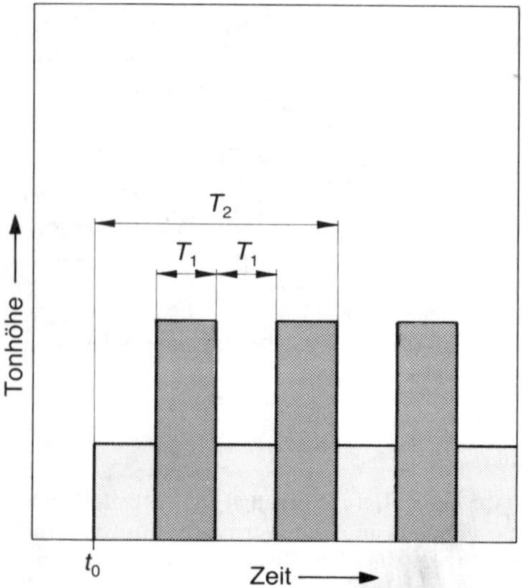

Bild 6.5 Tonfolge beim elektronischen Tonfolgeschalter (Bosch)
t_0 Beginn des Alarmsignals
T_1 Einzeltondauer
T_2 Viertonfolgedauer

Viertonfolge bestimmt ein monostabiler, d.h. triggernder Multivibrator. Die Triggerung wird vom Alarmschalter übernommen. Alle zeitlich sich ergänzenden Stromimpulse aus dem Tonfolgeschalter gelangen zu den Starktonhörnern.
Die Auslegung der Relais erfolgt so, daß je nach Bedarf zwei Hörner je Tonstufe ausreichend mit Strom versorgt werden können. Für jede der beiden Tonstufen ist ein Schaltrelais vorgesehen.
In den Tonfolgeschalter sind außer den beiden Multivibratoren noch zwei Kontrollstufen eingebaut, die in ähnlicher Weise arbeiten wie die elektronischen Warnblinkgeber. Die Kontrollstufen dienen der Überwachung der Rundumkennleuchten. Der Ausfall einer Leuchte wird durch Kontrollampen angezeigt.
Die gesetzlichen Grundlagen für Warnvorrichtungen mit einer Folge verschiedener Töne sind in der StVZO § 22/1, § 52/3 und § 55/3 geregelt. Die Abstimmung und Mindestlautstärke der Hörner sowie der Ablauf der Tonfolge geht aus der DIN 14610 hervor.

Bild 6.6 Elektronischer Tonfolgeschalter mit angeschlossenen Signalgeräten
1 Starktonhörner
2 Rundumkennleuchten
3 Anzeigeleuchten
4 Astabiler Multivibrator
5 Monostabiler Multivibrator
6 Überwachungsschaltung

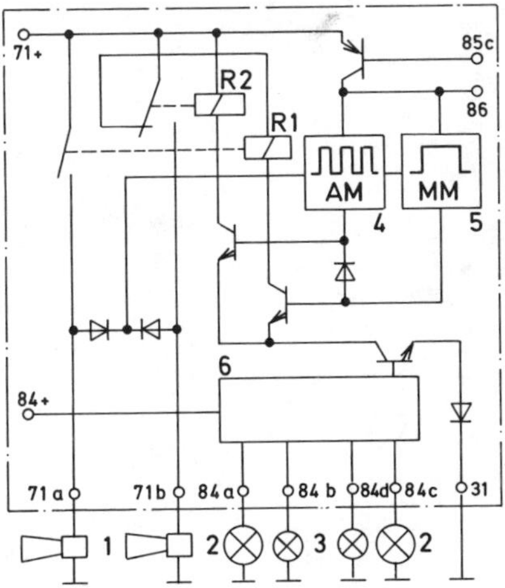

Bild 6.7 Schaltplan für eine Anlage mit Starkstromhörnern und Rundumkennleuchte
1 Starkstromhörner
2 Normalhorn
3 Tonfolgeschalter
4 Alarmschalter
5 Anzeigeleuchte
6 Rundumkennleuchte
7 Sicherungen
8 Horndrucktaster

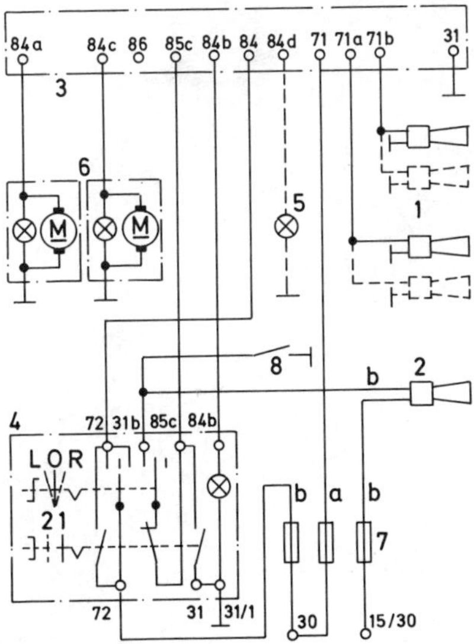

7 Batterien für Kraftfahrzeuge

Batterien sollen die elektrischen Anlagen der Kraftfahrzeuge dann mit Energie versorgen, wenn die Generatoren bei stehenden oder sich langsamer drehenden Motoren keine oder zu geringe Leistung erzeugen. Starterbatterien sollen außerdem den Anlasserstrom abgeben, der zum Anwerfen der Motoren erforderlich ist. Darum ist auch der zum Anlassen benötigte Strom für die Auswahl der Starterbatterien bestimmend.

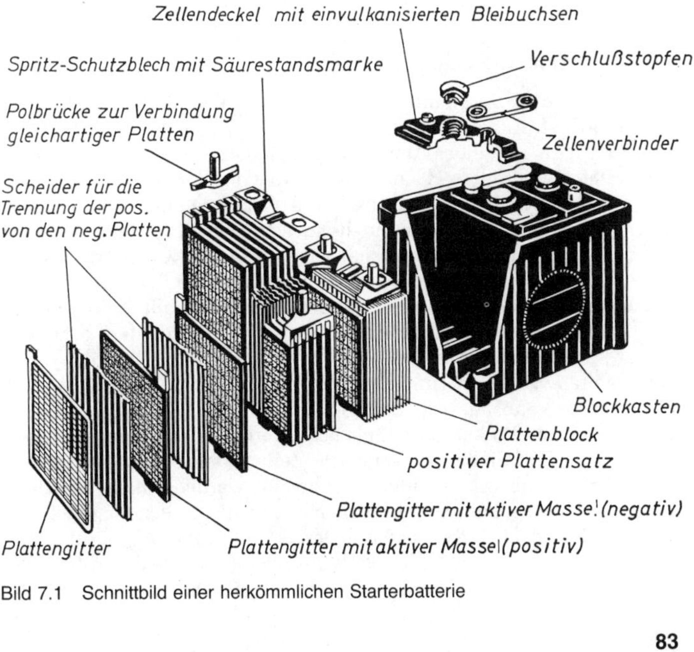

Bild 7.1 Schnittbild einer herkömmlichen Starterbatterie

7.1 Aufbau der Starterbatterien

Die Platten der Kraftfahrzeugbatterien bestehen aus Hartbleigittern, in denen die chemisch aktive Masse gehalten wird. Die aktive Masse der Platten wird aus gemahlenem Blei hergestellt. Diese aktive Masse ist so porös in die Plattengitter eingelagert, daß die Akkumulatorensäure die Platten durchdringen kann. Mit dieser Plattenart wird erreicht, daß fast die gesamte Masse der Platten an der chemischen Umwandlung beim Laden und Entladen beteiligt ist. Starterbatterien haben Plattenblöcke, die aus einer größeren Anzahl positiver und negativer Platten bestehen, die durch Polbrücken zu je einem positiven und einem negativen Satz geschaltet sind. Durch die in geringem Abstand voneinander angeordneten Platten mit großer Fläche wird ein geringerer innerer Widerstand der Batterie erreicht. Dieser geringere innere Widerstand der Batterien ist erforderlich, damit der zum Anlassen ausreichende Strom erzeugt werden kann, ohne daß die Batteriespannung zu sehr absinkt. Damit die nebeneinander angeordneten positiven und negativen Platten keinen Berührungskontakt bekommen, werden zwischen diesen poröse Isolatoren angeordnet, die Plattenberührung verhindern, aber einen elektrolytischen Kontakt ermöglichen.

7.1.1 Moderne Fahrzeugbatterien

Wenn man mehr und dafür entsprechend dünnere Platten im Plattensatz anordnet, so vermindert sich der innere Widerstand der Batterie. Dadurch ist bei gleicher Abmessung, gleichem Gewicht und gleicher Kapazität eine größere Hochstrombelastbarkeit der Batterien erreichbar. Da diese Hochstrombelastbarkeit der Batterie ein sicheres Anlassen winterkalter Motoren ermöglicht, werden solche Batterien auch als «Batterie mit Kaltstartsicherheit» oder «Kaltstartbatterien» bezeichnet. Die Entwicklung derartiger Batterien mit genügend hoher Lebensdauer ermöglichte es, moderne Automobile mit kleineren und leichteren Batterien von geringerer Kapazität auszurüsten, ohne daß dadurch das Anlassen der Motoren bei Kälte erschwert wird.
Eine weitere Verminderung des inneren Widerstandes wird dadurch erreicht, daß, anstatt die Polbrücken mit durch die Zellendeckel durchgeführten Polköpfen mittels besonderer Zellenverbinder zu verbinden, die Polbrücken benachbarter Zellen direkt durch die Zellenwände hindurch miteinander verschweißt werden (Bild 7.2). Diese Bauweise gibt außerdem die Möglichkeit, alle Zellen zugleich mit einem Monodeckel zu verschließen. Durch die Verwendung der Kunststoffe «Polystyrol» oder «Polypropylen» anstelle der früher üblichen Hartgummikästen konnte das Gewicht der Batterien noch weiter

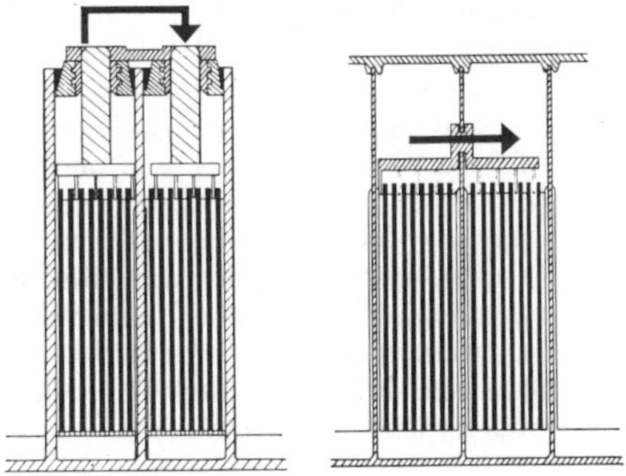

Bild 7.2 Bei herkömmlichen Batterien (links) wurden die Polköpfe durch die Zellendeckel geführt und durch Zellenverbinder verbunden. Bei modernen Batterien in Monodeckelbauweise (rechts) sind die Polbrücken durch die Zellenwände hindurch miteinanander verschweißt. Dadurch werden die Verbindungswege kürzer und der Eigenwiderstand der Batterie geringer, was ein besseres Kaltstartverhalten der Batterie zur Folge hat (Prestolite-Werkbild)

vermindert werden. Durch die Batterieentwicklungen der letzten Jahre konnte gegenüber den herkömmlichen Batterien deren Gewicht um etwa 30% vermindert werden, während gleichzeitig die Kaltstartleistung um 80% stieg (Bild 7.3).
Um eine ausreichende mechanische Festigkeit zu erreichen, besteht bei herkömmlichen Batterien das Plattengitter aus mit Antimon legiertem Hartblei. Beim Betrieb erweist sich aus dem Plattengitter gelöstes

Bild 7.3 Verschiedene Arten moderner Startbatterien (Varta-Pressebild)

Antimon betriebsschädlich, weil es die Selbstentladung und Gasentwicklung erhöht und die Lebensdauer vermindert. Bei modernen Batterien konnte durch die Hinzulegierung von Selen die Feinkörnigkeit und damit die Festigkeit der Plattengitter erhöht und in der Folge der Antimongehalt des Hartbleies vermindert werden. Dadurch konnte die Verminderung der Selbstentladung um ca. 50% und eine Erhöhung der Batterie-Lebensdauer erreicht werden.
Taschenseparatoren, die die Plusplatten allseitig umschließen und ausfallende Plattenmasse aufnehmen, ermöglichen die Einsparung besonderer Schlammräume am Kastenboden. Dies erlaubt den Einsatz von bis zum Kastenboden reichenden Gitterplatten mit entsprechend größerer Oberfläche und mehr aktiver Plattenmasse.

7.1.2 Wartungsfreie Batterien

Um ein Nachfüllen von Batteriewasser zu ersparen, wurden von verschiedenen Firmen wartungsfreie Batterien entwickelt, bei denen dies über die gesamte übliche Lebensdauer nicht erforderlich sein soll. Diese Wartungsfreiheit kann auf verschiedene Weise erreicht werden. So kann man z.B. anstelle der normalen Batteriestopfen besondere Stopfen mit Katalysatoren in Art des Hoppecke-Aquagen-Systems einbauen, die Wasserstoff und Sauerstoff wieder in Wasser rückverwandeln.
Bosch- und Varta-Batterien dieser Art verwenden Bleigitter mit geringerem Antimongehalt. Dadurch werden die Selbstentladung und das Aufspalten des Wassers beim Laden herabgesetzt. Außerdem wurde bei diesen Batterien das Säurevolumen vergrößert und der Säurestand von 5 mm auf 20 mm über die Plattenoberkanten erhöht. Voraussetzung für die wartungsfreien Batterien ist eine einwandfreie Spannungsregelung der Generatoren, die die Regelspannung auf 7 bzw. 14 V begrenzt. Eine Batterie wird als wartungsfrei bezeichnet, wenn weder Batteriewasser nachgefüllt noch eine vom Generator unabhängige externe Ladung erforderlich ist. Dies kann aber von der Batterie allein nicht gewährleistet werden. Darum wurde die Definition der Wartungsfreiheit in der DIN-Norm nachprüfbar festgelegt. Danach darf bei 12-V-Batterien nach 21 Tagen Überladung mit 14,4 V Ladespannung maximal 6 g Wasser je Ah verbraucht werden. Nach 21 Tagen Standzeit bei 40 °C ohne Ladung und Entladung muß die Kaltstartfähigkeit der Batterie bei 18 °C erhalten bleiben. Ein kombinierter Überlade- und Entladetest bei 40 °C Umgebungstemperatur muß nachweisen, daß der geringe Wasserverbrauch und die geringe Selbstentladung nicht durch einen Rückgang der Haltbarkeit erkauft wurden.

Bild 7.4 Vergleich der Startleistung über die Lebensdauer (Bosch)

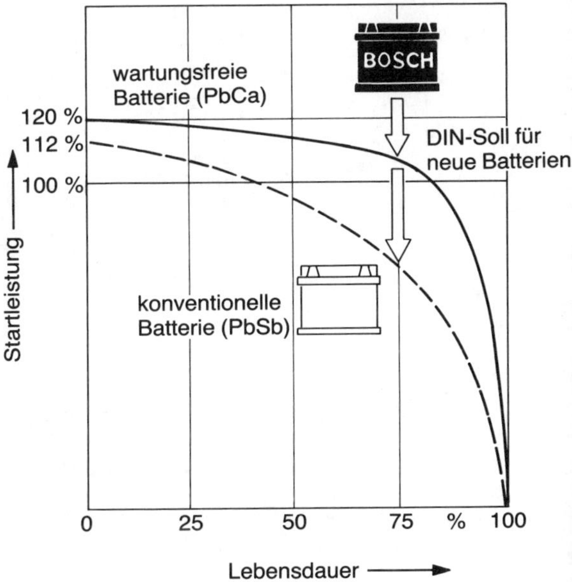

Bild 7.5 Vergleich des Wasserverbrauchs im Fahrversuch (Bosch)

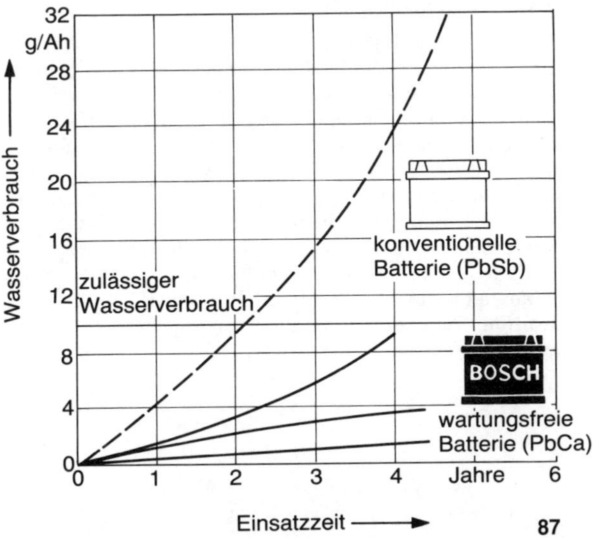

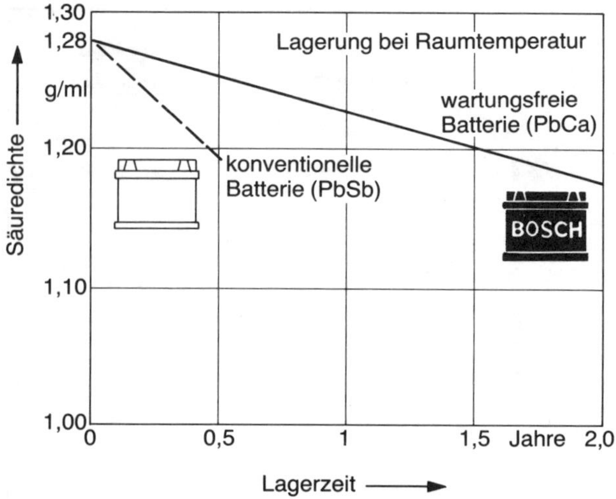

Bild 7.6 Vergleich der Säuredichte über die Lagerzeit (Bosch)

7.1.3 Kalzium-Batterie

Durch Verwendung von Kalzium anstelle des üblichen Antimon zur Bleilegierung für die Plattengitter kann die Gasung und insbesondere die Selbstentladung der Batterien vermindert werden. Kalzium-Batterien haben unter anderem gegenüber den Batterien mit Antimon-Plattengitter eine geringere Entlade-Lade-Zyklenfestigkeit. Sie sind somit für den Dauerparallelbetrieb zum Generator in Kraftfahrzeugen nur geeignet, wenn die Batterie wenig auf Entladung beansprucht wird. Sie sind gegen häufiges Entladen empfindlicher als die herkömmlichen Batterien. Darum verwendet man für Kraftfahrzeuge auch Batterien, deren Plusplattengitter mit etwa 1,3% Antimon und die Gitter der Minusplatten mit Kalzium legiert sind. Dadurch konnte eine wartungsfreie Kalzium-Batterie von größerer Zyklenfestigkeit erreicht werden.

7.2 Chemische Vorgänge beim Entladen und Laden

Bei geladener Batterie besteht die aktive Masse der Plusplatten aus Bleidioxid (PbO_2) und die der Minusplatten aus Blei (Pb). Die Akkumulatorensäure soll bei geladener Batterie eine Dichte von 1,285 haben. Dies entspricht einem Mischungsverhältnis von Schwefelsäure (H_2SO_4) und Wasser (H_2O) von etwa 1 zu 3.

7.2.1 Entladen

Beim Entladen wird Schwefelsäure (H_2SO_4) in Wasserstoff (H) und den Säurerest (SO_4) zerlegt. Die Wasserstoffatome sind Kationen und wandern in Stromrichtung zu den Plusplatten. An der Plusplatte verbinden sich die Wasserstoffionen mit dem Sauerstoff der Plusplatte chemisch zu Wasser (H_2O), das in den Elektrolyten zurückkehrt. Dabei wird das Bleidioxid der Plusplatte zu Blei reduziert. Zugleich verbindet sich der freiwerdende Säurerest (SO_4) chemisch mit dem Blei beider Plattenarten und wandelt diese mit der Entladung zunehmend in Bleisulfat ($PbSO_4$). Dadurch wird mit der Entladung der Elektrolyt wässeriger, und seine Dichte nimmt ab. Eine Batterie gilt nach DIN 72311 als entladen, wenn bei einem Entladestrom von 5% der Nennkapazität ihre Zellenspannung auf 1,75 V abgesunken ist. Bei entladener Batterie ist die Säuredichte etwa 1,12 bis 1,14.

7.2.2 Laden

Beim Laden von Batterien wird Wasser aus der Akkumulatorsäure in Sauerstoff und Wasserstoff zerlegt. Die Sauerstoffanionen wandern dabei entgegen der Stromrichtung zu den Plusplatten. Dort verbinden sich deren Plattenmasse zu Bleidioxid (PbO_2). Zugleich findet eine chemische Verbindung des freigewordenen Wasserstoffes (H) mit dem Säurerest (SO_4) beider Plattenarten zu Schwefelsäure (H_2SO_4) statt. Dabei wird die aktive Masse der Minusplatten zu Blei (Pb) reduziert. Mit dem Ladezustand der Batterien nimmt die Dichte der Akkumulatorensäure zu. Eine Batterie gilt als geladen, wenn sie bei normaler Ladung starke Gasentwicklung zeigt und Säuredichte und Zellenspannung während des Ladens nicht mehr ansteigen. Zum Ende der Ladung soll die Säuredichte 1,285 betragen. Die Zellenspannung der geladenen Batterie steigt unter Ladung mit normalem Ladestrom (siehe 4. Absatz von 7.5.6) auf 2,6 bis 2,7 V an. Nach dem Laden sinkt die Zellenspannung wieder auf die Ruhespannung von etwa 2,12 V ab. Diese Ruhespannung wird nach etwa einer Stunde erreicht. Als Maßstab für den Ladezustand ist in der allgemeinen Praxis die Säuredichte anzusehen.

7.3 Begriffsbestimmungen und technische Eigenschaften

Die Begriffsbestimmungen für die Kapazität und Prüfvorschriften zu den Bleibatterien für Kraftfahrzeuge sind in DIN 72311, Blatt 7, festgelegt. Die Begriffsbestimmung entspricht im wesentlichen auch den amerikanischen SAE-Normen.

7.3.1 Nennspannung

Als Nennspannung sind 2 V pro Zelle einer Batterie festgelegt (VDE 0510 § 9). Die wirkliche effektive Spannung kann je nach Ladezustand oder Belastung größer oder kleiner sein. So ist zum Beispiel die Ruhespannung einer geladenen Zelle etwa 2,12 V. Entsprechend der Nennspannung einer Zelle muß eine 6-V-Bleibatterie 3 Zellen und eine 12-V-Bleibatterie 6 Zellen haben.

7.3.2 Nennkapazität

Die Nennkapazität einer Batterie ist die Strommenge, die ihr in einer 20stündigen Entladung bei + 27 °C (= 300 K) Säuretemperatur mit einem Strom von 5% der Nennkapazität entnommen werden kann. Eine Batterie hat somit eine Nennkapazität von 84 Ah, wenn ihr bei 27 °C Säuretemperatur 20 Stunden 4,2 A entnommen werden können, bevor sie entladen ist. Das Kurzzeichen für die auf diese Weise festgelegte Nennkapazität ist «K_{20}».
Größere Entladeströme und niedrigere Säuretemperaturen vermindern die der gleichen Batterie entnehmbare Strommenge (Bild 7.7). Von + 27 °C Säuretemperatur ausgehend vermindert sich die Kapazität je °C (bzw. 1 K) Temperaturabnahme um etwa 1%.

7.3.3 Anlaßfähigkeit

Die Fähigkeit der Batterie, den bei großer Kälte zum Anlassen der Motoren erforderlichen Strom abgeben zu können, ist bestimmend für die Wahl der Starterbatterien für die einzelnen Kraftfahrzeuge (siehe Abschnitt 7.1.1).
Darum müssen Startbatterien nach DIN 72311 eine genügende Anlaßfähigkeit bei Kälte haben. Danach muß eine geladene Batterie, die 24 Stunden in einem Raum mit einer Temperatur von − 18 °C (= 255 K) gestanden hat, bei einem der Batterie beigeordneten und auf dem Typenschild angegebenen «Kälteprüfstrom» belastet, nach 30 s bei

Bild 7.7
Die Abhängigkeit der einer Batterie entnehmbaren Strommenge vom größeren Entladestrom

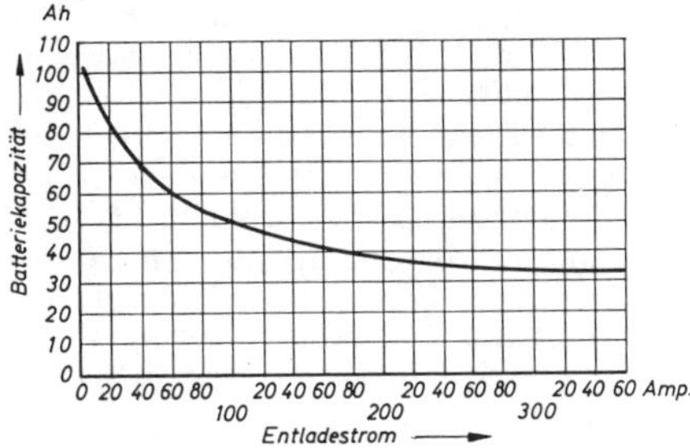

Bild 7.8 Seit 1966 ist auf dem Typenschild von Kraftfahrzeug-Starterbatterien, neben der Nennspannung in V und der Nennkapazität in Ah auch der Kälteprüfstrom in A angegeben

6-V-Batterien mindestens noch 4,2 V und bei 12-V-Batterien mindestens 8,4 V Gesamtspannung haben. Die Entladeschlußspannung von 3 V bzw. 6 V darf höchstens nach 180 s bei gleicher Belastung erreicht werden. Bei den meisten modernen Starterbatterien deutscher Fertigung ist außer Nennspannung und Nennkapazität auch der Kälteprüfstrom angegeben (Bild 7.8). Dadurch ist nicht nur die Auswahl der für das jeweilige Kraftfahrzeug passenden Batterie möglich, sondern auch ein genaueres Prüfen mit modernen Batterieprüfgeräten (siehe Abschnitt 7.7.5.1).

7.3.4 Lebensdauer von Batterien

Die Batterien haben nur eine begrenzte Lebensdauer. Die nach DIN genormten Batterien müssen mindestens 250 Ladezyklen aushalten. Jeder dieser Ladezyklen besteht aus einem Entladen von 1 Stunde mit einem Strom von 40% der Nennkapazität und einem Laden von 5 Stunden mit 10% der Nennkapazität. Die Lebensdauer einer Batterie gilt als beendet, wenn ihre effektive Kapazität unter 40% der Nennkapazität gesunken ist. Es handelt sich dabei um eine theoretische Prüfmethode zum Vergleichen von verschiedenen Fabrikaten, weil die Beanspruchung der Batterien im Fahrzeug eine ganz andere ist.
Im Laufe der Lebensdauer verlieren die Hartbleigitter durch elektrochemische Einflüsse ihre Festigkeit, wodurch das Wachsen der Plattengitter verursacht wird. Bei normal beanspruchten Batterien führt

diese Gitterkorrosion gegen Ende der Lebensdauer zu verminderter mechanischer Festigkeit, so daß die Gitter reißen und ihre Leitfähigkeit verlieren. Der Spannungsabfall der Zellen wird dann so groß, daß ein Starten nicht mehr möglich ist.
Werden die Batterien regelmäßig während der Stillstandzeiten entladen, so wird die aktive Masse der Platten besonders stark beansprucht. Solche Batterien halten bei täglicher Entladung u.U. weniger als 1 Jahr, besonders wenn die Ladung unzureichend ist. Starterbatterien sind deshalb für solche Betriebsweise (z.B. für elektrische Rasenmäher und Elektro-Fahrzeuge) weniger geeignet.

7.3.5 Säuredichte

Für die Säuredichte gelten bei den verschiedenen Ladezuständen und einer Säuretemperatur von + 20 °C (= 293 K) etwa folgende Werte:

Ladezustand	Normal (kg/l)	Tropen (kg/l)
geladen	1,28	1,23
halb geladen	1,21	1,16
entladen	1,14	1,09

Bei größeren Abweichungen der Säuretemperatur vom Normalwert + 20 °C ist die gemessene Säuredichte umzurechnen. Kühlt sich die Säure ab, so erhöht sich ihre Dichte um etwa 0,01 kg/l je 15 °C (= 15 K) Temperaturunterschied; erwärmt sich die Säure, so verringert sich die Dichte entsprechend.

7.3.6 Ruhespannung

Für die Ruhespannung einer Batterie ist im wesentlichen die Säuredichte bestimmend. Darum kann man auch aus der Säuredichte die Ruhespannung annähernd mit der Formel:

$$U = \text{Säuredichte} + 0{,}84$$

errechnen.
Danach hat eine entladene Batteriezelle mit 1,14 Säuredichte eine Ruhespannung von etwa 1,98 V und eine geladene mit 1,28 Säuredichte etwa 2,12 V.
Wenn die Säuredichte nicht meßbar ist, kann man diese in gleicher Weise errechnen, indem man von der gemessenen Ruhespannung 0,84 abzieht.

Das Messen der Ruhespannung der einzelnen Zellen erfordert ein genaues Voltmeter. Sie darf dazu frühestens ½ Std. nach dem Laden oder Entladen der Batterie gemessen werden, weil vordem noch vom Laden her eine Wasserstoff-Überspannung an den negativen Platten vorhanden ist.

7.3.7 Entladespannung

Nach dem Einschalten des Entladestromes sinkt die Spannung der geladenen Batterie auf die dem Entladestrom und der Kapazität entsprechende Entladespannung. Beim Entladen einer Batterie nimmt ihre Spannung stetig bis zur Entladeschlußspannung und dann rascher ab. Die Entladespannung ist bei gleicher Batterie von gleichem Ladezustand geringer, wenn der Entladestrom größer oder die Säuretemperatur niedriger ist (Bild 7.9).

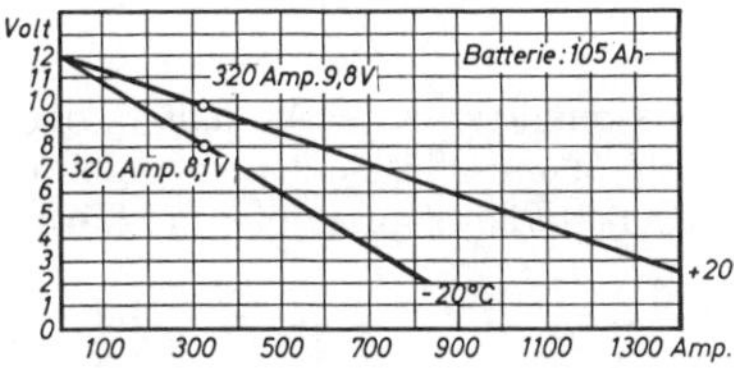

Bild 7.9 Die Abhängigkeit der Entladespannung einer 12-V-Batterie von Entladestrom und Säuretemperatur

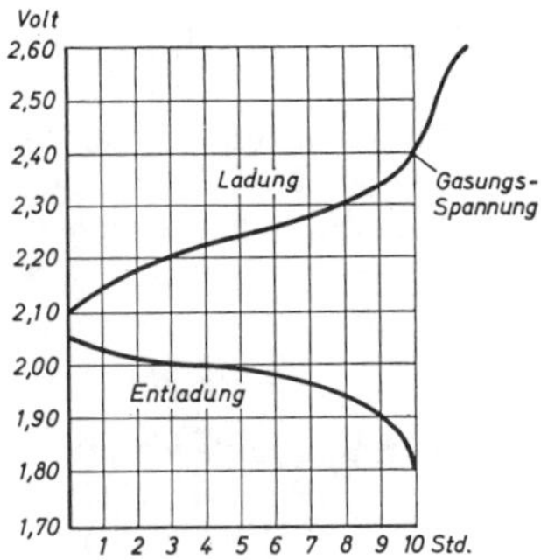

Bild 7.10 Die Zellenspannung beim Laden und Entladen einer Batterie

7.3.8 Ladespannung

Die Spannung der Batterie steigt in wenigen Sekunden nach dem Ladebeginn auf die Ladespannung an. Die Ladespannung der entladenen Batterie ist bei größerem Ladestrom und niedrigeren Säuretemperaturen höher. Bei einem Ladestrom von 5% der K_{20} und + 20°C Säuretemperatur beträgt sie bei entladener Batterie etwa 2,12 V pro Zelle.

Während der normalen Ladung mit einem Ladestrom von 8 bis 10% der Nennkapazität in Ampere steigt die Zellenspannung anfänglich langsam auf etwa 2,4 V und danach steiler auf etwa 2,7 V an (Bild 7.10).

Bei 2,4 V Ladespannung je Zelle ist die Batterie etwa zu 90% aufgeladen. Bei Erreichen einer Ladespannung von etwa 2,4 V beginnt die Zersetzung des Wassers (H_2O), so daß an den Platten gasförmiger Sauerstoff und Wasserstoff entweicht. Gleichzeitig steigt die Ladespannung verhältnismäßig schnell auf 2,6 bis 2,7 V an. Dieser Wert steigt auch nach längerem Gasen der Zelle nicht höher an. Da Wasserstoff und Sauerstoff ein explosionsgefährliches Gasgemisch, das sogenannte Knallgas bilden, müssen in der Nähe einer Batterie offene Flammen und Funkenbildung unbedingt vermieden werden. Weil die Platten durch starkes Gasen angegriffen werden, darf nach Einsetzen der Gasentwicklung nicht mehr mit hohem Strom geladen werden. Nach Überschreiten der Gasungsspannung darf maximal mit 10% der K_{20} weiter geladen werden (siehe VDE 0510 § 21 Tafel 4).

7.4 Betriebsverhalten

Die Bleiakkumulatoren haben ein besonderes Betriebsverhalten, dem man bei ihrer Verwendung, Behandlung und Pflege entsprechen muß. Denn durch falsche Behandlung der Batterien können diese in kürzester Zeit unbrauchbar werden.

7.4.1 Sulfatieren

Bei jedem Entladen bildet sich in den Batterieplatten Bleisulfat, welches beim Laden wieder rückgewandelt wird. Bleibt aber die Batterie längere Zeit ungeladen, so nimmt das Bleisulfat eine grobkristalline Form an, die nur sehr schwer wieder rückgewandelt werden kann. Das gleiche geschieht, wenn das bei Entladung gebildete Bleisulfat bei der nachfolgenden Ladung nicht vollständig zurückgewandelt wird. Bei längerer Standzeit bildet sich aus dem anfänglichen feinkörnigen Bleisulfat hartes grobkörniges Bleisulfat. Dadurch wird die entladen abgestellte Batterie nach einiger Zeit unbrauchbar.

Bereits nach 24 Std. ist eine derartige Sulfatbildung festzustellen. Entladene Batterien sollen darum spätestens nach 24 Std. geladen werden.

7.4.2 Selbstentladung

Die normale Selbstentladung beträgt bei herkömmlichen neuen Batterien und normaler Temperatur pro Tag ungefähr 1% der Kapazität; bei längerer Standzeit wird sie geringer. Durch Verunreinigung der Säure ergibt sich eine wesentlich stärkere Selbstentladung. Auch bei hohen Temperaturen ist die Selbstentladung größer als bei niedrigen Temperaturen. Durch Selbstentladung entladene Batterien können durch Sulfatierung unbrauchbar werden. Bei nicht benutzter Batterie kann die Selbstentladung durch dauerndes Laden mit einem entsprechenden Strom durch eine sogenannte Erhaltungsladung, ausgeglichen werden. Wenn die Batterien nicht ständig voll geladen sein müssen, genügt auch ein Nachladen in Abständen von etwa 4 Wochen mit kleinen Ladeströmen, bis der volle Ladezustand wieder erreicht ist.

7.4.3 Überladung

Beim Weiterladen geladener Batterien wird weiter Wasser in Wasserstoff und Sauerstoff zerlegt. Da diese Elemente nun aber nicht mehr chemisch abgebunden werden können, tritt Gasentwicklung ein. Diese Gasentwicklung findet auch im Gefüge der Platten statt. Dadurch erfolgt bei längerem Laden mit normalem oder größerem Strom ein Lockern und Ausfallen der Plattenmasse, was eine Kapazitätsminderung zur Folge hat. Diese Erscheinung tritt insbesondere bei den Plusplatten auf. Durch die chemischen Vorgänge in der Batterie wird aber auch Wärme entwickelt. Die wärmere und dadurch aggressivere Akkumulatorensäure zerstört das Plattengitter in verstärktem Maße. Dies ist besonders der Fall, wenn durch längeres Überladen auch noch die Säurekonzentration erhöht wird.
Während man wenig geladene Batterien bedenkenlos mit größeren Strömen laden kann, wird aus den genannten Gründen nach dem Einsetzen der Gasentwicklung das Laden bedenklich, wenn mit zu großem Strom oder mit normalem Strom zu lange geladen wird.

7.4.4 Gefrierpunkt der Akkumulatorensäure

Der Gefrierpunkt der Säure ändert sich in Abhängigkeit vom Ladezustand bzw. von der Säuredichte wie folgt:

Säuredichte (kg/l)	Gefrierpunkt (°C)
1,28	−68 (= 205 K)
1,21	−30 (= 243 K)
1,14	−14 (= 259 K)

Zu einem Erstarren der Schwefelsäure in den Blockbatterien kommt es normalerweise in unseren Breitengraden nicht, solange sie ausreichend geladen sind.
Selbst bei normal entladenen Batterien, die lange Zeit einer tiefen Außentemperatur ausgesetzt sind, ist mit einem völligen Erstarren der Säure nicht zu rechnen. Ist die Elektrolyttemperatur nämlich so weit gesunken, daß sich Eiskristalle ausscheiden, dann steigt die Dichte der restlichen Säure an. Damit fällt der Gefrierpunkt dieser Säure weiter ab.

7.5 Laden von Bleibatterien

7.5.1 Ausgestaltung von Laderäumen

Räume, in denen Batterien geladen werden, müssen die in VDE 0510 festgelegte Forderung erfüllen.
Wenn die Leerlaufspannung der Ladegeräte mehr als 65 V beträgt oder aus Gleichstromnetzen geladen wird, muß die Batterie isoliert aufgestellt werden (VDE 0510 § 18.1).
Ist die verwendete Ladespannung über 65 V oder die Nennleistung der Ladeeinrichtung (Nennspannung × maximaler Ladestrom) über 2 kW, so sind solche Räume als elektrische Betriebsstätten zu behandeln und dürfen nur von unterwiesenem Personal betreten werden (siehe VDE-Vorschrift 0100). Solche Räume sind gemäß der VDE-Vorschrift 0510 auszuführen. Räume, in denen Akkumulatoren geladen werden, müssen gut lüftbar sein, damit das beim Laden entstehende Wasserstoffgas so verdünnt wird, daß es seine Explosionsfähigkeit verliert. Der hier erforderliche stündliche Luftbedarf beträgt:

$$Q = 55 \cdot n \cdot I \text{ (Liter je Stunde)}$$

Hierbei ist n die Zellenzahl und I der Ladestrom (nähere Einzelheiten siehe VDE 0510 § 14). Das vorhandene freie Luftvolumen des Raumes muß mindestens so groß sein, wie der stündliche Luftbedarf nach dieser Formel beträgt. Praktisch würde also hiernach ein Gerät mit 2 Ladestromkreisen, je maximal 8 A und 12 Zellen, stündlichen Luftwechsel und einen freien Raum erfordern von:

$$Q = 2 \cdot 55 \cdot 8 \cdot 12$$

$$Q = 10\,500 \text{ l} = 10{,}5 \text{ m}^3$$

Ladegeräte dürfen mit Ladegasen und Elektrolytnebeln nicht in Berührung kommen. Wenn möglich, sind Ladegeräte und Batterien in getrennten Räumen unterzubringen.

Die Batterien sind im Laderaum so aufzustellen, daß auftretende Elektrolytnebel, Säurespritzer oder ausgelaufener Elektrolyt keine Schäden anrichten. Vor der Abwasserkanalisation müssen Säureabscheider liegen.
Beim Laden müssen die Batterien von funkenbildenden Betriebsmitteln (z.B. von Steckvorrichtungen, Schaltern, Maschinen) mindestens 2 m entfernt stehen. Blei- und Stahlbatterien dürfen nur dann gleichzeitig in dem gleichen Raum geladen werden, wenn Elektrolytnebel der Bleibatterien nicht an die Stahlbatterien gelangen können, da diese sonst geschädigt werden.
Bei Gleichspannung über 65 V muß das Bedienungspersonal durch isolierende Bedienungsroste oder Schuhe vor zu hoher Berührungsspannung geschützt werden.
Der Abstand der ladenden Batterien zur nächsten Steckdose muß mindestens 1 m betragen (VDE 0510 § 17a Pkt 12 bzw. 18a).

7.5.2 Gefahrenverhütung beim Umgang mit Akkumulatoren

Das beim Laden und zum Teil in Ruhe (Nachgasen nach der Ladung) entstehende Knallgas ist explosiv. Offene Flammen müssen daher von der Batterieöffnung ferngehalten werden. Vor Ausführung von Schweißarbeiten an gefüllten Batterien ist das unter dem Zellendeckel vorhandene Gas vorsichtig – z.B. durch Ausblasen oder Wedeln – zu entfernen. Niemals Werkzeuge auf die Zellen legen! Säure hat eine stark ätzende Wirkung, weshalb in VDE 0510 folgende Vorschrift enthalten ist: «Besteht die Gefahr, daß das Bedienungspersonal schädlichen Elektrolyteinflüssen ausgesetzt ist, so sind geeignete Schutz- und Gegenmittel gegen Verätzungen durch Säure bereitzuhalten und zu verwenden.»
Als Schutzmittel gelten z.B. Schutzanzüge, -handschuhe, -fingerlinge, -schuhe, -brillen und als Gegenmittel z.B. 2,5%ige Boraxlösung.

7.5.3 Füllungen und Inbetriebsetzung neuer Batterien

Die meisten Batterien werden von den Herstellern in trockenem Zustand mit vorgeladenen Platten geliefert. Sie müssen bei Inbetriebsetzung mit Akkumulatorensäure (Dichte 1,28) gefüllt werden und sind nach wenigen Minuten betriebsbereit. Arbeitet der Generator einwandfrei, dann erhält die Batterie ihre eventuell notwendige Restaufladung und kommt in einen guten Ladezustand.
Grundsätzlich empfiehlt es sich jedoch, beim Erneuern von Batterien nach der Inbetriebsetzungsanleitung zu verfahren.

7.5.4 Füllen neuer Batterien

Die Batterie ist mit reiner Akkumulatorensäure zu füllen, deren Dichte bei einer Temperatur der Säure von + 20 °C = 1,28 (für die Tropen = 1,23) betragen muß, bis der Säurespiegel etwa 10 mm über den Plattensätzen steht, wenn der Hersteller der Batterien nichts anderes vorschreibt.

7.5.5 Laden neuer Batterien

Die meisten modernen Batterien sind **vorgeladen und trocken** und sind etwa 10 Minuten nach dem Befüllen einsatzbereit. Nur noch wenige Typen und lange gelagerte neue Batterien erfordern eine Ladung. Der Akkumulator muß zum Laden an Gleichstrom angeschlossen werden. Beim Anschluß ist darauf zu achten, daß die gleichnamigen Pole von Batterie- und Ladeleitung miteinander verbunden werden, d. h. + mit + und − mit −.

Die Ladung hat bei abgeschraubten Verschlußstopfen zu erfolgen. Der Ladestrom beträgt $1/20$ der 20stündigen Batteriekapazität (ist bei den Inbetriebsetzungsvorschriften jeweils genau angegeben). Die Ladung hat so lange zu erfolgen, bis sich stärkere Gasentwicklung zeigt und sich innerhalb 2 Std. die Werte der Säuredichte und der Spannung nicht mehr erhöhen.

Vor und während der Ladung ist auf die Temperatur der Säure zu achten. Sie soll bei Ladebeginn 10 °C (= 283 K) nicht unterschreiten. Steigt sie beim Laden über 40 °C (= 313 K) (in Tropen + 50 °C), so ist die Ladung zu unterbrechen, bis die Temperatur gefallen ist.

Zwei Stunden nach Beendigung der Ladung ist darauf zu achten, daß der Flüssigkeitspegel 5 bis 10 mm über den Plattensätzen steht, wenn der Hersteller nichts anderes vorschreibt.

7.5.6 Normales Laden

Ist die Ladung im Kraftfahrzeug infolge besonderer Umstände nicht ausreichend, so muß die Batterie außerhalb des Fahrzeuges nachgeladen werden. Bei jeder Nachladung soll möglichst wieder der volle Ladezustand erreicht werden, weil sonst die nicht umgewandelte aktive Masse grobkristallin sulfatiert und verhärtet (siehe 7.4.1).

Solange die Gasungsspannung von 2,4 V/Zelle nicht erreicht ist, vermögen die Batterien ohne Schaden sehr hohe Ströme aufzunehmen. Jedoch darf die Säuretemperatur während der Ladung bei Batterien mit Holzbrettchen-Separatoren nicht über 45 °C (= 318 K) und bei Kunststoffseparatoren nicht über 55 °C (= 328 K) ansteigen. Nach

Überschreiten der Gasungsspannung muß der Ladestrom begrenzt werden.
Beim Nachladen sind Säuredichte, Säuretemperatur und Zellenspannung zu messen, um etwa vorhandene Störungserscheinungen an den Zellen feststellen zu können. Sulfatierte Batterien erreichen beim Laden nicht ihre volle Säuredichte, sie erwärmen sich stark und haben hohe Ladespannung. Zellen mit Plattenschluß zeigen ebenfalls ungenügende Säuredichte und starke Erwärmung, haben aber niedrigere Ladespannung und geringere Gasentwicklung.
Das stationäre Laden von Batterien soll, wenn dabei die Gasungsspannung überschritten wird, mit einem Ladestrom von 8% bis höchstens 10% ihrer Nennkapazität in Ampere erfolgen. Geringere Ladeströme sind günstiger, aber meist unwirtschaftlicher, weil es länger dauert.
Bei der Ladung steigt die Ladespannung der Batterie von etwa 2,1 V/Zelle langsam bis 2,35 V/Zelle und dann schneller an. Sie erreicht am Ende der Ladung einen Beharrungswert, der je nach Art, Alter und Zustand der Batterie zwischen 2,6 bis 2,75 V/Zelle liegt. Gleichzeitig steigt bei 2,35 V/Zelle unter lebhaftem Gasen die meßbare Säuredichte schneller an und soll am Ladeende 1,285 bezogen auf + 20 °C erreichen.
Sind Spannung und Säuredichte bei der Ladung etwa 2 Std. konstant geblieben, so ist der Volladezustand erreicht, und das Ladegerät muß abgeschaltet werden (siehe 7.3.8 und 7.4.3). Bei längerem Laden werden feine Masseteilchen aus der Plusplatte herausgerissen, und außerdem wird die Säuretemperatur unzulässig hoch.

7.5.7 Schnelladen

Durch das Schnelladen soll eine entladene Batterie rasch wieder auf den Ladezustand gebracht werden, der für das Anlassen des Motors erforderlich ist. Hierzu genügen etwa 50 bis 60% des Volladezustandes. Dem Schnelladen der Batterie kommt entgegen, daß bei entladenen Batterien höhere Ladeströme bis zum Erreichen der Gasungsspannung unbedenklich sind. Dagegen würden diese großen Ladeströme bei höherem Ladezustand der Batterie Schädigungen verursachen. Deshalb muß die Bedienungsanweisung von Schnelladegeräten genauestens beachtet werden, weil sonst Batterieschäden unvermeidlich sind.

7.6 Behandlung von Bleibatterien

7.6.1 Batterienlagerung

Neue, ungefüllte Batterien sind trocken und möglichst kühl, aber frostfrei zu lagern, damit die negativen Platten nicht oxidieren. Andernfalls ist eine längere Inbetriebsetzungsladung erforderlich. Bei feuchter Lagerung kann sogar Selbstentladung und Sulfatieren eintreten. Lagerzeiten von einem Jahr sollten nicht überschritten werden.

7.6.2 Behandlung abgestellter Batterien

Sollen in Betrieb gesetzte neue oder alte Batterien längere Zeit unbenutzt stehen, so sind sie vorher gründlich nachzuladen. Damit diese Batterien durch ihre Selbstentladung nicht sulfatieren, erhalten sie am besten eine laufende Erhaltungsladung mit einem Strom von 40 bis 100 mA je 100 Ah Nennkapazität. Der Strom wird so bemessen, daß sich eine Zellenspannung von 2,2 bis 2,25 V/Zelle einstellt.
Anstelle der Erhaltungsladung können die Batterien auch in Abständen von höchstens einem Monat mit einem Strom von maximal 10 A pro 100 Ah Nennkapazität geladen werden, bis der volle Ladezustand wiederhergestellt ist; dies kann 3 bis 4 Stunden dauern.
Zusätzlich sind die Batterien bei diesem Verfahren von jeder dritten Nachladung mit einem Strom von 5 bis 10 A pro 100 Ah Nennkapazität bis zur Spannungsgrenze von 1,75 V/Zelle zu entladen und wieder gründlich vollzuladen. Diese zusätzliche Behandlung dauert einschließlich Nachladung je nach der verwendeten Entlade- und Ladestromstärke 1 bis 2 Tage. Die Platten von gefüllten in Ruhe stehenden Batterien sind ständig dem Angriff der Säure ausgesetzt. Es empfiehlt sich daher nicht, Batterien länger als 1 bis 2 Jahre in Ruhe stehen zu lassen. Nach dieser Zeit ist mit verminderter Leistung zu rechnen. Dieses gilt auch für Starterbatterien von Notstromaggregaten, die praktisch ständig in Ruhe stehen. Bei solchen Batterien müssen der Ladezustand und die Startfähigkeit laufend kontrolliert werden.

7.6.3 Einbau der Batterie

Die Unterbringung und Befestigung der Batterien im Fahrzeug beeinflußt die Funktion und Lebensdauer der Batterien in erheblichem Maße. Sie dürfen nicht zu starken Erschütterungen ausgesetzt sein, um Schäden an den Platten, wie z.B. Gitter- und Fahnenbrüche, und starken Masseausfall sowie Undichtigkeiten zu vermeiden.
Bei besonders ungünstigen Betriebsbedingungen sollte zwischen Bat-

terie und Befestigungsteil eine elastische Zwischenlage (z. B. Schaumgummi) vorgesehen werden, um auftretende Stöße zu mildern.
Die Batterien müssen an einer Stelle eingebaut sein, wo sie sowohl vor starker Kälte als auch vor hohen Temperaturen geschützt sind. Zu niedrige Temperaturen reduzieren Startleistung und Kapazität, während zu hohe Temperaturen die Lebensdauer der Batterie verringern. Die Temperatur im Unterbringungsraum der Batterien darf nur so hoch sein, daß eine Säuretemperatur von +45 °C (= 318 K) nicht überschritten wird, um die Funktionsfähigkeit der Batterie nicht zu gefährden.
Vor starker Verschmutzung müssen Batterien geschützt sein, um Kriechströme oder Nebenschlüsse an Polen und Verbindern zu verhindern.
Die Verbindungsleitungen zum Anlasser und zum Generator sollen möglichst kurz sein, um starken Spannungsabfall zu vermeiden.

7.6.4 Wartung und Pflege eingebauter Batterien

7.6.4.1 Prüfen des Säurespiegels

Die Höhe des Säurespiegels liegt allgemein 5 mm über der Scheideroberkante, und damit etwa 10 mm über den Platten. Dieser Säurestand ist oft durch eine Markierung angegeben.
Da nur die mit Säure bedeckten Teile der Platten an der Stromspeicherung und Stromabnahme teilnehmen, lassen ungenügend gefüllte Batterien in der Leistung nach, und die Platten korrodieren und nehmen Schaden. Deshalb muß bei herkömmlichen Batterien die Höhe des Säurespiegels in regelmäßigen Zeitabständen (etwa alle 4 Wochen) nachgeprüft werden. Ist ein häufigeres Nachfüllen von Wasser erforderlich, so wird zu viel geladen. Dies kann die Folge zu hoher Reglerspannung des Generators sein. Zum Nachfüllen darf nur gereinigtes oder destilliertes Wasser verwendet werden. Säure darf nur nachgefüllt werden, wenn solche durch besondere Umstände verlorengegangen ist.
Säure und Nachfüllwasser für Akkumulatoren müssen den Reinheitsvorschriften von VDE 0510 entsprechen. Das zum Nachfüllen oder zur Säureverdünnung erforderliche „gereinigte Wasser" wird entweder durch Destillieren oder Entsalzen gewonnen.

7.6.4.2 Messen der Säuredichte

Beim Messen der Säuredichte sind nötigenfalls der Säurestand und die Säuretemperatur zu berücksichtigen und die gemessenen Werte auf + 20 °C (= 293 K) umzurechnen. Das Messen muß vor dem Nachfüllen von Wasser erfolgen.

Liegt die gemessene Säuredichte unter 1,21 kg/l, so sollte durch Nachladen außerhalb des Fahrzeuges der volle Ladezustand wiederhergestellt werden. Andernfalls besteht die Gefahr, daß die Platten sulfatieren und die Zellen ihre Startfähigkeit und Kapazität verlieren. Sogenannte Schnelladungen führen nicht zur Volladung und sind nur in eiligen Fällen zu empfehlen. Die Volladung ist dann nachzuholen, wenn der Volladezustand nicht durch längeren Fahrbetrieb erreicht wird.

Ist die Säuredichte zu hoch (über 1,28 kg/l bei 20 °C), so ist die Säure abzuziehen und durch Wasser zu ersetzen. Dann ist nachzuladen und die Säuredichte erneut zu messen. Nötigenfalls ist dieser Vorgang zu wiederholen, oder man kippt die gesamte Säure nach vorheriger Nachladung aus und ersetzt sie durch Säure von vorgeschriebener Dichte. Bei Verwendung von anderer als der vorgeschriebenen Akkumulatorensäure, insbesondere von sogenannten Spezial-Elektrolyten und Aufbesserungsmitteln, erlischt jede Garantie.

7.6.4.3 Reinigen der Batterieoberflächen und der Klemmen

Schmutz und Feuchtigkeit auf der Batterie führen zu Korrosion an den Metallteilen, insbesondere an den positiven Anschlußklemmen, aber auch zu Störungen an den Anschlußkabeln. Darum müssen Batterien an der Oberfläche stets sauber und trocken gehalten werden. Zum Säubern der Batterien kann man lauwarmes Sodawasser verwenden, was nicht nur reinigt, sondern auch die Säure neutralisiert. Dieses darf aber auf keinen Fall in die Zellen gelangen. Die Anschlußklemmen sind an den Endpolen mit Säureschutzfett leicht einzufetten. Fett darf aber nicht mit der Vergußmasse, die die Zellendeckel abdichtet, in Berührung kommen.

7.6.4.4 Befestigung der Batterien

Batterien müssen so im Fahrzeug befestigt sein, daß keine Eigenbewegung möglich ist. Gelockerte Halterungen sind darum nachzuziehen. Die Polklemmen müssen frei von Korrosion sein, guten Kontakt haben und gut angezogen sein. Sie sind zu prüfen sowie gegebenenfalls zu reinigen und einzufetten.

7.7 Beurteilung und Prüfen von Batterien

Eine Starterbatterie wird im Regelfall als defekt bezeichnet, wenn sie in normalem Ladezustand nicht mehr zum Anlassen des kalten Motors ausreicht. Mit der Lebensdauer nimmt die Startfähigkeit der Batterie allmählich ab. Besonders im Spätherbst, wenn geringere Temperaturen größere Anforderungen an die Batterie stellen, kommt es bei älteren Batterien häufig zum Ausfall.

7.7.1 Beurteilung des Batteriezustandes

Die Batterie kann durch Feststellen des Alters beurteilt werden, weil ihre Lebensdauer zwischen 2 und 4 Jahre beträgt. Aber das Alter ist ein bedingter Anhalt, weil andere Faktoren wesentlich sind.
Ebenso weisen an den Plusklemmen hochgedrückte Zellendeckel darauf hin, daß die Batterie in absehbarer Zeit unbrauchbar wird.

7.7.2 Einfache Erprobung der Batterie

Wenn der Anlasser versagt, kann man in einfachster Weise feststellen, ob die Batterie die Ursache ist, indem man bei eingeschaltetem Licht den Anlasser betätigt. Wird während des Anlassens das Licht nicht wesentlich dunkler, ist die Batterie nicht die Ursache des Versagens.
Die herkömmlichen Batterien mit nach oben ausgeführten Polen der einzelnen Zellen ermöglichten einfache Prüfungen durch Zellenprüfer. Dabei wurde die Tatsache genutzt, daß selten alle Zellen einer Batterie zugleich versagen, sondern meist der Defekt einer Zelle das Versagen der gesamten Batterie verursacht.

7.7.3 Beurteilung des Batteriezustandes durch den Zellenprüfer

Die Prüfung einer Starterbatterie mit einem Zellenprüfer ist zweckmäßig, wenn der Anlasser versagt oder die Batterie unzureichend geladen ist. Dagegen ist die Messung bei frisch geladener Batterie unzureichend, wenn man die Leistungsminderung einzelner Zellen feststellen will. Während der Ladung darf man den Zellenprüfer wegen Explosionsgefahr nicht verwenden. Zur Messung drückt man die beiden Spitzen des Zellenprüfers 5 bis 10 Sekunden fest auf die Pole der zu prüfenden Zelle. Bei einer intakten, ausreichend geladenen Zelle stellt sich der Zeiger auf einen Wert zwischen 1 und 1,6 V, um dann zu verharren. Die angezeigte Spannung ist bei größeren Batterien höher und bei kleineren geringer. Bei geringerer Spannung als etwa 1 V ist ein Aufladen notwendig. Wird aber bei einigen Zellen eine höhere

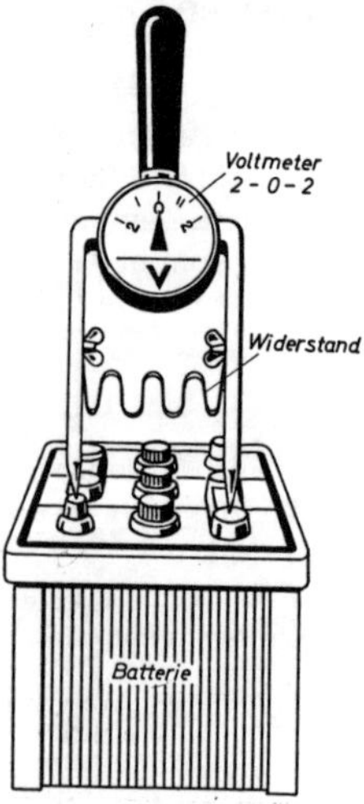

Bild 7.11 Anwendung eines Zellenprüfers zur Beurteilung des Batteriezustandes

Spannung angezeigt, während bei anderen Zellen die Spannung weit unter 1 V abfällt, so kann auf einen Defekt dieser Zellen geschlossen werden. Dann ist eine Untersuchung dieser Zellen erforderlich (Bild 7.11).

7.7.4 Prüfen einer Starterbatterie durch Stoßbelastung

Ein besseres Prüfen der Starterbatterien ermöglicht die Stoßbelastung. Es sind dazu Geräte erforderlich, die der Batterie oder einer Zelle kurzzeitig einen bestimmten einstellbaren hohen Strom entnehmen, wobei zugleich deren Spannung gemessen werden kann. Derartige Geräte gibt es als reine Prüfgeräte, aber auch einige Schnelladegeräte sind damit ausgerüstet.
Die zu prüfende Batterie muß mindestens halbvoll geladen sein, also in allen Zellen eine Säurendichte von mehr als 1,20 haben. Diese Batterien werden zur Stoßbelastung zwischen 5 und 7 Sekunden mit einem Strom vom 5fachen der Nennkapazität belastet. In dieser Zeit darf die Klemmenspannung keiner Zelle unter 1,1 V abfallen. Bei Prüfgeräten, mit denen die angegebenen Belastungsströme nicht eingestellt werden können, gelten andere Werte.

7.7.5 Prüfen von Batterien mit eingegossenen Zellenverbindern

Bei modernen Starterbatterien sind die Pole der einzelnen Zellen nicht mehr nach oben geführt, so daß dort weder der Zellenprüfer noch das Voltmeter angeschlossen werden können.
Bei Stoßbelastung muß hierbei die Gesamtspannung gemessen werden. Bei Belastung vom 5fachen der K_{20} darf entsprechend 1,1 V pro Zelle, bei 6-V-Batterien die Spannung nach 5 s nicht unter 3,3 V und bei 12-V-Batterien nicht unter 6,6 V abfallen. Zur Feststellung der defekten Zelle kann man bei herausgeschraubten Verschlußstopfen die Gasentwicklung der einzelnen Zellen beobachten. Stärkere Gasentwicklung einer einzelnen Zelle weist auf deren Defekt hin.
Neuere Geräte zum Überprüfen dieser Batterien belasten in Art der Zellenprüfer durch Anschluß an den Endpolen alle Zellen zugleich mit einem festen Belastungswiderstand. Nach einer bestimmten Belastungszeit darf die an den Endpolen gemessene Gesamtspannung den für Batterie und Gerät festgelegten Mindestwert nicht unterschreiten.

7.7.5.1 Automatische Batterietester

Das Prüfen moderner Starterbatterien ist durch die Tatsache erschwert, daß nur die Endpole ausgeführt sind und bei gleicher Batteriekapazität der Kälteprüfstrom und in der Folge die Hochstrombelastbarkeit verschieden ist (siehe 7.3.3). Ebenso ist bei einigen wartungsfreien Batterien durch das Fehlen von Verschlußstopfen das Feststellen von Säurestand und Säuredichte nicht mehr möglich (siehe 7.5.5 zweiter Absatz). Somit erfordert das Prüfen moderner Batterien mehr Sachkenntnis als das der herkömmlichen. Automatische Testgeräte ermöglichen bei einmaligem Anschluß der zu prüfenden Batterie nach einmaligem Einstellen, durch einen automatischen Prüfablauf das Feststellen von Ladezustand und Allgemeinzustand (Bild 7.12). Der Bosch-Automatic-Tester T12600E stellt sich automatisch auf die jeweilige Batteriespannung 6 oder 12 V ein und muß nur polrichtig mit der Batterie verbunden werden.
Mittels eines Drehschalters wird die Einstellung auf den Kälteprüfstrom der Batterie vorgenommen. Dieser Schalter ist für Linksdrehung, das heißt «1. Test» (vor der Ladung), sowie für Rechtsdrehung, «2. Test» (nach der Ladung), ausgelegt. Dadurch ist es möglich, auf einfache Weise festzustellen, ob die zu testende Batterie nur entladen oder aber defekt ist.
Das eingebaute Meßinstrument hat zwei Skalen. Obere Skala «Startkapazität», Eichung in «schlecht – ½ – gut». Untere Skala «Ladezustand», Eichung in «leer – ½ – voll». Des weiteren ist der Automatic-

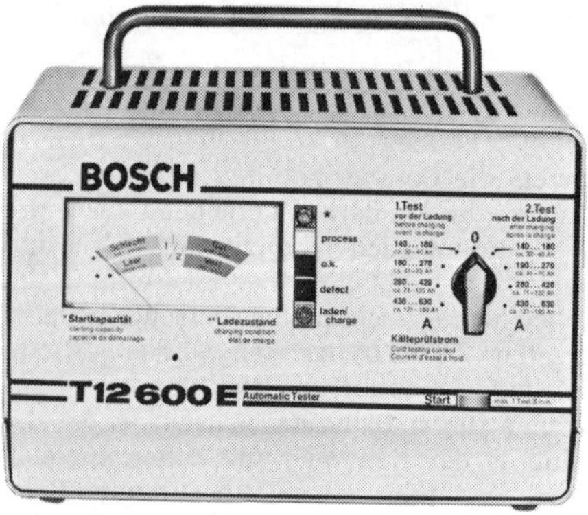

Bild 7.12 Bosch-Automatic-Tester T 12 600 E (Eisemann-Bild)

Tester mit insgesamt 5 Kontrolleuchten ausgerüstet. Die oberste Leuchte (weiß) leuchtet nach Betätigung der Starttaste bis etwa 30 Sekunden auf. Die zweite Leuchte (opal) leuchtet ebenfalls bis etwa 30 Sekunden nach dem Erlöschen der weißen Kontrolleuchte auf. Die beiden Kontrolleuchten «o.k.» (grün) und «defekt» (rot) zeigen nach etwa 60 Sekunden den Ladezustand der Batterie an. Die untere Kontrolleuchte «laden» (gelb) zeigt an, wenn die Batterie geladen werden muß, bevor ein endgültiger Test erfolgt. Außer den genannten Kontrolleuchten gibt die Anzeige des Meßinstrumentes jeweils den Batteriezustand an.

Zur genauen Prüfung ist stets der Kälteprüfstrom der zu testenden Batterie am Testgerät einzustellen. Bei alten und ausländischen Batterien, bei denen der Kältestrom nicht angegeben ist, kann man mit hinreichender Genauigkeit folgende Tabelle benutzen:

Kälteprüfstrom	Batterie-Nennkapazität
140 bis 180 A	32 bis 40 Ah
190 bis 270 A	41 bis 70 Ah
280 bis 420 A	71 bis 120 Ah
430 bis 630 A	121 bis 180 Ah

7.7.5.2 Elektronischer Bosch-Batterietester 12200 E

Von einem modernen Batterietester erwartet der Prüfende Bedienungsfreundlichkeit, zuverlässiges Arbeiten, aussagekräftige Meßergebnisse sowie umfassende Verwendbarkeit. Nach diesen Kriterien entwickelte der Geschäftsbereich Eisemann der Robert Bosch GmbH den elektronischen Batterietester 12200 E für die Prüfung herkömmlicher und wartungsfreier 12-V-Starterbatterien mit einer Kapazität von 27 bis 180 Ah.

Der transportable, handliche Tester wird mit 1,3 m langen Kabeln über isolierte Zangen an die zu prüfende Batterie polrichtig angeschlossen, wobei diese im Fahrzeug eingebaut bleiben kann. Gegen Falschpolung ist das Gerät automatisch geschützt. Nach Betätigen der Starttaste läuft der gesamte Prüfvorgang automatisch ab, und die Ergebnisse des jeweiligen Einzeltests erscheinen auf dem gut ablesbaren Meßinstrument:

- ☐ die Höhe der Batteriespannung; damit ist eine Funktionsprüfung des Generators und des Reglers im Fahrzeug möglich.
- ☐ Der momentane Ladungszustand; Anzeige in Prozent.
- ☐ Das momentane Startvermögen; Anzeige in Prozent.
- ☐ Der physikalische Batteriezustand; Anzeige in den drei Qualitätsstufen gut – brauchbar – schlecht, wobei auch das Batteriealter berücksichtigt wird.

Die vier Testergebnisse bleiben in der Mikroelektronik des Geräts etwa zehn Minuten lang gespeichert und können mit einem Wahlschalter nochmals abgerufen werden. Über den Testablauf innerhalb der Elektronik informiert außerdem ein Leuchtdiodendisplay.

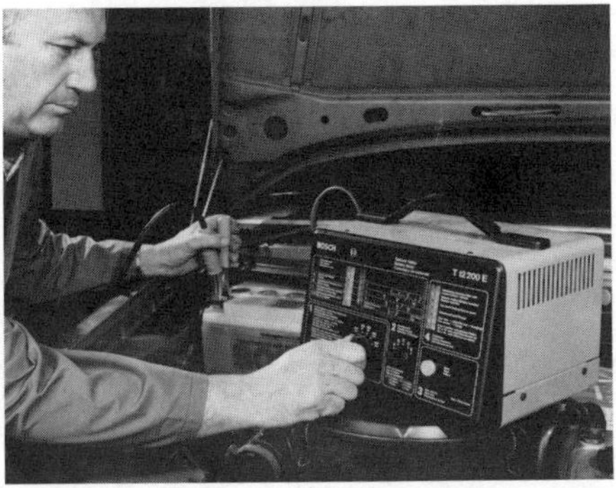

Bild 7.13 Umfassende Batterieprüfung ist mit dem elektronischen Batterietester 12200 E möglich (Bosch)

7.7.6 Prüfen der Batterien durch die Kapazitätsprobe

Die aufwendigste, aber auch genaueste Prüfung der Batterien ist die Kapazitätsprobe nach DIN 72311, Blatt 7. Dazu wird die geladene Batterie mit Säuredichte 1,28 und etwa 27 °C Säuretemperatur mit einem Verbraucherstrom von 5 % der Nennkapazität belastet und die Zeit gemessen, bevor die Gesamtspannung der 6-V-Batterie auf 5,25 V bzw. die der 12-V-Batterie auf 10,5 V abgefallen ist. Multipliziert man den Entladestrom in A mit der Entladezeit in Stunden, so erhält man die effektive Kapazität in Ah. Wenn diese gemessene Kapazität 40 % der Nennkapazität nicht übersteigt, so ist die Starterbatterie verbraucht.

8 Generatoren für Kraftfahrzeuge

Die Generatoren – auch Lichtmaschinen genannt – sollen während des Betriebes der Kraftfahrzeuge alle eingeschalteten Verbraucher mit Strom versorgen und zugleich die Batterien schnell und gut laden. Auch bei nächtlicher Fahrt, wenn die Beleuchtungseinrichtungen eingeschaltet sind, sollen sie die durch das Anlassen oder sonstige Verbraucher bewirkte Entladung der Batterien durch genügend Ladestrom rasch ausgleichen.

8.1 Generatorenleistung

Für die Wahl der Leistungsgröße von Generatoren ist die gemeinsame Leistungsaufnahme aller bei Fahrt auf die Dauer eingeschalteten Verbraucher bestimmend. Diese Dauerstromverbraucher sind: Zündspule, Scheinwerfer, Begrenzungslampen, Schlußlampen, Wischer, Instrumentenenleuchten, Nebelscheinwerfer usw.

Ist bei Generatoren die Nennleistung angegeben, so darf diese höchstens 10% geringer sein als die Leistungsaufnahme aller auf Dauer einschaltbaren Verbraucher.

Ist bei Generatoren der Höchststrom angegeben, so sollte die gemeinsame Stromaufnahme aller Dauerverbraucher ⅔ dieses Höchststromes nicht mehr als 10% überschreiten.

8.2 Arten der Generatoren

Um die in Kraftfahrzeugen eingebauten Batterien zu laden, müssen Generatoren Gleichstrom abgeben. Die früher üblichen Generatoren waren selbsterregende Nebenschluß-Gleichstromerzeuger mit Kollektoren.

Heute finden vor allem kollektorlose Gleichstromgeneratoren Verwendung. Diese Generatoren erzeugen Drehstrom, der durch in der Maschine eingebaute Siliziumgleichrichter gleichgerichtet wird. Generatoren der letztgenannten Art werden auch Drehstromgeneratoren oder «Alternatoren» genannt (Bild 8.1).

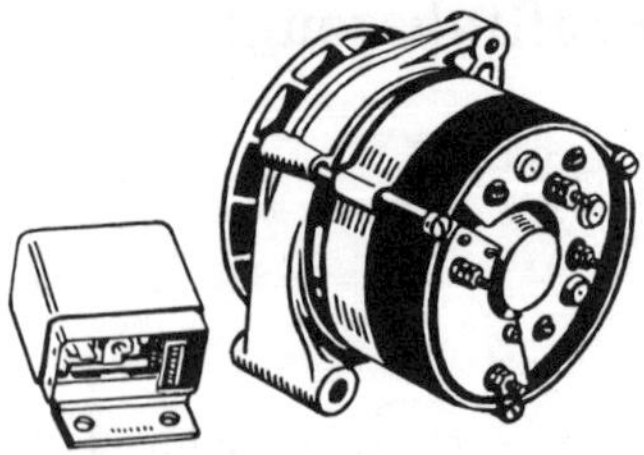

Bild 8.1 Bosch-Drehstromgenerator für Personenkraftwagen mit Spannungsregler

8.2.1 Kollektorgeneratoren

Bei Kollektorgeneratoren schneiden die auf dessen Anker aufgebrachten Wicklungen das durch die Erregerfeldspulen erregte Magnetfeld des Polgehäuses. Dabei wird in den Wicklungen des Ankers elektrische Spannung induziert. Diese Spannung wird durch Kollektor und Kohlebürsten gleichgerichtet, weil das Laden von Batterien Gleichstrom erfordert.

8.2.1.1 Polen durch Fremderregung

Vor der ersten Inbetriebnahme von Kollektorgeneratoren fließt Gleichstrom von einem anderen Stromerzeuger (z.B. einer Batterie) durch die Erregerwicklungen. Dadurch wird Elektromagnetismus erzeugt, der das Polgehäuse magnetisiert. Die Eisenpolgehäuse behalten nach diesem Fremderregen ein geringes restmagnetisches Feld.

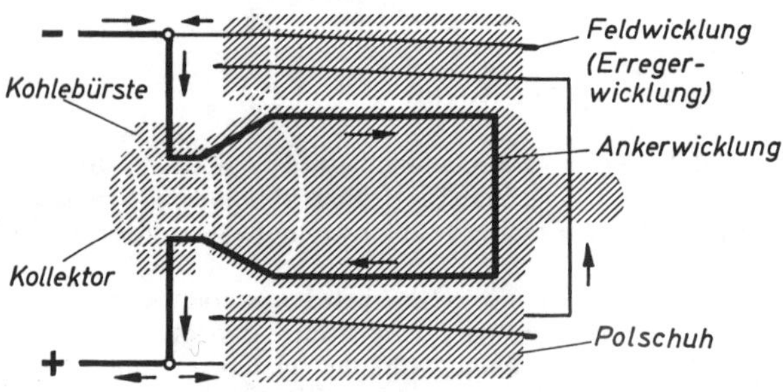

Bild 8.2 Grundsätzliche Schaltung eines Nebenschluß-Gleichstromerzeuges

8.2.1.2 Selbsterregung

Wird ein Generator in Betrieb gesetzt, so schneiden die Ankerwicklungen das restmagnetische Feld des Polgehäuses, und es wird in ihnen elektrische Spannung induziert. Diese Spannung verursacht in den im Nebenschluß geschalteten Erregerwicklungen Strom, der das restmagnetische Feld verstärkt. Dies wiederum hat zur Folge, daß die Ankerspannung und der Erregerstrom zunimmt. Durch diese Wechselwirkung von Ankerspannung und Erregermagnetismus zueinander erregt sich der Generator selbst (Bild 8.2).

8.2.1.3 Umpolen

Fließt durch die Erregerwicklung ein Fremdstrom in anderer Richtung, so wird auch Magnetismus entgegengesetzter Richtung erregt, der das Restmagnetfeld des Polgehäuses umpolt. Bei umgepoltem Polgehäuse erzeugt der Generator auch Spannung in entgegengesetzter Richtung. Die Maschine mit vorderem Minus an Masse erzeugt nach dem Umpolen Spannung mit Plus an Masse.

8.2.1.4 Drehrichtungsänderung

Um die Drehrichtung von Generatoren zu ändern, müssen die Wicklungsenden der Erregerfeldspulen an ihren Anschlüssen getauscht werden. Da nun aber in entgegengesetzter Drehrichtung angetrieben und auch entgegengesetzt gerichtete Spannung erzeugt würde, muß die Maschine nach dem Umschalten noch durch Fremderregung umgepolt werden.

8.2.1.5 Nachteile der Kollektorgeneratoren

Die seit Jahrzehnten verwendeten Kollektorgeneratoren haben einige Eigenschaften, die sie beim heutigen Stande der Technik und den veränderten Betriebsbedingungen von Kraftfahrzeugen nicht mehr voll geeignet erscheinen lassen.

8.2.1.6 Generator-Drehzahlbegrenzung

Durch die Kohlebürsten wird die im Anker erzeugte Spannung in der neutralen Zone des Kollektors abgegriffen. Die magnetische Rückwirkung des im Anker fließenden Stromes verzerrt das Erregermagnetfeld mit Strom und Drehzahlen zunehmend in Drehrichtung. Damit verschiebt sich auch die Spannungserzeugung im Drehsinne der Ankerspulen und so auch in die neutrale Zone des Kollektors. Dadurch werden bei hohen Drehzahlen durch die Kohlebürsten Kollektorlamellen kurzgeschlossen, die mit Spulen verbunden sind, die Spannung erzeugen. Die Folge ist Feuern und Verschmoren von Kollektor und Kohlebürsten und übermäßige Erwärmung des Ankers. Weil es bei Kraftfahrzeug-Generatoren nicht möglich ist, die Stellung der Kohlebürsten den sich verändernden Betriebsbedingungen anzupassen, können sie nur in begrenzten Drehzahlbereichen betrieben werden. Um bei höchsten Fahrgeschwindigkeiten übermäßige Erwärmung und Zerstörung von Kollektoren und Kohlebürsten zu vermeiden, müssen derartige Generatoren so zum Motor übersetzt angetrieben werden, daß im Standleerlauf des Motors und bei geringerer Fahrgeschwindigkeit kein Strom von ihnen erzeugt wird. Dies bedingt, daß bei extremem Fahr-Halte-Verkehr (z.B. in Großstädten) die Batterie nicht genügend geladen wird.

8.2.1.7 Mechanischer Wirkungsgrad

Bei Kollektorgeneratoren fließt der größte Erzeugerstrom im gegenüber dem Polgehäuse kleineren und schlechter zu kühlenden Läufer. Entsprechend der erforderlichen geringen Drahtstärken wird dabei viel Elektrowärme im Anker erzeugt, die entsprechende Kühlung erfordert. Beides vermindert den mechanischen Wirkungsgrad der Kollektorgeneratoren um so stärker, als man bestrebt ist, klein und leicht zu bauen.

8.2.1.8 Wartungsempfindlichkeit

Der im Anker erzeugte Strom muß durch die Kohlebürsten vom Kollektor abgenommen werden. Der große Strom erfordert Kohlebürsten von großem, leitendem Querschnitt, die mit hohem Druck auf den Kollektor gepreßt werden. Beides ergibt Verschleiß, und der abgeriebene Kohlestaub erhöht außerdem die Gefahr von elektrischen Kurzschlüssen.

8.2.2 Kollektorlose Generatoren

Die Erzeugung der Induktionselektrizität geschieht bei den Drehstromgeneratoren in der Weise, daß das Magnetfeld des Erregerläufers beim Drehen die im Stator angeordneten Erzeugerwicklungen in wechselnder Richtung durchdringt. Dabei wird in den Spulen eine EMK von wechselnder Richtung erzeugt (siehe Bild 8.3).
Jede einzelne Spule des Generators erzeugt somit Wechselspannung

Bild 8.3 Wird eine Spule vom Magnetfeld eines drehenden Magneten in wechselnder Richtung durchdrungen, so wird in der Spule eine elektromotorische Kraft von wechselnder Richtung induziert

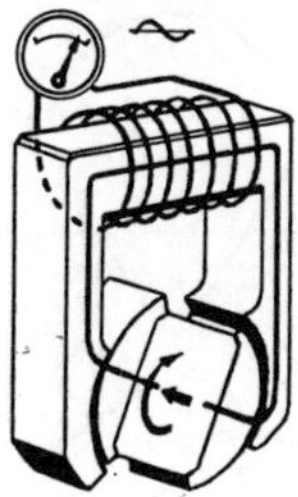

und würde einen Wechselstrom verursachen. Ein in den Stromkreis der Erzeugerspule geschalteter Gleichrichter wirkt wie ein Ventil. Er läßt den Strom nur in einer Richtung fließen und unterdrückt die entgegengesetzte Amplitude.
Durch entsprechende Schaltung von mehreren Gleichrichtern nützt man auch die bei der vorher beschriebenen Einweg-Gleichrichterschaltung unterdrückte Amplitude, indem man die Stromrichtung im äußeren Stromkreis wendet. Diese Art der Gleichrichtung bezeichnet man als Vollweg-Gleichrichtung. Bei Drehstromgeneratoren verwendet man meist eine Brückenschaltung von mehreren Gleichrichtern.

Bild 8.4 Vereinfachte Darstellung eines Drehstrom-Generators mit Vollweggleichrichtung in 3-Phasen-Brückenschaltung

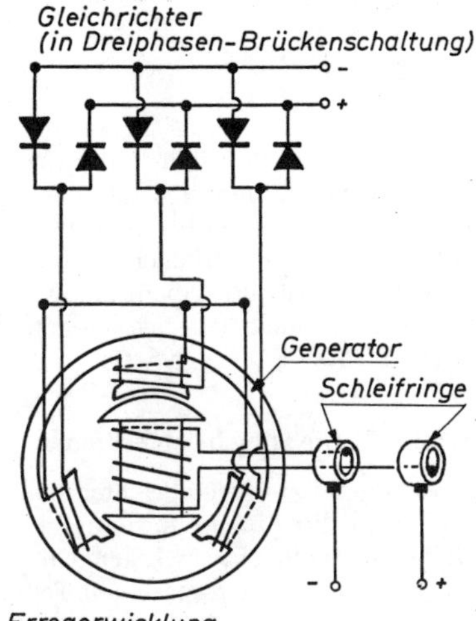

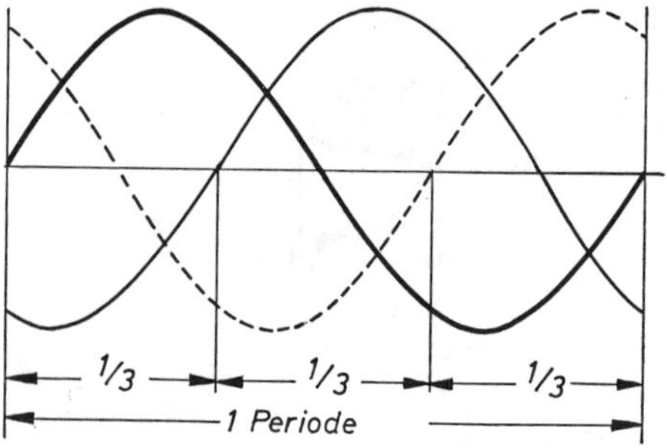

Bild 8.5 Durch die Versetzung der drei Erzeugerspulen um je 120° des Gehäuseumfanges wird erreicht, daß deren Spannungen um je ⅓ der Drehung zeitlich versetzt ihren Höchstwert erreichen

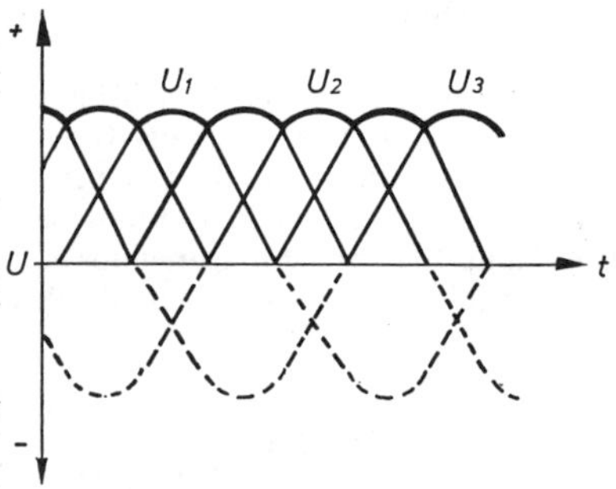

Bild 8.6 Durch die Vollweggleichrichtung von drei Wechselströmen eines Drehstromgenerators läßt sich ein Gleichstrom erreichen, dessen Spannung sich nur geringfügig ändert. Die verbleibenden Spannungsdifferenzen glätten sich durch die Induktivität im Ladestromkreis

Man ordnet im Polgehäuse der Drehstromgeneratoren drei Erzeugerwicklungen an, die um je 120° der Drehung des Läufers versetzt ihren jeweiligen Spannungshöchstwert erreichen (siehe Bild 8.4 und 8.5). Durch Dreiphasen-Brückenschaltung von sechs Gleichrichtern kann eine gleichbleibende Spannung, und damit der Gleichstrom erreicht werden, den der Dauerparallelbetrieb mit Starterbatterien erfordert (siehe Bild 8.6).

8.2.2.1 Die Gleichrichterdioden

Moderne Siliziumgleichrichter haben nur wenige Gramm Gewicht und etwa die Abmessung eines Knopfes. Sie können daher in die Generatoren eingebaut werden. Um den Betriebsbedingungen in Kraftfahrzeugen, also den extremen Temperaturen, den Stoßströmen und den auftretenden Schwingungen zu entsprechen, mußten besondere

Dioden entwickelt werden. Diese speziellen Dioden werden auch als «Autodioden» bezeichnet (siehe Bild 8.7).

Die von der Firma Siemens entwickelten Autodioden bestehen aus zwei Scheiben von reinem hochohmigen Silizium, in die von der einen Seite als p-Zone Boratome, und in der anderen Seite als n-Zone Phosphoratome eindiffundiert sind. Diese Scheiben haben durch eine Sattelfeder mit Druckkontakt Verbindung zu ihren Anschlüssen. Diode, Feder und Anschlußteile sind gasdicht im Gehäuse eingebördelt, um Korrosionen zu vermeiden. Derartige Autodioden sind zwischen −40 (=233 K) und +150 °C (=423 K) betriebssicher. Sie sind unempfindlich gegenüber Erschütterungen und gegenüber normalen Dioden höher überlastbar. Im Regelfalle können sie in Sperrichtung bis etwa 100 V belastet werden. Werden sie mit höherer Spannung betrieben als der Hersteller angibt, so werden die Dioden geschädigt oder zerstört. In Durchlaßrichtung werden die Autodioden erst beim Überschreiten einer bestimmten Spannung leitend. Diese Durchlaßspannung liegt im Regelfalle bei 0,6 bis 0,8 V. Die Werte sind für Dioden der einzelnen Hersteller und meist auch je nach Betriebsspannung der Generatoren verschieden.

Bild 8.7 Strom-Spannungs-Kennlinie einer Silizium-Gleichrichterdiode für Bosch-Drehstromgeneratoren

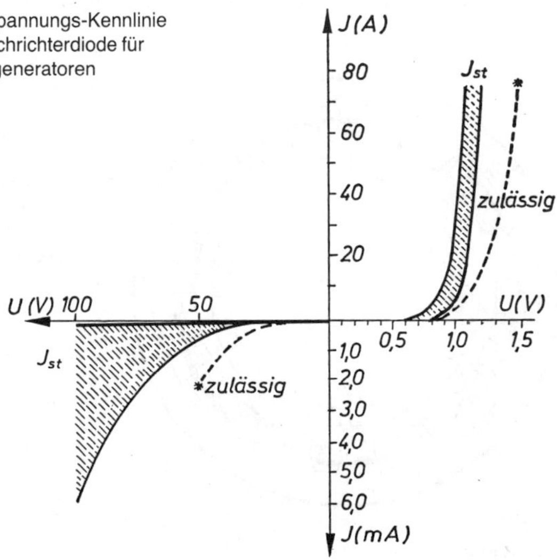

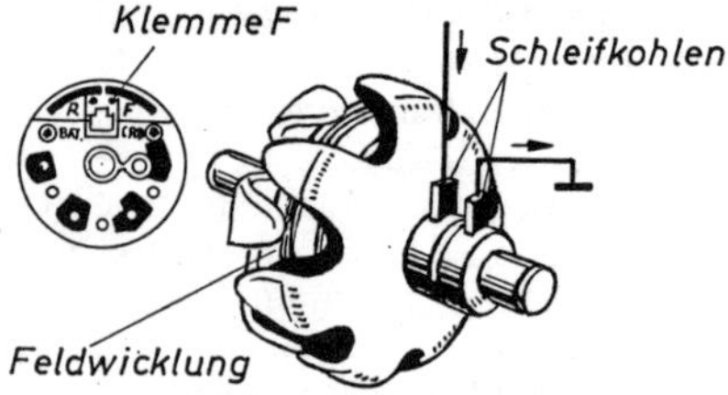

Bild 8.8 Delcotron-Klauenpolrotor mit Erregerwicklung, Schleifringen und Schleifkohlen. Links daneben: Lagerschild mit Feldanschlußklemme „F"

8.2.2.2 Die Erregung von Drehstromgeneratoren

Die Erregerläufer sind bei keineren Drehstromgeneratoren meist als 8- bis 16polige Klauenpolrotoren und nur bei größeren Maschinen – z.B. für Omnibusse – als Einzelpolrotoren ausgeführt. In Klauenpolerregerrotoren ist eine zentrale Spule in axialer Richtung angeordnet, die an beiden Seiten klauenförmige ineinandergreifende Polschuhe trägt. Dadurch folgen nacheinander, in der Drehrichtung, entgegengesetzte magnetische Pole (siehe Bild 8.8).
Entsprechend der Polzahl der Rotoren sind die Erregerwicklungen im Polgehäuse in Teilspulen unterteilt, die wie die Pole des Rotors zueinander versetzt sind. Durch die höhere Polzahl wird eine höhere Frequenz und durch die abgeschrägten Pole des Rotors eine Abfla-

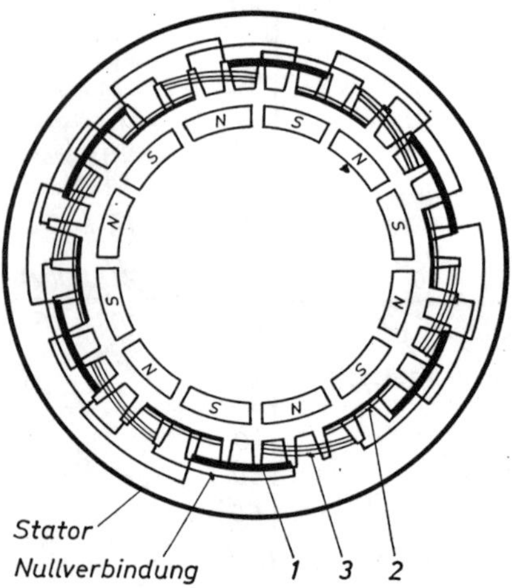

Bild 8.9 Die drei Erregerwicklungen der Drehstromgeneratoren sind entsprechend der Polzahl des Erregerrotors in Einzelwicklungen unterteilt, so daß sie jeweils dem gleichen Magnetfeld des Rotors gegenüberliegen

chung der Wechselstromamplitude erreicht. Beides gemeinsam ergibt eine größere Gleichmäßigkeit des erzeugten Gleichstromes (siehe Bild 8.9).
Der Erregerstrom wird den Erregerrotoren durch auf Schleifringen schleifende Kohlen zugeführt. Da dieser Erregerstrom nur wenige Ampere beträgt, sind dazu nur Kohlebürsten von kleinem Querschnitt mit geringem Federdruck erforderlich. Daraus resultieren geringer Verschleiß und gegenüber Kollektorgeneratoren längere Betriebszeiten.
Wegen der gegenüber Polgehäusen von Kollektorgeneratoren geringeren Eisenmenge der Erregerrotoren, ist deren Remanenz (Restmagnetismus) geringer. Darum ist die Selbsterregung von Drehstromgeneratoren infolge der Diodencharakteristik – die erst bei 0,6 bis 0,8 V leitend werden – nicht unter allen Betriebsbedingungen so gewährleistet, daß der Generator auch bei geringeren Drehzahlen erregt wird. Dies gilt insbesondere nach Betriebspausen, weil dann der Restmagnetismus geringer ist. Darum werden Drehstromgeneratoren im Regelfall beim Einschalten der Zündung fremderregt. Dies kann direkt durch den Zündschalter, aber auch durch ein über den Zündschalter geschaltetes Felderregungsrelais erfolgen.

8.2.2.3 Erregung von Bosch-Drehstromgeneratoren (Bild 8.10)

Die Bosch-Drehstromgeneratoren werden durch einen Vorerregerstrom über die Ladekontrollampen hilfserregt. Darum ist hier die Ladekontrollampe zwischen die Klemme 15 und die von der Masse isolierte Seite der Erregerwicklung (Kl. D +) geschaltet. Damit der Strom über die Ladekontrollampe und damit die Vorerregung genügend groß ist, dürfen keine zu kleinen Glühlampen verwendet werden. Diese sollten bei 6-V-Anlagen mindestens 1,2 W, bei 12-V-Anlagen mindestens 2 W und bei 24-V-Anlagen mindestens 3 W Leistungsaufnahme haben.

8.2.2.4 Drehzahlbereich

Da keine Kollektorschwierigkeiten auftreten, können Drehstromgeneratoren in größeren Drehzahlbereichen betrieben werden als Kollektormaschinen. Die Generatoren können darum so zum Motor übersetzt angetrieben werden, daß sie bereits bei Standleerlaufdrehzahlen des Motors Strom erzeugen.

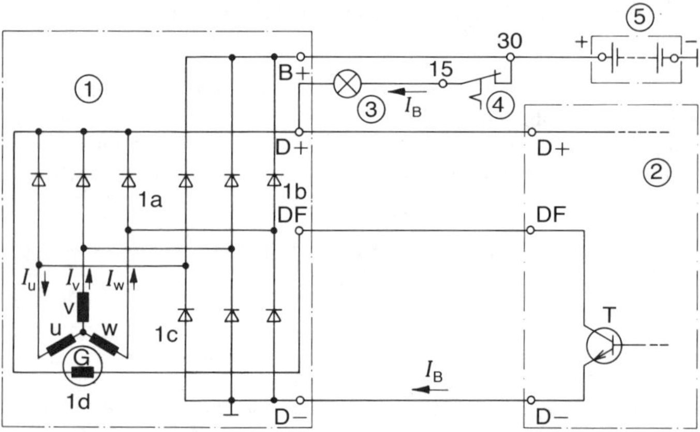

Bild 8.10 Für die Gleichrichtung von Generatorstrom und Generatorspannung werden sechs Leistungsdioden in Brückenschaltung verwendet. Hierbei handelt es sich um eine Zweiwegegleichrichtung. Wird die Zündung eingeschaltet, so fließt zunächst ein Batteriestrom (I_B) über die Ladekontrollampe (3) zur Erregerwicklung (1d) und von da über den Regler zur Masse. Der Generator wird vom Batteriestrom vorerregt. Im Motorleerlauf reicht das Erregerfeld bereits zur Selbsterregung des Generators. Die Gleichrichterdioden im Generator richten nicht nur den Erregerstrom aus, sondern verhindern auch das Entladen der Batterie über die Dreiphasenwicklung im Ständer.

8.2.2.5 Mechanischer Wirkungsgrad und Baugröße

Der mechanische Wirkungsgrad, also das Verhältnis der entnommenen zur verbrauchten Leistung, ist bei Drehstromgeneratoren besser. Bei gleicher Leistung sind diese Generatoren etwa um die Hälfte kleiner und leichter als Kollektorgeneratoren.

8.2.2.6 Wartungsempfindlichkeit

Weil Kollektor und Kohlebürsten zur Stromabnahme entfallen und die auf Schleifringen schleifenden Erregerkohlen für geringen Strom kaum verschleißen, wird die normale Laufzeit von Drehstromgeneratoren fast nur durch den Verschleiß der Kugellager begrenzt.

8.2.2.7 Drehrichtung

Die Antriebsdrehrichtung spielt bei Drehstromgeneratoren keine Rolle, weil sie ohne Umschaltung in beiden Drehrichtungen betrieben werden können. Teilweise sind aber die Kühlungslüfterscheiben für eine bestimmte Drehrichtung konstruiert und müssen beim Ändern der Drehrichtung ausgetauscht werden.

8.2.3 Umgang mit Drehstromgeneratoren

Besondere Richtlinien für Drehstromgeneratoren sind erforderlich, weil deren Gleichrichterdioden gegenüber zu hoher Spannung, zu hohem Strom und auch gegen Hitze empfindlich sind.
Wenn auch die Kenngrößen different sind, so kann man als Richtwerte annehmen, daß bei den bei Drehstromgeneratoren verwendeten Dioden 50 V und 80°C nicht überschritten werden sollten. Dies gilt sowohl für das Prüfen als auch für den Betrieb der Generatoren. Durch besondere Schutzeinrichtungen können die Drehstromgeneratoren zwar gegenüber den bei falscher Behandlung auftretenden Schäden unempfindlicher gemacht werden, dies würde derartige Anlagen aber verteuern. Eine ausreichende Betriebssicherheit ist in jedem Falle gewährleistet, wenn folgende Richtlinien eingehalten werden.
Während des Betriebes von Drehstromgeneratoren muß immer eine einwandfreie Verbindung der Kabel vom Generator zu Regler und Batterie gewährleistet sein. Somit dürfen auch bei laufendem Motor keine dieser Kabel gelöst oder angeschlossen werden. Ebenso ist jegliches Kurzschließen von mit Generatoren und Reglern verbundenen Leitungen beim Betrieb zu unterlassen. Bereits kurzzeitiges Antippen dieser Verbindungen kann schädliche Öffnungsinduktion verursachen.
Die Kabelanschlüsse am Generator oder Regler müssen immer richtig angeschlossen sein und dürfen nicht vertauscht werden.
Das Laden eingebauter Batterien mittels Ladegeräten sollte mit von den Batteriepolen abgenommenen Batterieklemmen erfolgen. Denn nicht alle Ladegeräte bzw. Schnelladegeräte haben Einrichtungen, die den Schutz der Generatordioden gewährleisten.
Starthilfen durch Schnelladegeräte oder Parallelschalten einer zweiten Batterie sollte man möglichst unterlassen.
Batterieklemmen dürfen beim Batterieeinbau nie vertauscht werden.
Batteriehauptschalter normaler Bauart sind in üblicher Schaltung nicht geeignet. Sie dürfen nie geschaltet werden, solange der Motor läuft. Spezielle Schalter für diesen Zweck verhindern eine Unterbrechung der Verbindungen zur Batterie, solange der Generator Spannung erzeugt.

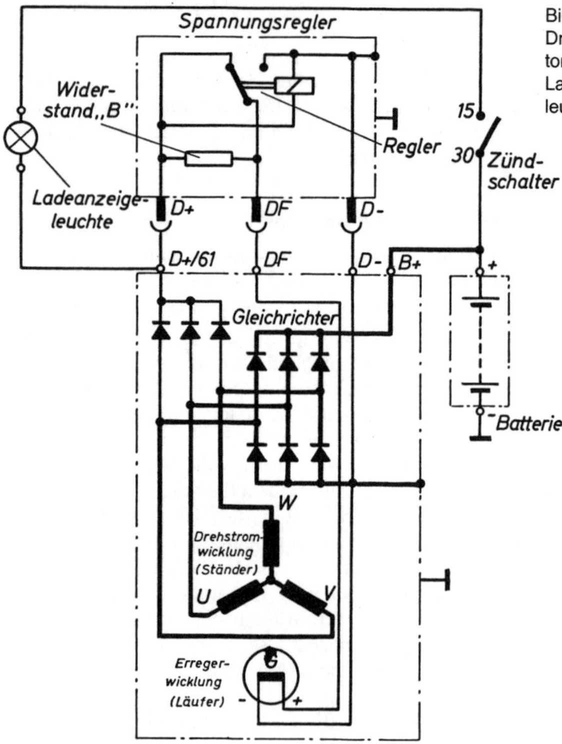

Bild 8.11 Bosch-Drehstromgenerator mit Regler und Ladeanzeigeleuchte

Bei handgeschaltetem Batteriehauptschalter kann man ein von der Klemme D+/61 gesteuertes Relais anordnen, welches trotz Abschaltens des Hauptschalters die Verbindung der Batterie zum Generator so lange aufrechterhält, wie dieser Spannung erzeugt.

Elektrolichtbogenschweißen am Kraftwagen sollte man erst, nachdem man die Kabelanschlüsse am Drehstromgenerator gelöst hat. Zumindest aber sollte man die Masseklemme dicht bei der Schweißstelle befestigen.

Die Kühlung der Drehstromgeneratoren darf nicht durch Einbau von Ableitblechen oder durch später eingebaute Geräte vermindert werden.

Vor dem Trocknen von Lackierungen in stark beheizten Räumen sollte man den Drehstromgenerator möglichst ausbauen. Auf keinen Fall sollte man aber bei zu stark erhitztem Generator den Motor in Betrieb setzen.

Lüfterscheiben an den Keilriemenscheiben dürfen nicht verändert werden. Teilweise sind diese nur für eine bestimmte Drehrichtung bestimmt und müssen darum beim Ändern der Drehrichtung ausgetauscht werden.

Große induktive Verbraucher können schädliche Induktionsspannung erzeugen. Darum müssen diesen Verbrauchern u. U. besondere Löschdioden parallelgeschaltet werden.

Ladekontrollampen von Bosch-Drehstromgeneratoren dienen zur Hilfserregung. Darum müssen defekte Glühlampen baldmöglichst ersetzt werden, um eine sichere Erregung zu erreichen.

Bosch-Regler für Drehstromgeneratoren müssen senkrecht mit den Befestigungslöchern nach unten eingebaut werden. Sie müssen so von Wärmeeinwirkung geschützt sein, daß die Umgebungstemperatur bei Transistorreglern 60 °C (333 K) und bei Kontaktreglern 70 °C (343 K) nicht übersteigt.

8.3 Generator-Begriffsbestimmungen und technische Eigenschaften

Die Begriffsbestimmungen für Generatoren sind zum größten Teil in DIN 72411 gegeben.

8.3.1 Nennspannung

Als Nennspannung für die elektrischen Anlagen und Geräte von Kraftfahrzeugen wird pro Zelle der zur Anlage gehörenden Bleibatterien 2 V angenommen. In Kraftfahrzeugen sind 6, 12 und 24 V üblich. Dabei wird die letztgenannte Nennspannung nur für größere Kraftfahrzeuge mit hohem Stromverbrauch und in Nato-Fahrzeugen verwendet. Bei den übrigen modernen Kraftfahrzeugen wird fast nur noch 12 V Nennspannung verwendet.

8.3.2 Ladespannung

Die Ladespannung ist die mittlere Spannung, die beim Normalbetrieb zwischen D + und D − des Generators gemessen werden kann. Bei 6-V- sind dies 7 V, bei 12-V- sind dies 14 V und bei 24-V-Generatoren 28 V.

8.3.3 Nennleistung

Die Nennleistungsangabe dient zur Auswahl der Generatoren für die unterschiedlichen Kraftfahrzeuge. Sie soll so gewählt werden, daß sie der gemeinschaftlichen Leistungsaufnahme aller Dauerstromverbraucher entspricht. Ist dies der Fall, so steht noch eine Leistungsreserve von 50% der Nennleistung zum Aufladen der entladenen Batterie zur Verfügung. Somit ist die Nennleistung ⅔ der Maximalleistung oder Dauerhöchstleistung der Generatoren. Wurden früher die Nennspannung und die Nennleistung angegeben, so werden bei modernen Generatoren die Ladespannung und der Maximalstrom angegeben.

8.3.4 Dauerhöchstleistung

Die Dauerhöchstleistung oder Maximalleistung des Generators ist die Leistung, die die Generatoren auf Dauer erzeugen können, ohne daß sie durch übermäßige Erwärmung zerstört werden.

8.3.5 Dauerhöchststrom

Der Dauerhöchststrom – auch Höchststrom oder I_{max} genannt – ist der Strom, den der Generator auf unbegrenzte Dauer erzeugen kann, ohne daß er durch übermäßige Erwärmung zerstört wird.

8.3.6 Nennstrom

Der Nennstrom, neuerdings auch als ⅔-Maximalstrom bezeichnet, ist der der Nennleistung entsprechende Strom. Wird ein nach Maximalstrom bezeichneter Generator verwendet, so muß ⅔ des Maximalstromes der Stromaufnahme der unter 8.1 beschriebenen Dauerstromverbraucher entsprechen.

8.3.7 Nenndrehzahl

Die Nenndrehzahl oder Drehzahl bei ⅔-Maximalstrom ist die Drehzahl, von der ab der betriebswarme Generator seine Nennleistung bzw. bei Ladespannung ⅔ des Maximalstromes erzeugt.

8.3.8 Nullwattdrehzahl

Die Nullwattdrehzahl bzw. Nennspannungsdrehzahl oder Drehzahl bei 0 Ampere ist die Drehzahl, bei der der betriebswarme Generator seine Nennspannung bzw. Ladespannung erreicht, ohne Leistung abzugeben.

8.3.9 Höchstdrehzahl

Die Höchstdrehzahl des Generators ist die Drehzahl, die beim Betrieb nicht überschritten werden darf. Bei Kollektorgeneratoren ist sie durch Erwärmung und Verschleiß von Kollektor und Kohlebürsten und bei Drehstromgeneratoren durch die Drehfestigkeit des Rotors begrenzt (siehe Abschnitt 8.2.1.6).

8.3.10 Drehrichtung

Die Drehrichtung wird bei normalen Generatoren von der dem Kollektor entgegengesetzten Seite aus bestimmt. Bei Generatoren, deren Anker auf die Kurbelwelle aufgesteckt wird, ist die Drehrichtungsangabe so, wie man auf das Wellenende sieht, auf das der Anker aufgeschraubt ist.

8.4 Reglerschalter für Generatoren

Entsprechend den Induktionsgesetzen erzeugen Generatoren mit zunehmender Drehzahl mehr Spannung und in der Folge auch mehr Strom. Weil die Motoren und damit auch die Generatoren der Kraftfahrzeuge mit besonders starken Drehzahlveränderungen betrieben werden, müssen Regler vorgesehen sein, die Spannung und Strom auf festgelegte Werte begrenzen. Außerdem ist eine Einrichtung erforderlich, um die Batterie zu laden, die die Verbindung zwischen Batterie und Generator herstellt, wenn dieser genügend Spannung erzeugt. Sie muß diese Verbindung wieder trennen, bevor der Rückstrom von der Batterie zum Generator so groß wird, daß er diesen durch Erwärmung gefährdet. Der Reglerschalter muß somit Spannung und Strom des Generators begrenzen und diesen vor zu großem Rückstrom schützen.

8.4.1 Spannungsregler

Die Spannungsregler sollen die Generatorspannung möglichst auf den Wert begrenzen, der der Betriebscharakteristik der Batterien entspricht (7.4.1 und 7.4.3). Diese Spannung soll möglichst 2,35 bis 2,4 V pro Zelle der Batterie betragen, um Überladen und zu starke Gasentwicklung zu vermeiden (7.3.8 und 7.5.6). Außerdem werden bei spannungsgeregelten Generatoren die Verbraucher nicht durch zu hohe Spannung gefährdet, wenn die Verbindung zur Batterie unterbrochen wird.

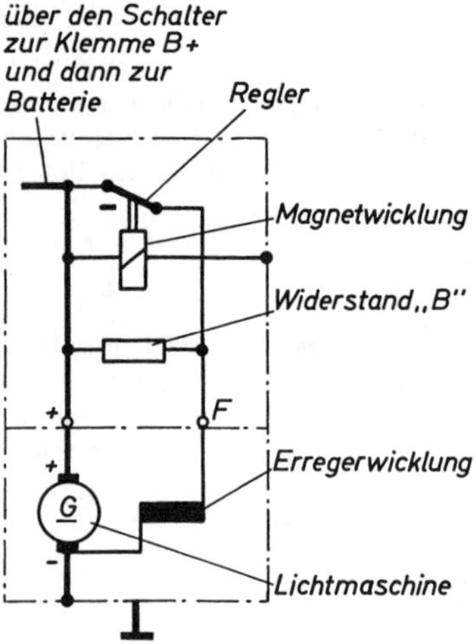

Bild 8.12 Grundsätzliche Schaltung eines Einkontaktreglers

8.4.2 Aufbau elektromechanischer Spannungsregler

Die wesentlichsten Bauteile eines Spannungsreglers sind ein Spulenkern und eine Spannungsspule, über die der Regleranker so angeordnet ist, daß er vom Spulenkern durch Federkraft weggezogen wird. Durch die Federkraft wird in Ruhestellung ein in den Erregerstromkreis geschaltetes Kontaktpaar geschlossen. Diesem Kontaktpaar ist ein Funkenlöschwiderstand, der sogenannte Reglerwiderstand *B*, parallel geschaltet (Bild 8.12).

8.4.3 Funktion eines Spannungsreglers

Wenn bei zunehmender Drehzahl die Generatorspannung höher wird, so fließt entsprechend mehr Strom durch die zwischen Plus und Minus der Maschine geschalteten Magnetwicklungen, und deren Zugkraft wächst. Sobald die Sollspannung überschritten wird, ist diese magnetische Kraft größer als die Federkraft und öffnet die Reglerkontakte. Dadurch wird ein Widerstand *B* in den Erregerstromkreis geschaltet, was ein Sinken des Erregerstroms und damit ein Sinken der Generatorspannung zur Folge hat. Nun werden die Kontakte infolge Überwiegens der Federkraft über die magnetische Kraft wieder geschlossen; der Erregerstrom kommt erneut voll zur Wirkung, und die Maschinenspannung steigt an. Sobald dann die Sollspannung überschritten ist, beginnt dies von neuem. Die Anpassung an die verschiedenen Drehzahlen geschieht selbsttätig in der Weise, daß bei niedrigerer Drehzahl die Kontakte nur kurzzeitig öffnen und lange geschlossen bleiben, bei sehr hoher Drehzahl dagegen nur kurzzeitig schließen und länger offen bleiben, so daß der Widerstand *B* ebenfalls längere Zeit eingeschaltet bleibt und der Erregerstrom somit auf einen niedrigeren Wert sinkt, wodurch die Generatorspannung bei der erhöhten Drehzahl konstant gehalten wird.

8.4.3.1 Einkontaktregler

Der den Reglerkontakten parallele Widerstand *B* wäre zur Regelung an sich nicht erforderlich. Er hat nur die Aufgabe, die Öffnungsinduktion der Erregerwicklungen und damit das Kontaktfeuern so zu dämpfen, daß die Kontakte genügende Betriebszeiten erreichen. Dies würde erfordern, daß der Widerstand möglichst klein gewählt würde; aber dann würde er zur Regelung über den gesamten Drehzahlbereich nicht ausreichen. Deshalb erfordern Einkontaktregler neben Wolframkontakten Vorrichtungen, die das Kontaktfeuer mindern oder die Kontakte nach dem Öffnen schneller wieder schließen (z. B. Zitterwicklungen).

8.4.3.2 Zweikontaktregler

Bei Zweikontaktreglern (Bild 8.13) kann man den Regelwiderstand so klein wählen, daß besondere dämpfende Mittel nicht erforderlich

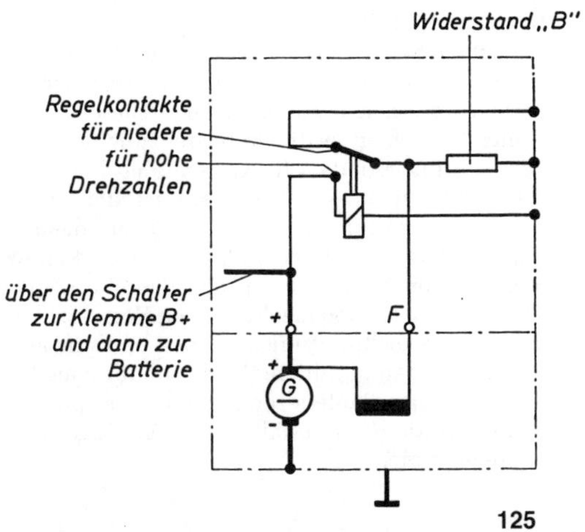

Bild 8.13 Schaltung eines Bosch-Zweikontaktreglers

sind. Auch kann man Silberkontakte verwenden, die gut leitend und weniger oxidationsempfindlich sind. Der wesentliche Unterschied ist hier aber, daß der Widerstand *B*, der vor das Feld geschaltet wird, viel kleiner bemessen werden kann, was für die Kontaktlebensdauer günstig ist und deshalb größere Erregerströme erlaubt. Bei hoher Drehzahl arbeitet der Regler mit dem zweiten Kontaktpaar. Die Erregerwicklung wird dabei periodisch kurzgeschlossen. Dadurch lassen sich auch hohe Drehzahlen beherrschen. Der Nachteil dieser Regler ist, daß sie bei unteren Drehzahlen meist geringere Spannung regeln als im oberen Drehzahlbereich. Die Differenz der in der unteren Regellage geregelten Spannung zu der in der oberen Regellage geregelten Spannung (Regelweite) muß innerhalb der für die einzelnen Zweikontaktregler festgelegten Grenzen liegen.
Bosch-Drehstrom-Generatoren für Personenkraftwagen begrenzen ihren Höchststrom selbsttätig. Darum ist die Spannungsregelung ausreichend. Um die Drehzahlen zum Erreichen einer ausreichenden Leistung niedrig zu halten, benötigt man hohe Erregerströme. Darum verwendet man hier Zweikontaktregler oder Transistorregler. Die Bosch-AD-Regler für diesen Zweck regeln an der isolierten Seite der Erregerwicklungen; also plusseitig (siehe Bild 8.11).

8.4.3.3 Transistorregler

Normale Kontaktregler haben einen durch die Funkenbildung bedingten Kontaktverschleiß. Dieser Verschleiß nimmt sowohl mit dem Erregerstrom als auch der Induktivität der Erreger-Feldspulen zu und begrenzt die Lebensdauer der Regler.
Um auch bei geringer Drehzahl ausreichenden Generatorstrom zu erreichen, ist ein möglichst großer Erregerstrom günstig, weil dieser mehr Erregermagnetismus erzeugt. Diesem steht aber die durch den Kontaktverschleiß bedingte Begrenzung des Erregerstromes entgegen. Dies gilt insbesondere für Generatoren höherer Leistung. Bei mechanisch wirkenden Kontaktreglern ist die Kraft einer Feder für die Einstellung bestimmend. Da diese Feder dauernd wechselnden Kräften unterworfen ist, verändert sie ihre Kennwerte und damit die Reglereinstellung. Elektronische Bauteile können die Steuerung des Erregerstromes ohne mechanischen Verschleiß übernehmen und auch größere Erregerströme unterbrechen und sind auch gegenüber Erschütterungen unempfindlich. Dies und die moderne Miniaturisierung elektronischer Bauteile ermöglichen es, preisgünstige elektronische Regler so klein zu gestalten, daß sie in die Generatoren eingebaut werden können.

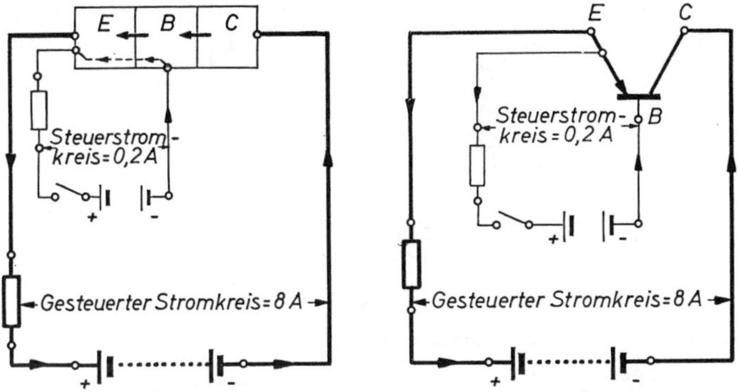

Bild 8.14 Durch einen geringen Steuerstrom über Basis und Emitter (Beispiel 0,2 A) kann durch einen Transistor ein größerer Strom (Beispiel 8 A) über Kollektor, Basis und Emitter gesteuert werden. Links: die aufbaugerechte, rechts: die schematische Darstellung

Zenerdioden dienen im Regelfalle als Sollwertgeber für die Spannungsregler von Generatoren. Dies sind besonders entwickelte Dioden, die in Sperrichtung bei einer genau festlegbaren Spannung leitend werden. Da auch bei diesem Durchbruch die zulässige Wärmeentwicklung nicht überschritten wird, können Zenerdioden diese Beanspruchung ohne Schädigung auf Dauer ertragen.

Transistoren sind elektronische Schalter. Sie werden zwischen ihren Klemmen E (Emitter) und C (Kollektor) leitend, solange zwischen ihren Klemmen E und B (Basis) eine kleine Spannung anliegt, die einen geringen Steuerstrom verursacht (Bild 8.14).

8.4.3.4 Funktion des Bosch-Volltransistorreglers T_1

Einer der einfachsten, in der Funktion erklärbaren Transistorregler ist der Bosch-T_1-Regler für Drehstromgeneratoren (siehe Bild 8.15).

Bei diesem Regler kann von D+ über Emitter und Basis und den mit D+ verbundenen Widerstand des Steuerstromkreises, der Steuerstrom fließen, der den Erregerfeld-Transistor auch über Emitter und Kollektor leitend macht. Es fließt somit, bevor die Regelung einsetzt, der Erregerstrom von D+ über den Erregertransistor und DF durch die Erregerwicklung zu D−. Der Steuertransistor zwischen D+ und dem Widerstand im Steuerstromkreis des Erregertransistors sperrt, solange zwischen D+ und seiner Basis keine Spannung anliegt. Die Basis dieser Diode ist über eine Zenerdiode mit der Verbindungsstelle

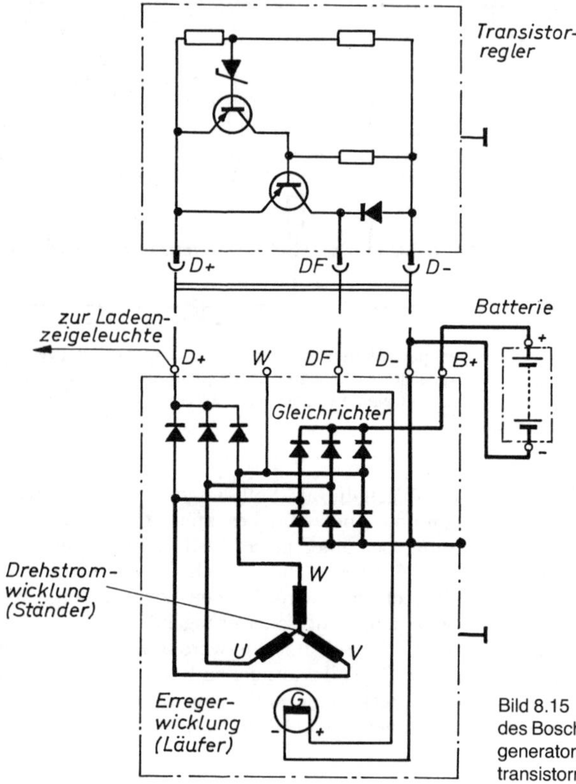

Bild 8.15 Schaltbild des Bosch-Drehstromgenerators K_1 mit Volltransistorregler T_1

zweier in Reihe zwischen D+ und D− des Generators geschalteten Widerstände verbunden. Die beiden Widerstände wirken als Spannungsleiter. Mit zunehmender Spannung zwischen D+ und D− nimmt auch die Spannung zwischen D+ und dem Anschluß der Zenerdioden zu. Wird hier die Durchbruchspannung der Zenerdiode erreicht, so kann der Strom über Emitter und Basis des Steuertransistors fließen, der den Durchgang zwischen Emitter und Kollektor herstellt. Der nun leitende Steuertransistor verbindet Kollektor und Basis des Erregertransistors, und dieser sperrt den Erregerstrom, weil nun sein Steuerstrom entfällt. Die Folge ist ein Abfallen des Erreger-

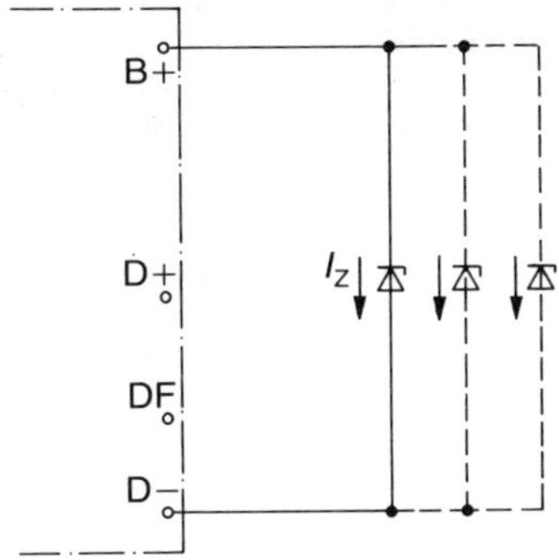

Bild 8.16 Z-Dioden am Generator als Überspannungsschutz im 12-V-Bordnetz (Bosch)
I_z = Durchbruchstrom

magnetismus und Minderung der Spannung zwischen D+ und Zenerdiode. Da die Zenerdiode nun wieder sperrt, wird die Erregerdiode wieder leitend, und der Regelvorgang wiederholt sich, weil die Generatorspannung wieder ansteigt. Beim Bosch-Volltransistor-Regler ist parallel zur Erregerwicklung eine Sperrdiode geschaltet, die die Transistoren vor den schädlichen Spannungsspitzen und deren Selbstinduktion schützt. Es sind aber im Transistorregler weitere Bauteile und Schaltungen erforderlich, durch welche dessen korrekte Funktion erreicht wird.

Für das 24-V-Bordnetz hat Bosch Überspannungs- und Folgeschädenschutzgeräte entwickelt. Die Ansprechspannung dieser Schutzgeräte beträgt zwischen 31 und 38 V. Die hierzu notwendige Ansprechverzögerung wird über ein RC-Glied, bestehend aus dem Widerstand R 1 und dem Kondensator C 1 (Bild 8.17) erreicht. Solange die Überspannung anhält, sind Generator und Regler über die Klemmen D+ und D− kurzgeschlossen. Die Ladekontrollampe leuchtet währenddessen durch Batteriestrom auf, um den Fahrer zu warnen. Bei Nichtbeachtung entlädt sich die Batterie nicht nur über die Ladekontrollampe, sondern vor allem über andere eingeschaltete Verbraucher im Bordnetz, da der Thyristor leitend bleibt, d. h. Generator und Regler sind kurzgeschlossen. Der Generator kann somit keine Leistung abgeben. Durch den Thyristor fließt ein starker Kurzschlußstrom, der jedoch keinen Schaden im Generator anrichtet. Der Thyristor kehrt durch Abschalten der Zündung, also durch Motorstillstand, so daß der Strom zu fließen aufhört.

Trotz des Überspannungsschutzes hat es immer wieder Ausfälle von Generatoren und Reglern gegeben, begleitet von einem Auskochen der Kfz-Batterie. Die Ursache derartiger Folgeschäden war eine Verwechslung der Klemmen D+ und D−am Schutzgerät beim Einbau oder nach

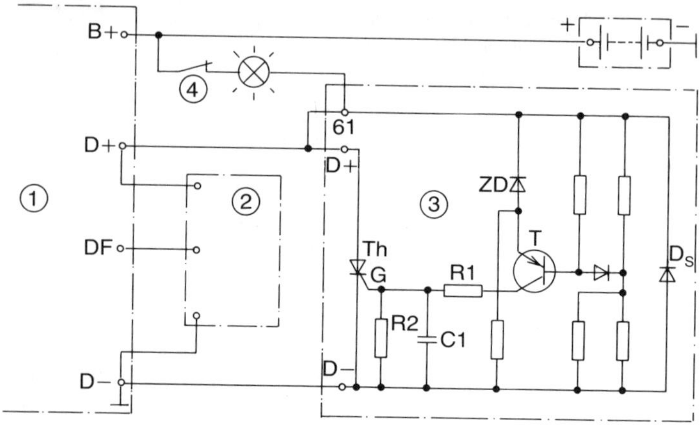

Bild 8.17 Schaltplan eines Überspannungsschutzgerätes (24 V) (Bosch)
1 Generator
2 Regler
3 Überspannungsschutz
4 Zündschalter

einer Reparatur. Ein in dieser Weise verpoltes Gerät gewährt keinen Überspannungsschutz. Bosch hat zur Erhöhung der Sicherheit eine Sicherheitsdiode (D) zwischen den Klemmen D+ und D− geschaltet, die entweder im Überspannungsschutzgerät (Bild 8.17) oder im Reglerteil untergebracht ist. Bei Leitungsvertauschung ist diese Diode in Durchlaßrichtung gepolt; die Lampe brennt dauernd, gleichgültig, ob der Generator Leistung abgibt oder nicht.

Da der Motor nach Ansprechen des Schutzgerätes zur Thyristorlöschung wieder abgestellt werden muß, hat Bosch ein automatisiertes Überspannungsschutzgerät entwickelt, das sich selbst einschaltet. Die Einschaltautomatik besteht aus dem Relais S, dessen Steuerwicklung mit dem Thyristor Th in Reihe liegt (Bild 8.18). Nach Überschreiben einer Ansprechspannung von etwa 38 V und einer Ansprechverzögerungszeit von etwa 0,5 ms schaltet der Thyristor durch und führt Kurzschlußstrom über Klemme D+ und die Relaiswicklung zur Klemme D−. Mit einer weiteren kleinen Verzögerung schließt der Relaiskontakt und leitet so den Kurzschlußstrom am Thyristor vorbei.

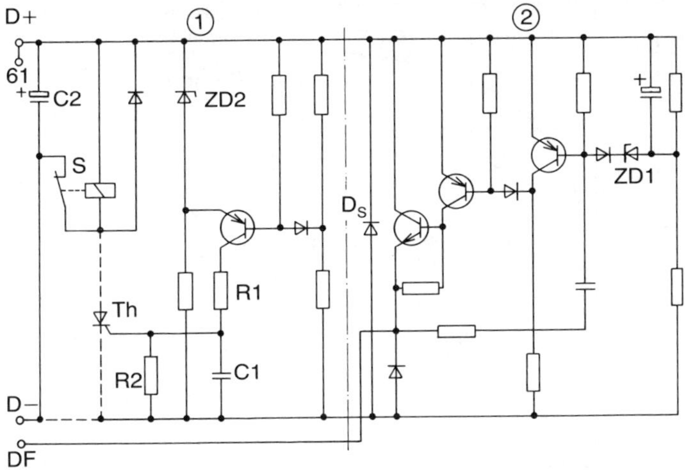

Bild 8.18 Schaltplan des Bosch-Transistorreglers ED 28V3 mit Überspannungsschutz

1 Schutzschaltung mit Sollwertgeber ZD2
Ansprechspannung = 38 V

2 Reglerschaltung mit Sollwertgeber ZD1
Ansprechspannung = 28 V

Der Thyristor ist jetzt stromlos und somit in den Sperrzustand zurückgekehrt. Sobald die Stromstärke unter A 3 zurückgegangen ist, fällt der Stromrelaisanker ab; der Relaiskontakt öffnet, und der Strom ist unterbrochen. Auf diese Weise ist der Generatorkurzschluß beseitigt und das Schutzgerät erneut zum Ansprechen bereit. Der Elektrolytkondensator C 2 vernichtet alle Spannungsspitzen, die kürzer dauern als 0,5 ms. Das bedeutet, er wird durch einen von der Spannungsspitze verursachten Stromstoß aufgeladen. Dabei bleibt die Spannung am Kondensator noch unterhalb der Durchbruchsspannung der Z-Diode ZD 2. Dauert die Überspannung länger als 0,5 ms, so übersteigt die Spannung am Kondensator C 2 die Durchbruchspannung, und das Gerät spricht, wie zuvor beschrieben, an. Die als Beispiele gezeigte Gerätekombination ist auch für einen batterielosen Notbetrieb geeignet. Generator und Regler sind durch die Schutzschaltung ausreichend geschützt.

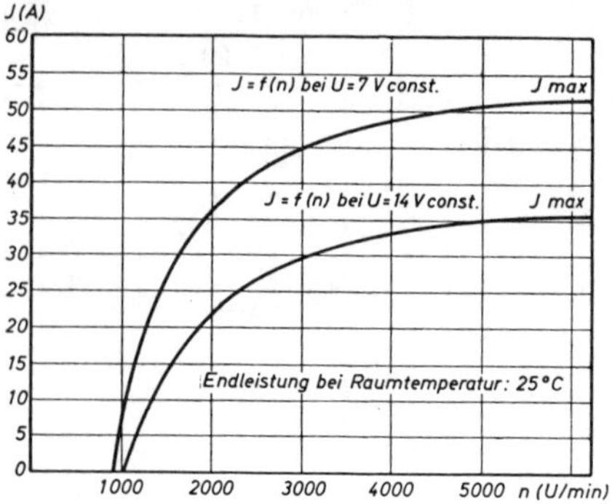

Bild 8.19
Stromkennlinien von Bosch-Generatoren 6 V und 12 V für Pkw

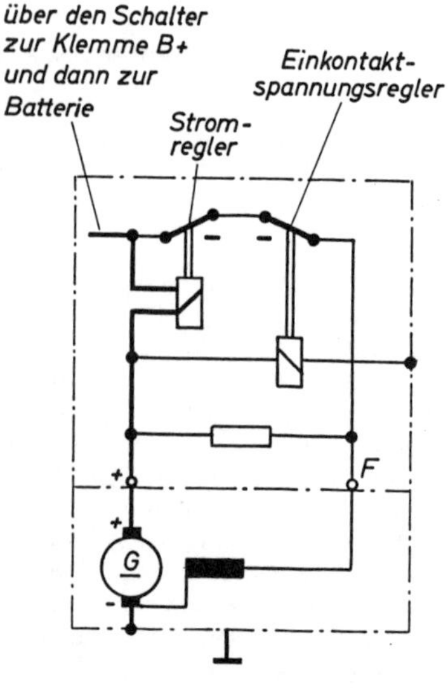

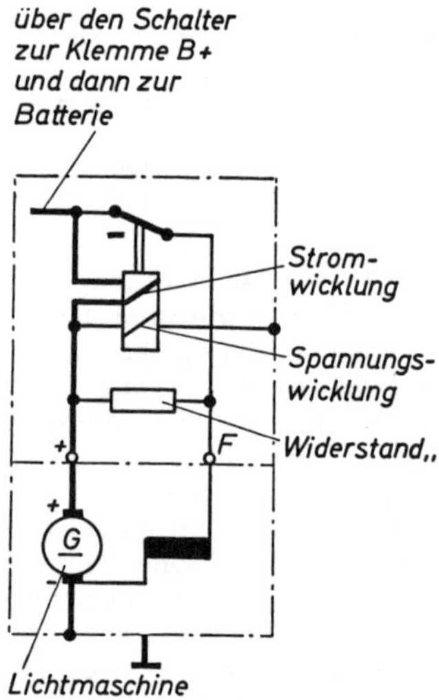

Bild 8.20 Schaltung eines mit geknickter Kennlinie regelnden Reglers, Spannungsregler und Stromregler sind in Reihe geschaltet

Bild 8.21 Schaltung eines Spannungsreglers mit Stromwicklung zur Regelung mit geneigter Kennlinie

8.4.4 Stromregelung bei Kontakt-Reglerschaltern

Bei Bosch-Drehstromgeneratoren für normale Kraftfahrzeuge ist die Spannungsregelung ausreichend, weil der Strom bis zu einem maximalen Wert und bei weiterer Drehzahlerhöhung nicht mehr ansteigt (Bild 8.19). Bei Kollektorgeneratoren würde der erzeugte Strom um so höher, je mehr Verbraucher eingeschaltet und je entladener die Batterien wären. Dies würde dann zur übermäßigen Erwärmung und zur Zerstörung des Generators führen. Um dies zu vermeiden, muß auch der vom Generator erzeugte Strom begrenzt werden.

8.4.4.1 Dreielementregler für Regelung mit Knickkennlinie

Bei Spannungsreglern zur Regelung mit geknickter Kennlinie ist ein zusätzlicher Stromregler vorhanden, der in Abhängigkeit von dem vom Generator erzeugten Strom arbeitet. Die Reglerkontakte des Stromreglers liegen mit den Spannungsreglerkontakten im Feldstromkreis in Reihe (Bild 8.20).
Bis zum Erreichen des Höchststromes arbeitet allein der Spannungsregler. Beim Überschreiten des Höchststromes jedoch öffnet der Stromregler seine Kontakte und beginnt zu arbeiten, während der Spannungsregler infolge der stark gesunkenen Spannung außer Tätigkeit gesetzt wird, seine Kontakte also geschlossen bleiben. Beim Überschreiten des höchstzulässigen Stromes wird die Generatorspannung durch den Stromregler steil nach unten geregelt, und eine Überlastung wird mit Sicherheit vermieden (Bild 8.21).

8.4.4.2 Regelung mit geneigter Kennlinie

Bei Reglern mit geneigter Kennlinie (Bild 8.22) sucht man sich ein besonderes Stromreglerelement durch eine zusätzliche auf dem Spannungsregler angeordnete Stromspule zu ersparen. Diese Stromspule

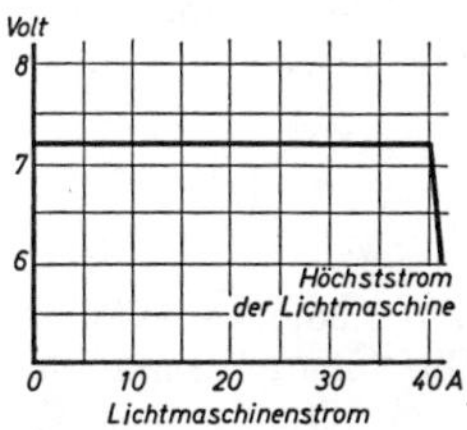

Bild 8.22 Kennlinie eines Knickreglers für 7 V und 40 A

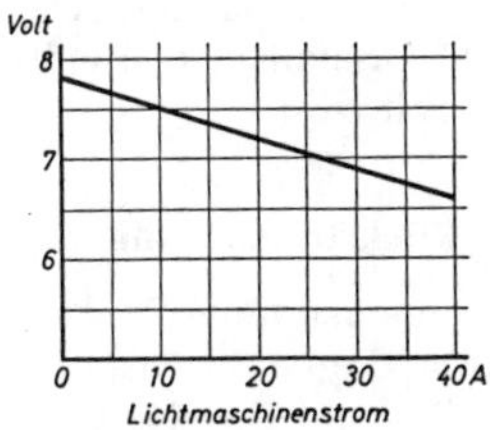

Bild 8.23 Geneigte Kennlinie für 7 V und 40 A

wird von dem im Generator erzeugten Strom durchflossen, der die magnetische Kraft der Spannungsspule verstärkt. Dadurch wird bewirkt, daß die Spannung bei steigender Belastung sinkt. Je größer der durch die Stromwicklung fließende Belastungsstrom ist, desto stärker kommt ihr magnetisches Feld zur Wirkung, das das von der Spannungswicklung herrührende Feld unterstützt. Der Anteil der Spannungswicklung wird also geringer sein als bei unbelasteter Maschine, d.h. bei steigender Belastung wird die Spannung etwas nachgeben (Bild 8.23).

Die Neigung der Kennlinie kann den jeweiligen Verhältnissen so angepaßt werden, daß bei Anschluß sämtlicher Verbraucher und leerer Batterie der höchstzulässige Generatorstrom nicht überschritten und die Batterie gut geladen, jedoch in vollem Zustand nicht überladen wird. Während bei Knickreglern beliebig große Batterien verwendet werden können, dürfen bei Reglern mit geneigter Kennlinie die für den jeweiligen Generator angegebenen Batteriekapazitäten nicht überschritten werden. Werden größere Batterien gewählt, so kann der Generator überlastet werden.

8.4.4.3 Variodenregler

Beim Variodenregler (Bild 8.24) sucht man ohne den Aufwand eines besonderen Stromreglers eine dem Knickregler ähnliche Regelkennlinie zu erreichen. Das Halbleiterelement Variode übernimmt die Aufgabe, den Maschinenstrom des Generators zu begrenzen, ähnlich wie der Stromregler bei der Knickregelung.

Zum Steuerwiderstand sind die Variode und die Steuerwicklung parallel geschaltet. Erreicht der Spannungsverlust im Steuerwiderstand (Hauptstromkreis) den Wert von ungefähr 0,3 V, dann fließt ein Steuerstrom, der sich entsprechend der Variodenkennlinie rasch steigert. Die Wirkungsweise der Steuerwicklung entspricht der Stromwicklung des Reglers mit nachgiebiger Kennlinie (Bild 8.25).

Die Tatsache, daß Halbleiterbauelemente stark temperaturabhängig sind, ergibt zusätzlich, daß bei höheren Temperaturen mit weniger Strom geregelt wird.

8.4.5 Rückstromschalter

Auf dem Spulenkern der Rückstromschalter (Bild 8.26) ist eine Spannungsspule und eine Stromspule angeordnet. Die Spannungsspule ist zwischen D+ und D− des Generators geschaltet, dagegen liegt die Stromspule bei geschlossenen Schalterkontakten im Erzeugerstromkreis des Generators. Der Schalteranker wird in Ruhelage durch Feder-

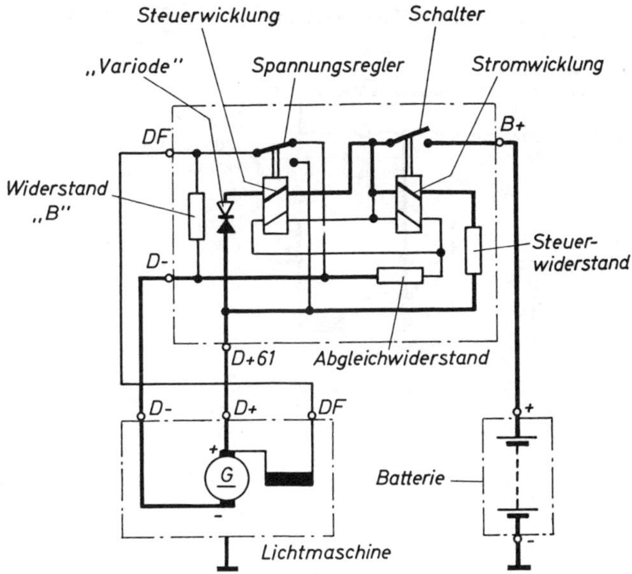

Bild 8.24 Schaltbild eines Bosch-Variodenreglers

Bild 8.25 Kennlinien des Bosch-Variodenreglers 7 V 50 A bei verschiedenen Temperaturen

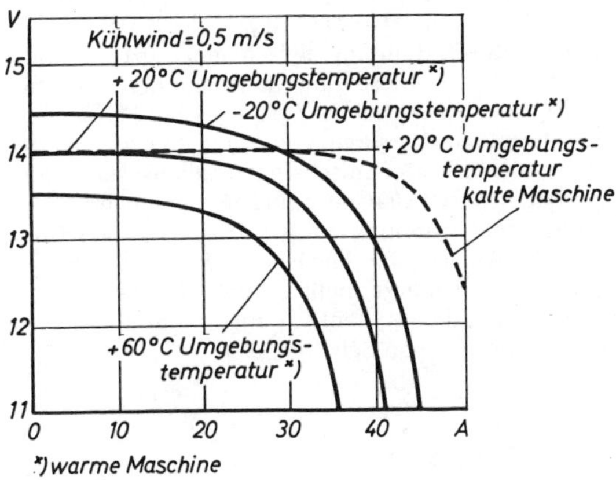

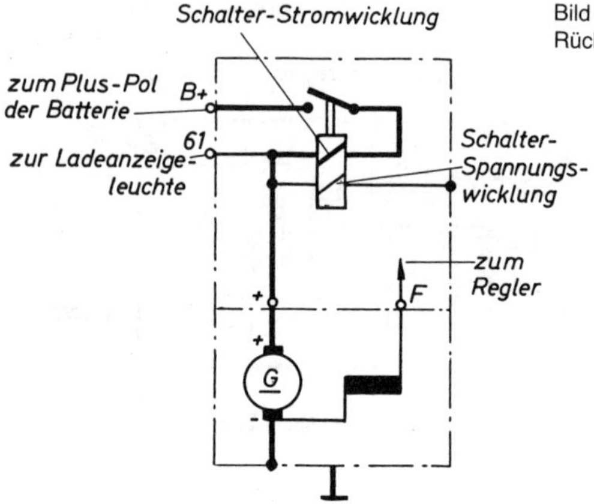

Bild 8.26 Schaltbild eines Rückstromschalters

kraft vom Spulenkern weggehalten, und damit werden zugleich die Kontakte getrennt.

8.4.5.1 Einschaltspannung

Wenn bei zunehmender Drehzahl des Generators dessen Spannung ansteigt, so nimmt auch der Strom und die dadurch bewirkte magnetische Zugkraft der Spannungsspule des Rückstromschalters zu. Beim Erreichen der Einschaltspannung ist diese magnetische Kraft größer als die Federkraft. Darum wird nun der Schalteranker angezogen und dadurch die Verbindung zwischen D+ (61) des Generators und B+ (51) hergestellt. Diese Einschaltspannung soll einerseits möglichst niedrig sein, damit bei geringstmöglicher Fahrgeschwindigkeit Generatorstrom zur Versorgung des Lichtnetzes genutzt werden kann. Anderseits soll beim Einschalten möglichst kein Strom von der geladenen Batterie zum Generator fließen. Bei modernen Reglerschaltern ist die Einschaltspannung meist geringfügig kleiner als die Nennspannung der Anlage, aber höchstens 10% höher als diese. Der Erzeugerstrom des Generators fließt bei geschlossenen Kontakten in gleicher Richtung um den Spulenkern und erhöht durch seinen Magnetismus die Zugkraft auf den Schalteranker.

8.4.5.2 Rückstrom

Sinkt bei Verminderung der Generatordrehzahl dessen Spannung unter die Batteriespannung, so fließt ein Rückstrom von der Batterie zum Generator. Dieser Rückstrom fließt entgegengesetzt um den Spulenkern des Rückstromschalters und schwächt mit einem entgegengesetzt gerichteten Magnetismus die Kraft der Spannungsspule. Bei einer bestimmten Stärke des Rückstromes überwindet die Federkraft die magnetische Kraft der Spannungsspule und trennt die Schalterkontakte. Je nach Reglerschalter und Ladezustand der Batterie sind zwischen 2 A und 14 A Rückstrom erforderlich, bevor der Rückstromschalter die Verbindung zwischen Generator und Batterie trennt.
Für die Rückstromschalter ist ein unregelmäßiger Lauf der Motoren im unteren Drehzahlbereich betriebsschädlich. Denn durch das dauernde Unterbrechen des Rückstromes können die Kontakte heiß werden und verschweißen. Deshalb ist bei hochwertigen Reglerschaltern auch oft eine besondere Sicherung im Ladestromkreis vorgesehen.

8.4.5.3 Dioden als Rückstromsperre

Halbleiterbauelemente, z. B. Siliziumdioden, können bei entsprechender Bemessung die Aufgabe der Rückstromschalter übernehmen, weil sie, wie ein Ventil wirkend, den Strom nur in einer Richtung durchlassen. Sie können ohne mechanischen Verschleiß den Rückstrom exakter verhindern als Rückstromschalter. Darum benötigen die Drehstromgeneratoren, bei denen aus anderen Gründen derartige Gleichrichterdioden erforderlich sind, keine Rückstromschalter. Man kann aber auch bei jedem anderen Generator derartige Dioden verwenden.

8.5 Generator-Kontrolleuchten

Kontrolleuchten, die im Blickfeld des Fahrzeugführers angeordnet sind, sollen diesem anzeigen, daß der Generator arbeitet und an das Verbrauchernetz angeschlossen ist. Ihr Verlöschen zeigt nicht unbedingt an, daß der Generator Strom erzeugt. Von normalen Kollektorgeneratoren wird meist erst dann Strom abgegeben, wenn nach dem Verlöschen der Kontrolleuchte die Drehzahl noch um etwa 50% erhöht wird. Ebenso leuchtet die Anzeigeleuchte nicht auf, wenn ein Rückstrom zum Generator fließt, also wenn entladen wird. Darum sollte man möglichst nicht die Standleerlauf-Drehzahlen eines Motors so wählen, daß die Anzeigeleuchte gerade noch verlöscht. Denn dann fließt der höchstmögliche Rückstrom, und die Batterie wird entladen.

8.5.1 Schaltung und Funktion bei Kollektorgeneratoren

Bei Kollektorgeneratoren (Bild 8.27) ist die Anzeigeleuchte zwischen die Klemme Nr. 15 des Zündschalters und (D+) des Generators geschaltet. Wird bei stehendem Motor die Zündung eingeschaltet, so fließt Strom von Plus der Batterie über den Zündschalter, die Anzeigeleuchte, D+, über die Wicklungen des Generators und die Masse zu Minus der Batterie. Folglich leuchtet nun die Anzeigelampe hell auf. Die nach Inbetriebnahme des Motors mit der Drehzahl zunehmende Generatorspannung wirkt im Stromkreis der Anzeigeleuchte der Batteriespannung entgegen. Nun herrscht an deren Glühlampe nur noch die Spannungsdifferenz zwischen Batterie und Generator, und mit zunehmender Generatorspannung glüht deren Glühfaden dunkler. Wenn die Spannungsdifferenz an der Glühlampe auf etwa 10% der Nennspannung gesunken ist, verlöscht die Glühlampe. Darum kann die Glühlampe verlöscht sein, bevor der Rückstromschalter arbeitet und Ladestrom fließt. Bei geschlossenem Rückstromschalter ist bei einwandfreiem Kontakt im Ladestromkreis die Anzeige verlöscht, gleichgültig, ob Ladestrom, Rückstrom oder kein Strom fließt. Denn dem Stromkreis der Anzeigeleuchte ist der Rückstromschalter und die Ladeleitung parallel geschaltet. Wenn durch großen Übergangswiderstand zwischen D+ und Batterie + oder durch zu großen Strom in diesem Teil des Stromkreises der Spannungsverlust 10% der Nennspannung übersteigt, so kann die diesem parallele Anzeigeleuchte wieder leicht aufglühen. Dies ist dann meist der Fall, wenn bei nächtlicher Fahrt viele große Verbraucher eingeschaltet sind.

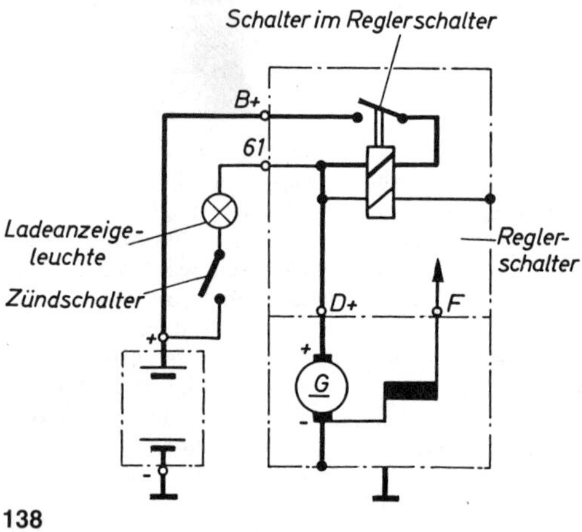

Bild 8.27
Schaltung der Ladeanzeigeleuchte für Kollektormaschinen

8.5.2 Schaltung und Funktion bei Drehstromgeneratoren

Bei Bosch-Drehstromgeneratoren bekommt die Kontrolleuchte in der Hauptsache über den Erregerstromkreis, also über D+, die Reglerkontakte, DF und die Erregerwicklung des Läufers ihre Masseverbindung. Sie verlöscht somit auch in gleicher Weise, wenn die Generatorspannung an D+ den erforderlichen Wert erreicht. Der Ladeanzeigestrom dient aber außerdem zur Vorerregung des Generators (siehe Abschnitt 8.2.2.3).

8.6 Überprüfen von Generatoren

Das Verlöschen der Kontrolleuchte zeigt nicht unbedingt an, daß der Generator arbeitet. Verlöscht sie aber nicht, obwohl die Leitungen in Ordnung sind, so sollte man Generator und Reglerschalter ausbauen und prüfen.
Das Erproben und Prüfen von Generatoren muß je nach Art der Generatoren, Regler und Prüfgeräte verschieden vorgenommen werden. Es werden für jede Regler- und Generatorenbauart besondere Prüfanweisungen gegeben. Darum soll hier nur das Grundsätzliche beschrieben werden.
Bei Generatoren oder Reglerschaltern, die mit Dioden oder Transistoren ausgerüstet sind, dürfen Verbindungen nur dann gelöst oder angeschlossen werden, wenn der Generator nicht betrieben wird. Denn bei den dabei auftretenden Spannungsspitzen und Stromstößen würden diese Halbleiterbauelemente gefährdet. Auch müssen die Anschlüsse der Prüfschaltungen so einwandfrei sein, daß sie nicht unbeabsichtigt den Kontakt verlieren können.

8.6.1 Einfache Generator-Prüfungen

Wenn sich trotz verlöschender Anzeigeleuchte die Batterie entlädt, so sollte man sich, bevor man den Generator und den Reglerschalter prüft, überzeugen, ob die am Fahrzeug verwendeten Verbraucher nicht mehr verbrauchen als die Nennleistung (bzw. ⅔ Maximalstrom) des Generators.
Ist dies nicht der Fall, so kann man bei Kollektorgeneratoren mit eingeschaltetem Fahrlicht vom Standleerlauf aus die Motordrehzahl rasch erhöhen. Wenn dabei das Licht heller wird, so lädt der Generator.
Vor dem Testen oder weiterem Erproben kann man nach dem Prüfen der Batterie Grundsätzliches über das Ladeverhalten des Generators

aussagen. Wenn eine Säuredichte zwischen 1,24 bis 1,28 gemessen wird, so ist es kaum möglich, daß der Generator zu wenig Leistung abgibt. Dagegen weisen starker Verlust von Wasser, feuchte Zellendekkel und zerfressene Polklemmen auf Überladung, also meist auf zu hohe Einstellung des Spannungsreglers hin.

8.6.1.1 Generatorstrom messen

Um den vom Generator erzeugten Strom zu messen, kann ein Amperemeter zwischen die Klemme Nr. 51 (B+) und das dort abgeklemmte Kabel geschaltet werden. Bei einer Motordrehzahl, die etwa ¾ der Höchstgeschwindigkeit des Kraftwagens entspricht, kann der vom Generator erzeugte Strom gemessen werden. Meistens ist der Ladestrom gering, weil die Batterie in normalem Falle geladen ist. Werden nun das Fahrlicht und alle größeren Dauerverbraucher eingeschaltet, so soll das Amperemeter etwa ⅔ des Höchststromes bzw. den Nennstrom anzeigen. Wenn dies nicht der Fall ist, so kann ein Fehler am Generator, den Leitungen, den Verbindungen, am Antrieb des Generators, an der Masserückleitung oder am Reglerschalter vorliegen. Um die Einstellung des Spannungsreglers zu prüfen, kann man dessen Regelspannung messen.

8.6.1.2 Messen der Regelspannung

8.6.1.2.1 Regelspannung im Leerlauf

Als grundsätzlicher Meßwert für die Einstellung des Spannungsreglers dient die Leerlaufregelspannung. Dies ist die Spannung, die der Regler regelt, wenn kein Strom erzeugt wird. Dazu ist das Kabel Nr. 51 (B+) am Reglerschalter zu lösen und ein Voltmeter zwischen Klemme Nr. 61 (D+) oder 51 (B+) des Reglers und Masse zu schalten. Die bei mittlerer Motordrehzahl gemessene Leerlaufregelspannung soll zwischen 2,4 V bis 2,6 V pro Zelle der zur Lichtanlage gehörenden Batterie betragen. Sie ist aber für einzelne Reglerschalter verschieden und wird jeweils vom Hersteller angegeben.

8.6.1.2.1.1 Regelspannung ohne Belastung

Bei einzelnen Einkontaktreglern, Reglern mit Dioden oder Transistoren und bei Drehstromgeneratoren darf die Regelspannung nicht im Leerlauf gemessen werden. Hier wird zwischen Klemme Nr. 51 (B+) und das dort gelöste Kabel ein Widerstand geschaltet. Bei USA-Reglern werden veränderliche oder Festwiderstände von etwa 0,25 Ω verwendet (Bild 8.28). Um die Einstellung der Spannungsregler aller

Bild 8.28
Prüfen der «Regelspannung ohne Belastung» von kontaktempfindlichen Reglern bzw. von Dioden- oder Transistorreglern

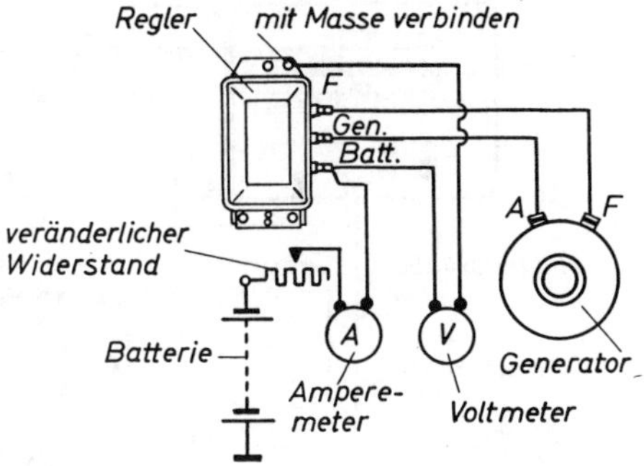

Art bei allen Generatoren zu vereinheitlichen, mißt man zunehmend allgemein die «**Regelspannung ohne Belastung**». Darum ist bei modernen Prüfständen und Testern der von Bosch als «**Stauwiderstand**» bezeichnete Vorwiderstand zur Batterie z. T. bereits eingebaut.

8.6.1.2.2 Behelfsmäßige Regelspannungsprüfung bei Drehstromgeneratoren und Kollektorgeneratoren

Bei Drehstrom- und Kollektorgeneratoren kann behelfsmäßig anstelle der «Regelspannung ohne Belastung» die Spannung zwischen Plus und Minus der angeschlossenen Batterie gemessen werden. Ohne Einschalten zusätzlicher Verbraucher soll nach wenigen Minuten Lauf mit mittleren Drehzahlen bei 6-V-Anlagen zwischen 7 und 7,5 V und bei 12-V-Anlagen zwischen 14 und 15 V gemessen werden. Werden bei gleicher Drehzahl alle Verbraucher eingeschaltet, so soll bei Regelung mit geneigter Kennlinie die Spannung nicht unter 6,5 bzw. 13 V und bei geknickter Kennlinie nicht unter 6,8 bzw. 13,5 V abfallen.

8.6.1.3 Generatorprüfung durch Tester

8.6.1.3.1 Kollektorgeneratoren

Die Generatortester ermöglichen meist ein Prüfen der Einschaltspannung des Rückstromes, der Leerlaufspannung, der Reglerspannung bei Belastung und des Höchststromes. Es sind je nach Tester verschiedene Schaltungen möglich. Zum Prüfen des Reglers wird aber meist ein Voltmeter zwischen Klemme Nr. 51 des Reglerschalters und Masse geschaltet. Parallel zu diesem Voltmeter wird ein veränderlicher Belastungswiderstand mit einem Amperemeter in Reihe geschaltet (Bild 8.29).

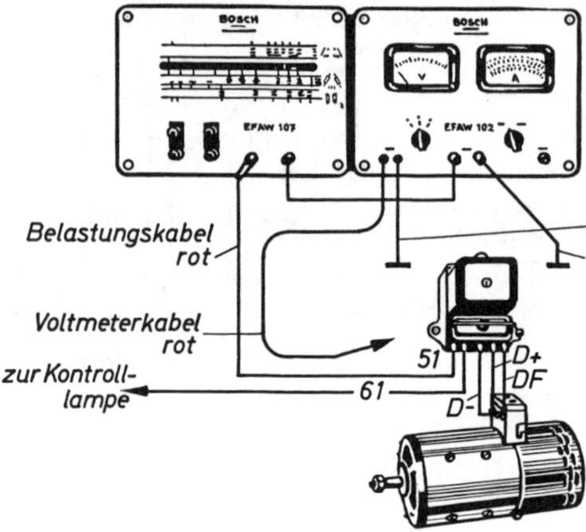

Bild 8.29
Generatortest mit Bosch-Testern EFAW 102 und EFAW 107

8.6.1.3.2 Drehstromgeneratoren

Bei Drehstromgeneratoren darf die Regelspannung im Leerlauf nicht geprüft werden, weil diese nur mit angeschlossener Batterie betrieben werden dürfen. Zum Prüfen der Einstellung des Spannungsreglers dient das Messen der «Regelspannung ohne Belastung» mit zur Batterie in Reihe geschaltetem Stauwiderstand (siehe 8.6.1.2.1.1). Zur Prüfung des Generators werden meist die Generatorspannung und Generatorstrom bei durch einen Widerstand belasteter Batterie und vorgeschriebenen Generatordrehzahlen gemessen, die dann gegebenen Prüfwerten entsprechen sollen.

8.6.1.3.3 Testen von Bosch-Drehstromgeneratoren

Zum Testen von Bosch-Drehstromgeneratoren mittels Bosch-Volt-Ampere-Tester EFAW 102 in Verbindung mit dem Belastungswiderstand EFAW 107 wird das Voltmeter zwischen B+ und D− am Generator geschaltet. Das Amperemeter wird zwischen die Klemme B+ am Generator und die dort abgeklemmte Leitung zur Batterie geschaltet, und der Belastungswiderstand zwischen Plus und Minus der Batterie (siehe Bild 8.30). Danach ist der Motor anzulassen und seine Drehzahl so zu erhöhen, daß der Generator mit etwa 4000/min dreht. Bei konstanter Drehzahl wird der Belastungswiderstand auf einen Tabellenwert eingestellt. Die nun gemessene Spannung muß innerhalb der in der gleichen Tabelle gegebenen Grenzen liegen.

Bild 8.30
Anschluß der Bosch-Generator-Testgeräte zum Testen von Drehstromgeneratoren

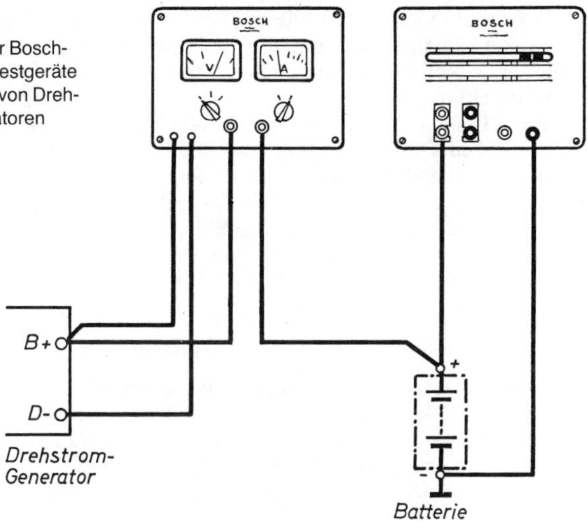

Wenn die Spannung oder der Strom nicht den für den Generator vorgeschriebenen Werten entspricht, so kann auch ein Fehler an Dioden oder Erzeugerwicklungen die Ursache sein. Darum sollte man vor dem Erneuern des Spannungsreglers den Generator prüfen. Dies kann durch Messen und Prüfen der Dioden und Wicklungen geschehen. Einfacher ist es, den Generator mit einem Kathodenstrahl-Oszillographen zu prüfen. Denn dieser Test ermöglicht es, Fehler an Dioden oder Wicklungen ohne Ausbau des Generators mit größter Sicherheit festzustellen.

8.7 Generator-Instandsetzung

8.7.1 Einfache Überprüfung der ausgebauten Kollektorgeneratoren

Eine grobe Vorprüfung der ausgebauten Generatoren kann man dadurch erreichen, daß man diese als Elektromotor im Leerlauf betreibt. Dazu wird D+ des Generators mit Plus der Batterie und die Masse mit Minus der Batterie verbunden. Die Klemme DF ist bei masseseitig geregelten Generatoren mit der Masse und bei plusseitig geregelten mit D+ zu verbinden. Zweckmäßig ist es, dabei das Staubband zu lösen, damit Kollektor und Kohlebürsten beobachtet werden können.

Beim Anschluß an die Batterie muß der Generator aus jeder Stellung des Ankers anlaufen und mit etwa 50% seiner Nenndrehzahl laufen. Wenn er schneller oder langsamer läuft, liegt meist ein Fehler in der Erregerwicklung vor.
Läuft der Generator nicht an, so kann eine Unterbrechung im Erregerstromkreis oder im Ankerstromkreis oder aber ein Masseschluß oder ein Windungsschluß im Anker vorliegen.
Läuft der Generator, wenn man am Anker dreht, bei leichtem Bremsen ruckweise an, so liegt ein Ankerfehler vor. Feuern beim Drehen einzelne Lamellen, so kann eine Unterbrechung, sonst ein Windungsschluß im Anker vorliegen.

8.7.2 Prüfen der Teile von Kollektorgeneratoren

Das Prüfen der Bauteile aus Masseschluß geschieht mit einer Prüflampe, die bei 6-V- und 12-V-Generatoren 40 V und bei 24-V-Generatoren 80 V Betriebsspannung haben soll. Durchgangsprüfungen erfolgen am besten mit Spannungen, die nicht höher als die Nennspannung der Maschine sind. Die einfachste Möglichkeit ist das Messen des Widerstandes, wenn dieser bekannt ist.

8.7.2.1 Prüfen des Ankers

Das Prüfen auf Windungsschluß erfolgt in der Weise, daß über einen Spulenschenkel jeder einzelnen Ankerspule ein magnetischer Impulsgeber zur Anlage gebracht wird. Jeweils über dem anderen Spulenschenkel dieser Spule wird ein Gerät zur Anlage gebracht, das den bei Windungsschluß dort wirksam werdenden Magnetismus anzeigt. Bei Ankerkörpern von genügender Länge kann auch auf der gleichen Wickelnute induziert und geprüft werden (Bild 8.32).
Zum Prüfen auf Masseschluß wird mit einer Prüfspitze der Prüflampe

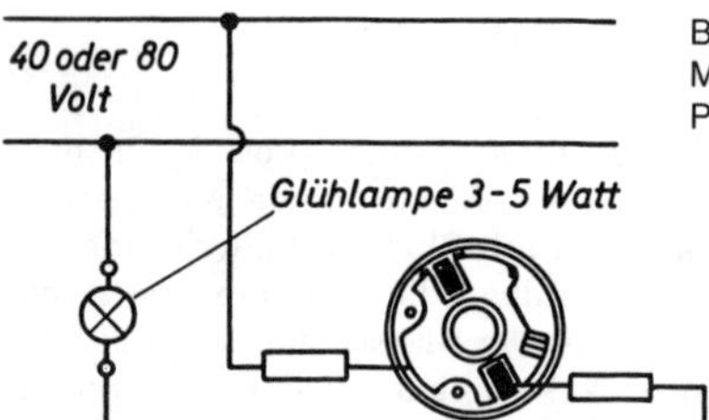

Bild 8.31
Masseschlußprüfung mit Prüflampe

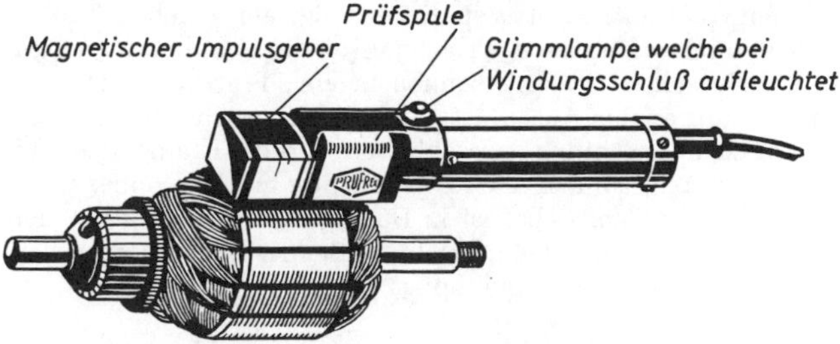

Bild 8.32 Windungsschlußprüfung eines Generatorankers mit Prüfrex Ankerprüfsonde A 7

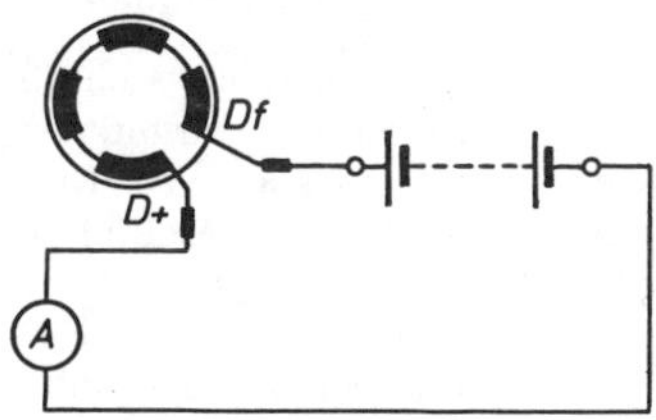

Bild 8.33 Messen der Stromaufnahme von Erregerwicklungen zum Feststellen ihres Widerstandes

auf den Ankerkern und mit der anderen Prüfspitze auf eine der Kollektorlamellen getastet. Dabei darf die Prüflampe nicht aufleuchten. Auf Unterbrechung braucht man die Anker meist nicht zu prüfen, weil sich diese durch Brandfahnen an einzelnen Kollektorlamellen bemerkbar macht.

8.7.2.2 Prüfen der Feldspulen

Das Prüfen auf Windungsschluß geschieht am einfachsten durch das Messen des elektrischen Widerstandes der Erregerwicklungen. Dabei ist zugleich ein Prüfen auf Unterbrechung erfolgt. Auf Masseschluß werden Feldspulen in gleicher Weise geprüft, wie dies bei den Ankern der Fall ist (Bild 8.33).

8.7.3 Prüfen der Teile von Drehstromgeneratoren

8.7.3.1 Prüfen der Dioden

Zum Prüfen der Dioden müssen deren Anschlüsse gelöst werden. Dabei ist darauf zu achten, daß die Dioden beim Ablöten nicht zu stark erwärmt werden und daß diese nicht durch geringfügigen Masseschluß des elektrischen Lötkolbens zerstört werden.

Zum Prüfen von Dioden gibt es spezielle Prüfgeräte, welche z.T. ohne das Lösen von Anschlüssen das Nachmessen der Kennlinien ermöglichen. Als einfachste Prüfung kann man eine Prüflampe bis 24 V Gleichspannung an den Anschlüssen der Dioden wechselnd anschließen. In Durchgangsrichtung angeschlossen, darf die Lampe nicht aufglühen. Sinngemäß können auch Gleichrichter mit Hilfe eines Ohmmeters geprüft werden. Dabei ist in Durchgangsrichtung der Widerstand eines guten Gleichrichters klein. In Sperrichtung dagegen liegt der Widerstandswert wesentlich höher.

8.7.3.2 Prüfen der Ständerwicklungen

Das Prüfen auf Windungsschluß kann in gleicher Weise erfolgen wie bei Kollektorankern, nur müssen vorher die Dioden abgelötet werden, wenn nicht ein spezielles Drehstromgenerator-Prüfgerät zur Verfügung steht. Auf Masseschluß kann man die Ständerwicklung auch ohne Ablöten der Dioden prüfen. Dazu ist Plus des Gleichstromkreises einer 24-V-Prüflampe mit der Wicklung und Minus mit der Masse zu verbinden. Dabei darf die Glühlampe nicht aufleuchten.

8.7.3.3 Prüfen der Läuferwicklungen

Auf Windungsschluß werden die Läuferwicklungen durch das Messen des Widerstandes geprüft und auf Masseschluß mit der Prüflampe. Zur Masseschlußprüfung sind höhere Prüfspannungen als 40 V unbedenklich.

8.7.4 Prüf- und Meßgeräte für Drehstromgeneratoren

Spezielle Prüfgeräte, so zum Beispiel das Bosch-Drehstromgeneratoren-Prüfgerät EFAW 192, ermöglichen das Prüfen eingebauter und angeschlossener Dioden ebenso wie das der ausgebauten Einzeldioden. Außerdem können die elektrischen Widerstände der Ständer- und Läuferwicklungen damit gemessen werden; ebenso können Läufer- und Ständerwicklungen mit diesem Gerät auf Masseschluß geprüft werden. Zur Masseschlußprüfung der eingebauten Ständerwicklung muß vorher durch eine Prüfung der Massedioden deren einwandfreie Funktion erwiesen werden.

9 Batteriezündung

Um das Kraftstoff-Luft-Gemisch moderner Kraftfahrzeug-Ottomotoren zum richtigen Zeitpunkt zu entzünden, ist ein Zündfunken mit einer Spannung von 5000 V bis 20000 V erforderlich. Die elektrische Arbeit, also die Energie eines einzelnen Zündfunkens, ist etwa 0,05 bis 0,1 Joule (1 Joule ist 1 Wattsekunde).
Bei modernen Kraftwagen wird diese Zündspannung durch Batteriezündanlagen erzeugt (Bild 9.1). Der Name Batteriezündung ist nicht ganz richtig, weil beim Betrieb der Kraftfahrzeuge der Generator die Anlage mit Strom versorgt.
Die wesentlichen Bauteile einer Batteriezündanlage sind die Zündspule, der Unterbrecher und die Zündverstelleinrichtungen. Bei Motoren mit mehr als einem Zylinder ist meist noch ein Zündstromverteiler erforderlich. Hierbei sind meistens Unterbrecher, Zündversteller und Zündstromverteiler als ein Bauteil zusammengefaßt, das man „Zündverteiler“ nennt.

Bild 9.1
Bosch-Batteriezünder für 6zylindrige Motoren

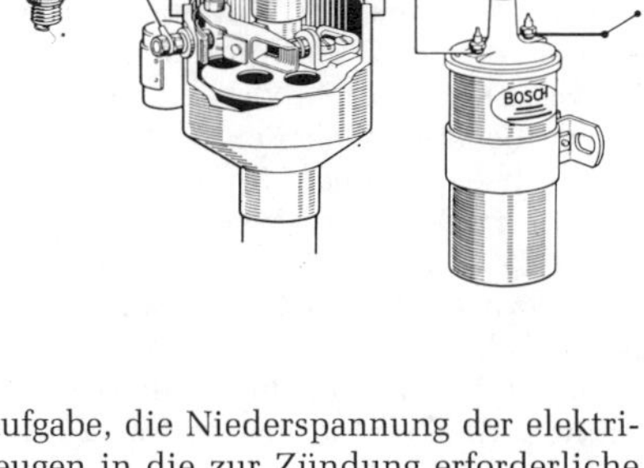

9.1 Zündspulen

Die Zündspulen haben die Aufgabe, die Niederspannung der elektrischen Anlage von Kraftfahrzeugen in die zur Zündung erforderliche Hochspannung zu wandeln.

9.1.1 Aufbau

Die üblichen Zündspulen haben lamellierte Weicheisenkerne, auf die zuerst die sekundären Spulen aufgewickelt sind. Um im beschränkten Raum des primären Magnetfeldes möglichst viele sekundäre Windungen unterzubringen, wird hierzu Emaille-Kupferdraht von 0,05 bis 0,1 mm Durchmesser verwendet. Dadurch werden bei normalen Zündspulen etwa 40000 Windungen erreicht. Der elektrische Widerstand der sekundären Spule ist je nach Zündspule 5 bis 10 kΩ, teilweise werden auch bis 20 kΩ erreicht. Die primäre Wicklung mit 400 bis 600 Windungen Emailledraht von 0,6 bis 0,8 mm Durchmesser ist auf die sekundäre Wicklung aufgewickelt. Dadurch wird erreicht, daß die durch den primären Strom entwickelte Wärme besser über das Gehäuse der Spule abgeleitet wird.

9.1.1.1 Sparschaltung

Das Ende der sekundären Wicklung ist mit dem Anfang oder dem Ende der primären Wicklung verbunden. Durch diese Schaltung wird eine besondere Masseverbindung der sekundären Spule erspart und die Herstellung der Zündspulen vereinfacht, ohne daß Leistung oder Betriebssicherheit vermindert werden. Darum nennt man diese Schaltung, die auch bei Transformatoren üblich ist, „Sparschaltung".

9.1.2 Wirkungsweise

Die Zündspulen entsprechen in ihrer Schaltung den Transformatoren. Da aber die im primären Magnetfeld untergebrachten sekundären Windungen nicht ausreichen, um die zur Zündung erforderliche Spannung nach Art der Transformatoren in ihnen zu induzieren, muß dies durch Beschleunigung der magnetischen Veränderung erreicht werden. Darum ist die Wirkungsweise normaler Zündspulen die eines Ruhmkorffschen Funkeninduktors.

Bei geschlossenem Zündschalter und geschlossenen Unterbrecherkontakten fließt bei stehendem Motor ein Strom von Plus der Batterie über Zündschalter, primäre Spule, Unterbrecher und Masse zu Minus der Batterie zurück. Der Strom in der primären Spule erregt ein magnetisches Feld, das den Eisenkern magnetisiert. Das erregte Magnetfeld durchdringt dabei auch die sekundäre Spule.

Beim Schließen der Unterbrecherkontakte wird der Aufbau des magnetischen Feldes durch die Gegeninduktion der primären Spule zeitlich verzögert. Dabei reicht die Windungszahl der sekundären Spule nicht aus, um eine zur Zündung ausreichende elektrische Spannung zu induzieren.

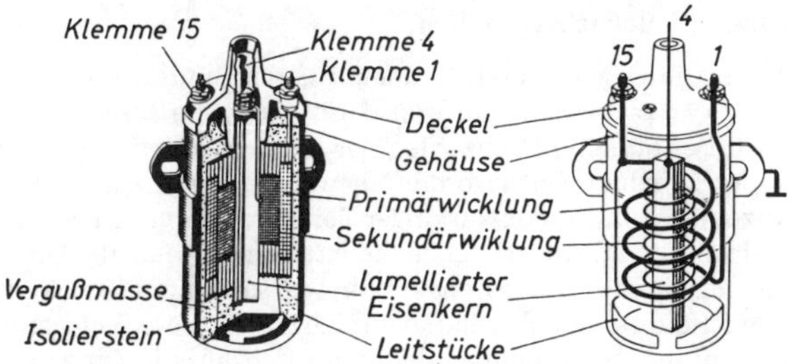

Bild 9.2 Schnittbild und aufbaugerechte Darstellung einer Bosch-Zündspule

Bild 9.3 Schaltbild einer Batteriezündanlage für einzylindrige Motoren

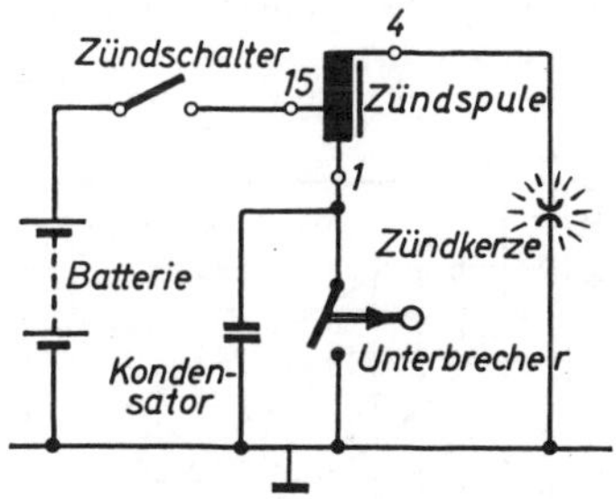

Beim Öffnen des Unterbrechers wird durch den diesem parallel geschalteten Zündkondensator die Funkenbildung des Öffnungsinduktionsstromes so weit unterdrückt, daß der Primärstrom exakt unterbrochen wird. Dadurch bricht nun auch das primäre Magnetfeld so rasch zusammen, daß die Induktionswirkung ausreicht, um in der sekundären Spule die zur Zündung ausreichende Hochspannung zu induzieren. Die Unterdrückung des Öffnungslichtbogens bewirkt zusätzlich die Schonung der Unterbrecherkontakte (Bild 9.3).
Der sekundäre Stromkreis wird durch sekundäre Spule (Klemme 4), Zündverteiler, Zündkerze, Masse, Batterie, Zündschalter und Klemme 15 der Zündspule, mit der die sekundäre Spule verbunden ist, dargestellt.
Bei Transistor-Batteriezündanlagen wird das rasche Unterbrechen des primären Stromes auch ohne Kondensator erreicht, indem man einen Transistor als elektronischen Schalter verwendet. Der Vorteil der Transistoren ist dabei, daß sie auch größere Ströme verzögerungsfrei unterbrechen können.

9.1.3 Betriebsverhalten

Durch die Gegeninduktion der primären Spule ist Zeit erforderlich, bevor der primäre Strom und damit der volle Magnetismus erreicht wird. Bei höheren Drehzahlen der Motoren, wenn mehr Zündfunken in der gleichen Zeit erforderlich werden, steht zur Erzeugung jedes einzelnen Zündfunkens weniger Zeit zur Verfügung als bei geringeren Drehzahlen. Darum erfolgt bei höheren Drehzahlen die Unterbrechung des primären Stromes, bevor dieser seinen vollen Wert und das Magnetfeld seine volle Stärke erreicht. Weil diese Zeit immer geringer wird, nimmt bei zunehmender Motordrehzahl die Zündspannung und damit die Leistung der Batteriezündanlagen ab (Bild 9.4). Normale Zündspulen für Kraftwagen können etwa 12000 Funken von 6 mm Meßfunkenstreckenlänge je Minute erzeugen. Für höhere Funkenzahlen oder größere Funkenlängen müssen Hochleistungszündspulen verwendet werden.

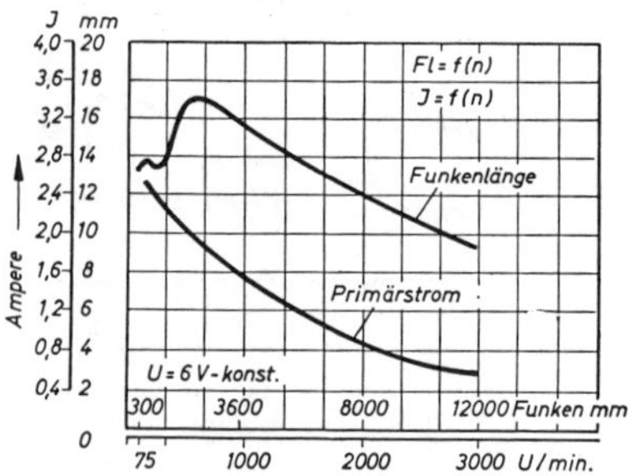

Bild 9.4
Das Verhalten von Stromaufnahme und Funkenlänge einer Zündspule bei Zunahme der Motorendrehzahl

9.1.4 Anschluß

Wenn an der beim Motorbetrieb heißer werdenden Zündkerzen-Mittelelektrode Minus der Zündspannung anliegt, so ist eine geringere Zündspannung erforderlich als bei Plus an der Mittelelektrode. Da die Zündleistung bei höheren Motordrehzahlen geringer wird und dabei die Mittelelektroden der Zündkerzen heißer sind als die Masseelektroden, wickelt und schaltet man die Zündspulen so, daß sie an der Hochspannungsseite (Klemme Nr. 4) Minus der Zündspannung erzeugen. Um diese Polung nicht zu ändern, müssen bei deutschen Kraftfahrzeugen mit Minus an Masse die Klemme Nr. 1 der Zündspulen mit dem Unterbrecher und die Klemme Nr. 15 mit dem Zündschalter verbunden werden. Bei ausländischen Kraftfahrzeugen mit Plus an Masse müssen deutsche Zündspulen entgegengesetzt, also mit Klemme Nr. 15 am Unterbrecher und Klemme Nr. 1 am Zündschalter angeschlossen werden.

9.1.5 Prüfen

Die beste Prüfung von Zündspulen ist ein Nachmessen der für den entsprechenden Zündspulentyp gegebenen Leistungsdaten mit einem Zündverteilerprüfstand mit aufgebautem Prüfverteiler. Diese Art der Erprobung ist aber für den Normalfall zu zeitraubend und zu teuer. Eine gute Prüfung von Zündspulen ermöglichen Zündspulenprüfgeräte, bei denen den primären Spulen ein durch einen vorgeschalteten geeichten Widerstand bemessener und durch ein Amperemeter gemessener Primärstrom zugeführt wird, der durch einen in fester Frequenz arbeitenden Unterbrecher gesteuert wird. Hier muß jede Zündspule bei diesem festgelegten Primärstrom eine bestimmte Schlagweite des Funkens auf einer Meßfunkenstrecke erreichen (Bild 9.5). Bei diesen Prüfgeräten wird Vorwiderstand, Stromaufnahme und Funkenschlagweite der einzelnen Spulen in Prüfwertlisten angegeben.
Bei einfacheren und damit billigeren Prüfgeräten entfällt die Bemessung des Primärstromes, und oft wird auch die Frequenz der Unterbrechungen nicht eingehalten. Dementsprechend ist auch die Auswertung des Prüfergebnisses schwieriger und weniger genau.

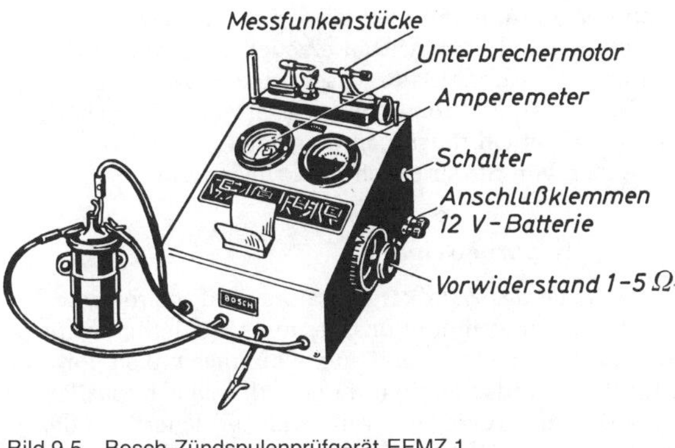

Bild 9.5 Bosch-Zündspulenprüfgerät EFMZ 1

9.2 Zündkondensatoren

Zündkondensatoren haben die Aufgabe, einen größeren Lichtbogen des primären Öffnungsinduktionsstromes zwischen den öffnenden Unterbrecherkontakten zu verhindern, um dadurch die Unterbrechung des primären Stromes zu beschleunigen. Zugleich wird durch die Verminderung des Öffnungslichtbogens der Verschleiß der Unterbrecherkontakte auf ein vertretbares Maß herabgesetzt.

9.2.1 Aufbau

Als Zündkondensatoren werden meist Wickelkondensatoren verwendet. Dabei sind zwei dünne Zinnfolienbänder durch mit einem Isoliermittel getränkte Papierbänder voneinander isoliert so aufgewickelt, daß an jeder Seite eines der Zinnbänder übersteht. Diese Wickelpuppe ist so in ein luftdichtes Metallgehäuse eingebördelt, daß eines der Metallbänder mit der Masse des Gehäuses und das andere mit dem isolierten Anschluß Verbindung hat. Moderne Zündkondensatoren haben z.T. auch metallbedampfte Isolationswickelbänder aus Papier oder Kunststoff, als MP- oder MK-Kondensatoren.

9.2.2 Wirkungsweise

Die Wirkung des Zündkondensators beruht darauf, daß er beim Öffnen der Unterbrecherkontakte einen Teil des primären Öffnungsinduktionsstromes aufnimmt. Dadurch wird anfänglich die Spannung des Öffnungsinduktionsstromes so weit herabgesetzt, daß diese nicht ausreicht, um einen größeren Öffnungslichtbogen zu zünden. Da aber durch den Zusammenbruch des primären Magnetfeldes auch weiterhin Öffnungsinduktionsstrom erzeugt wird, nimmt danach die Ladespannung des Kondensators rasch zu, bis die Spannungsgleichheit mit der Öffnungsinduktionsspannung erreicht ist. Die Ladespannung wirkt dann der Öffnungsspannung entgegen und verhindert ein weiteres Fließen von Strom durch die Primärspule.

9.2.3 Kapazitätseinfluß

Die Kapazität des Zündkondensators wird so groß gewählt, daß einerseits die Öffnungsinduktionsspannung anfänglich genügend herabgesetzt wird, um einen größeren Öffnungsfunken mit Sicherheit zu verhindern. Anderseits würde bei zu großer Kapazität die Unterbrechung dadurch verzögert, weil es länger dauert, bis der größere Kondensator die der Öffnungsinduktion gleiche Spannung erreicht. Somit

würde bei zu kleinen Kondensatoren der Öffnungslichtbogen größer, was größeren Kontaktverschleiß bei verminderter Zündleistung zur Folge hat. Bei zu großem Kondensator würde zwar das Kontaktfeuern vermieden und die Kontakte weniger beansprucht; aber weil es nun länger dauert, bis die genügende Kondensatorgegenspannung erreicht wird, würde die Unterbrechung und der Zusammenbruch des primären Magnetfeldes verzögert und dadurch die Zündspannung vermindert werden. Es müßte somit zum Erreichen des maximalen Effektes für jeden Zündspulentyp, für jeden Motortyp und für jede Drehzahl der Kondensator angepaßt werden.
Bei normalen Batteriezündanlagen, die weitaus mehr Zündspannung erzeugen als es die Motoren erfordern, wählt man darum den Kondensator geringfügig größer, als es erforderlich ist. Man braucht dann den Kondensator in der Fertigung nicht so genau abzustimmen, kann den gleichen Kondensator bei fast allen Fahrzeugen verwenden und hat zugleich die von Temperatur und Alterung abhängige Verminderung der Kondensatorkapazität einbezogen. Die übliche Kapazität von Zündkondensatoren liegt zwischen 0,15 bis 0,4 µF.

9.2.4 Primärer Schwingkreis

Nach dem Unterbrechen des primären Stromes hat der Zündkondensator seine eigentliche Aufgabe erfüllt. Aber er muß entladen sein, wenn die Kontakte erneut schließen, weil sich sonst die aufgeladene Energie schlagartig über die Kontakte entladen würde und diese dadurch rasch zerstört wären. Diese Gefahr besteht bei genügender Öffnungszeit der Kontakte nicht, weil sich dann der Zündkondensator über die primäre Spule wieder entladen kann.
Wenn nach dem Zusammenbrechen des primären Magnetfeldes die primäre Öffnungsinduktionsspannung unter die Ladespannung des Zündkondensators abgefallen ist, fließt Strom vom Kondensator in die primäre Spule zurück. Der von diesem Rückstrom erregte Magnetismus induziert in der primären Spule erneut einen kleinen Gegeninduktionsspannungsstoß, der wieder eine geringere Aufladung des Kondensators verursacht. Diese Ladung pendelt, wenn die magnetische Veränderung in der primären Spule aufhört, erneut zurück und verursacht den gleichen Effekt mit geringerer Energie. Auf diese Weise schwingt ein in seiner Stärke abnehmender Strom einige Male hin und her, bis die Restenergie der Kondensatorladung verbraucht ist. Wenn diese Entladungsschwingungsvorgänge auch für die Unterbrechung ohne Bedeutung sind, ermöglicht es der Kathodenstrahloszillograf aus der Art und Anzahl der Entladeschwingungen etwas über die Größenwahl und den Zustand des Zündkondensators auszusagen (Bild 9.6).

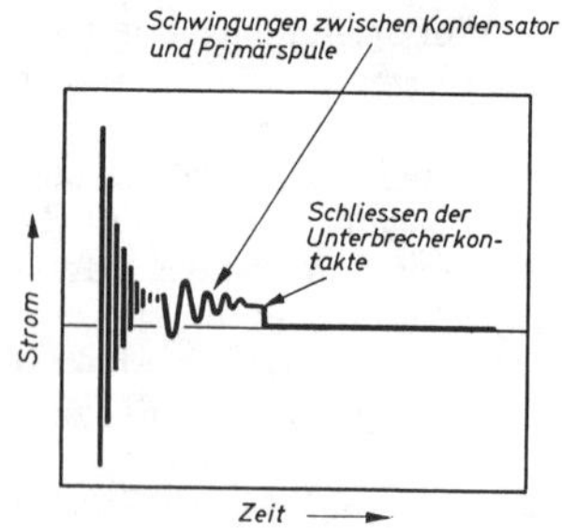

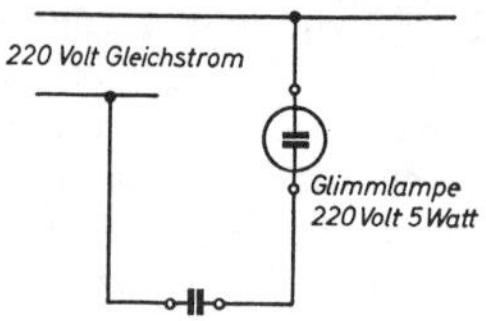

Bild 9.7 Das Prüfen von Kondensatoren mit Glimmlampen und Gleichstrom

Bild 9.6 Das primäre Testbild eines Bosch-Zündungsoszillographen zeigt die Schwingungsvorgänge zwischen Kondensator und Primärspule.
Diese Schwingungen müssen vor dem Schließen der Kontakte beendet sein

9.2.5 Auswirkung defekter Kondensatoren

Defekte Kondensatoren wirken sich durch größeren Verschleiß der Unterbrecherkontakte und durch Verminderung der Zündleistung aus. Das letztere kann sich sowohl durch schlechtes Anspringen der Motoren als auch durch Zündaussetzer im oberen Drehzahlbereich bemerkbar machen. Ebenso kann ein defekter Kondensator zum vollständigen Versagen der Zündanlage führen.

9.2.6 Prüfen von Kondensatoren

Das Prüfen von Kondensatoren kann mit hochpräzisen Meßgeräten erfolgen, mit denen sowohl der elektrische Widerstand des Isolators zwischen den Metallbelägen als auch der Kontakt zwischen den Belägen und Anschlüssen und die Kapazität gemessen werden kann. Diese Messungen ermöglicht neben anderen Messungen der Bosch-Zündungstester EFAW 105. Da derartige hochpräzise Meßgeräte teuer sind, begnügt man sich in der Praxis meist mit einfacheren Prüfmethoden.

9.2.6.1 Prüfen mit Glimmlampe und Gleichstrom (Bild 9.7)

Das Prüfen von Zündkondensatoren kann durch das Anschließen an 220 V Gleichspannung in Reihe zu einer Glimmlampe von 5 W erfolgen. Bei 20 °C des Kondensators muß beim Anschließen die Glimmlampe kurz aufleuchten, und dies Aufleuchten darf sich innerhalb von 30 s nicht wiederholen.

Es werden von den einzelnen Firmen auch Prüfgeräte geliefert, die auf der gleichen Grundlage basieren, aber mit anderen Spannungen und anderen Glimmlampen arbeiten. Entsprechend ändern sich bei diesen Geräten auch die Prüfangaben.

9.2.6.2 Behelfsmäßiges Prüfen durch Aufladen

Behelfsmäßig können die Zündkondensatoren auch durch Aufladen und anschließendes Kurzschließen geprüft werden. Beim Kurzschließen des aufgeladenen Kondensators muß nach etwa 5 bis 10 s ein Entladefunken anzeigen, daß der Kondensator Strom speichert. Zur Aufladung kann der Kondensator kurzzeitig an das stationäre Lichtnetz angeschlossen werden. Dabei ist, um Unfälle zu vermeiden, zum Kondensator eine Glühlampe in Reihe zu schalten. Bei Wechselstrom ist es möglich, daß die Verbindung zum Kondensator gerade dann gelöst wird, wenn abhängig von der Frequenz gerade keine Spannung zwischen den Anschlüssen herrscht. In diesem Falle muß der Vorgang einige Male wiederholt werden, bevor man den Kondensator als unbrauchbar aussondert. Ebenso können Kondensatoren durch 2 bis 3 Zündfunken aufgeladen werden. Eine größere Anzahl Funken kann aber den Kondensator zerstören.

9.2.6.3 Prüfen durch Vergleich

Der Vergleich eines zu prüfenden Kondensators mit einem als einwandfrei bekannten mit einem Zündspulenprüfgerät hat sich in der Praxis als ungeeignet erwiesen, weil bei dieser Prüfung die Betriebsänderungen und die Erwärmung des Kondensators nicht genügend berücksichtigt werden.

9.3 Zündunterbrecher

Der Unterbrecher hat die Aufgabe, den primären Strom zum richtigen Zeitpunkt schlagartig zu unterbrechen, damit der dabei erzeugte Zündfunke die Brenngase so entzündet, daß eine bestmögliche Motorleistung bei geringstmöglichem Kraftstoffverbrauch erreicht wird.

9.3.1 Aufbau

Der Unterbrecher besteht aus einem mit der Masse verbundenen festen Kontakt (Amboß) und dem isoliert angeordneten beweglichen Unter-

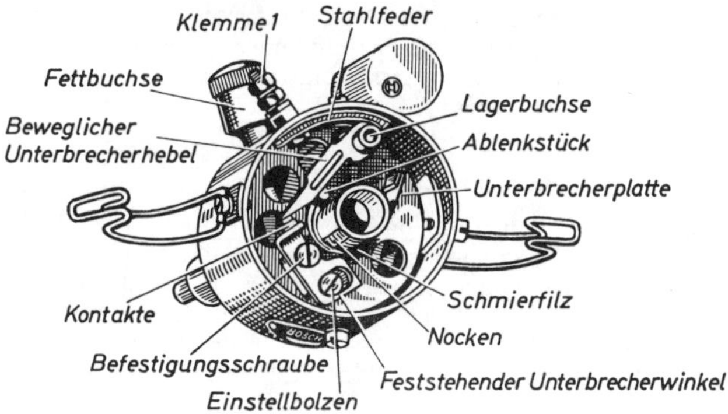

Bild 9.8
Innenansicht eines Bosch-Zündverteilers

brecherhebel, der mit der Anschlußklemme (Nr. 1) und dem isolierten Anschluß des Kondensators verbunden ist. Die Öffnungen des Unterbrechers werden über ein Ablenkstück aus Isolierstoff am Unterbrecherhebel durch einen Nocken gesteuert. Die Kontaktmaterialauflage von 0,5 bis 0,8 mm besteht aus Wolfram-Sinterwerkstoffen.

9.3.2 Betriebsbeanspruchung

Weil die Kontakte bei Batteriezündern immer einen Strom gleicher Richtung unterbrechen, ist ein Abwandern des Kontaktmaterials vom Pluskontakt und ein Auftragen auf den Minuskontakt thermisch-elektrolytisch bedingt. Darum verwendet man auch Wolfram als Grundwerkstoff für das Kontaktmaterial, denn Wolfram hat mit etwa 3300 °C den höchsten Schmelzpunkt aller Metalle. Trotzdem ist die Kraterbildung am Pluskontakt und die Höckerbildung am Minuskontakt der normale Kontaktverschleiß (Bild 9.9). In begrenztem Ausmaß hat diese Deformierung keinen störenden Einfluß. Bei zu starker Deformierung sollen die Kontakte erneuert werden. Der Verschleiß der Kontakte ist

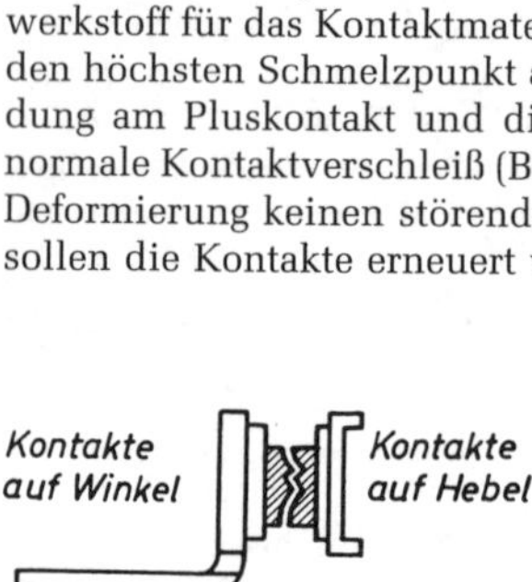

Bild 9.9
Durch die Kontaktwanderung bedingte Höcker- und Kraterbildung der Unterbrecherkontakte

auch bei einwandfreier Zündanlage unterschiedlich, weil er von Zylinderzahl, Drehzahl und geforderter Zündleistung abhängig ist. Betriebszeiten von 20000 bis 50000 km können als normal angesehen werden.

9.3.3 Beurteilung des Kontaktverschleißes

Das Aussehen der Kontaktflächen gibt dem Fachmann Hinweise auf den Zustand der Batteriezündanlage (s. folgende Zusammenstellung).

Zustand	Ursache
Starke Krater- bzw. Höckerbildung bei sauberen Kontaktstellen	Normal abgenutzte Kontakte, die ersetzt werden müssen
Gleichmäßiger grauer Überzug auf der ganzen Kontaktfläche	Kontakte sind wegen zu schwachem Kontaktdruck oder zu kleinem Kontaktabstand oxidiert
Stark verbrannte und blau angelaufene Kontakte	Schlechter Kondensator oder schadhafte Zündspule
Schwarz verkrustete, mit verbrannten Rückständen bedeckte Kontakte	Öl, Fett oder Schmutz ist zwischen die Kontakte gelangt

9.3.4 Einbauen neuer Kontakte

Vor dem Einbau von Kontakten sind Unterbrecherplatte und Nocken zu reinigen. Danach sollte man die Nockenbahn hauchdünn und den Schmierfilz stark mit wärmebeständigem, schleuderfestem Fett (z.B. Bosch Ft 1 V 4) einfetten und das Ablenkstück des Unterbrecherhebels mit einem Fettkeil aus dem gleichen Fett versehen sowie die Lagerbuchse des Unterbrecherhebels mit einem Speziallagerfett (z.B. Bosch Ft 1 V 22) füllen.
Beim Einbauen des Unterbrecherhebels ist darauf zu achten, daß beim Befestigen der als Stromzuführung dienenden Hebelfeder an der Klemme Nr. 1 die Hebellagerbuchse auf der Unterbrecherplatte aufliegt, damit die Kontakte von Hebel und Winkel sich höhenmäßig überdecken.
Dann den Unterbrecherwinkel einbauen und bei leicht angezogener Befestigungsschraube mittels Einstellbolzen oder Einstellkerbe etwa den vorgeschriebenen Kontaktabstand, in der Regel 0,3 bis 0,4 mm, einstellen. Das Einstellen mit der Fühlerlehre bei neuen Kontakten ist

bei Motoren bis zu 4 Zylindern meist ausreichend. Bei Kontakten mit Höckerbildung und bei Motoren mit mehreren Zylindern sollte mit dem Kontaktabstand der Schließwinkel eingestellt werden.
Der vorgeschriebene Kontaktdruck, der in der Regel 400 bis 500 g (= 4 bis 5 N) bzw. 500 bis 600 g (= 5 bis 6 N) beträgt, ist mit geeigneter Haken-Federwaage (z.B. Bosch EF 1244) zu kontrollieren, wobei der Meßhaken in Höhe der Kontaktmitte anzusetzen ist. Dann muß man die Parallelität der Kontaktflächen kontrollieren und gegebenenfalls den Konkakt vom feststehenden Unterbrecherwinkel mit Schränkeisen (z.B. Bosch EFAW 57) ausrichten.

9.3.5 Zündabstand

Batteriezündunterbrecher, die mit halber Motordrehzahl angetrieben werden, müssen je Umdrehung der Antriebswellen für jeden Zylinder einen Zündfunken erzeugen. Darum hat der Unterbrechernocken in der Regel so viele Höcker wie der Motor Zylinder hat. Bei symmetrischen Nocken ergibt sich daraus, daß bei Zündverteilern für 4-Zylinder-Motoren alle 90°, für 6zylindrige alle 60° und für 8zylindrige alle 45° der Verteilerumdrehung eine Unterbrechung erfolgen muß. Diese Versetzung der Unterbrechungen zueinander nennt man den «Zündabstand».
Die Lagerspiele, die Bearbeitungstoleranzen und die sich aus der Funktion des Unterbrechers und des Fliehkraftverstellers ergebende Unwucht bedingen, daß der Zündabstand nicht immer genau eingehalten werden kann. In der Regel sind Toleranzen von ± 1,5° gegenüber dem Sollwert zulässig.
Bei einigen Motoren hat es sich als betriebsgünstig erwiesen, wenn man bei einem der Zylinder den Zündpunkt einige Winkelgrade später oder früher legt als bei den übrigen. Diesem kann durch besondere Formgebung des Unterbrechernockens entsprochen werden. So ist z.B. für einige VW-Typen die Versetzung 0°, 90°, 182°, 270° bewußt gewählt.

9.3.6 Schließwinkel

Die Form des Unterbrechernockens und der Kontaktabstand bedingen, daß die Unterbrecherkontakte einige Grade des Drehwinkels offen bleiben. Bei größerem Kontaktabstand wird dieser Öffnungswinkel größer, weil nun der Unterbrechernocken früher am Unterbrecherhebel anläuft und dieser auch später abläuft (Bild 9.10).
Das Betriebsverhalten der Zündspule erfordert aber eine möglichst große Schließzeit, also einen möglichst großen Schließwinkel (siehe

Bild 9.10
Durch Verändern des Kontaktabstandes um 0,1 mm kann der Schließwinkel um 6 bis 8° geändert werden

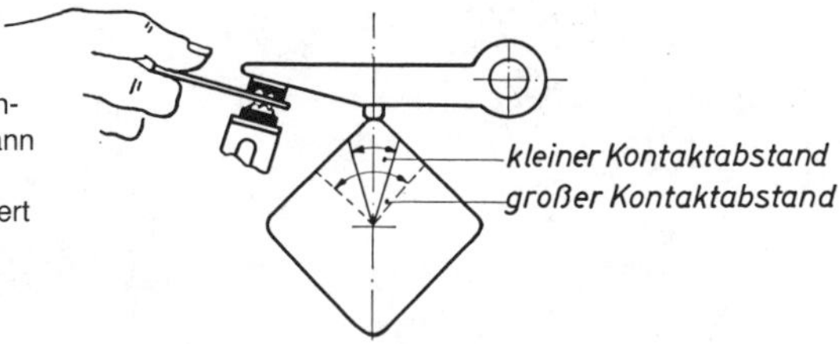

9.1.3). Dies gilt insbesondere für Motoren mit vielen Zylindern, hoher Verdichtung und hohen Drehzahlen oder wenn größere Elektrodenabstände an den Zündkerzen gefordert werden. Vielzylindrige Motoren erfordern oft Schließwinkel, die mit normalen Kontaktabständen oder mit normalen Unterbrechern nicht mehr erreicht werden. Hier verwendet man vereinzelt auch doppelte Unterbrecher, die abwechselnd überschneidend öffnen, um geringstmögliche gemeinsame und damit wirksame Öffnungswinkel zu erreichen (Bild 9.11 und 9.12). Bei derartigen Unterbrechern müssen – bei anderen können – die Öffnungs-, Schließ- und Versetzungswinkel mit einem besonderen Gerät nach Winkelgraden statisch eingestellt werden (Bild 9.13).
Das genaueste Einstellen und Prüfen von Schließwinkel und Versetzungswinkel ermöglichen Verteilerprüfstände. Diese zeigen die Öffnungs- und Schließzeiten der Unterbrecher bei den verschiedensten Drehzahlen als leuchtende Streifen innerhalb einer Gradscheibe an. Dabei kann entsprechend den gewünschten Werten die Unterbrechereinstellung bei laufendem Verteiler geändert werden.

Bild 9.11
Um möglichst große Schließwinkel zu erreichen, verwendet man vereinzelt bei vielzylindrigen Motoren Unterbrecher mit zwei Kontaktpaaren, die wechselnd überschneidend öffnen

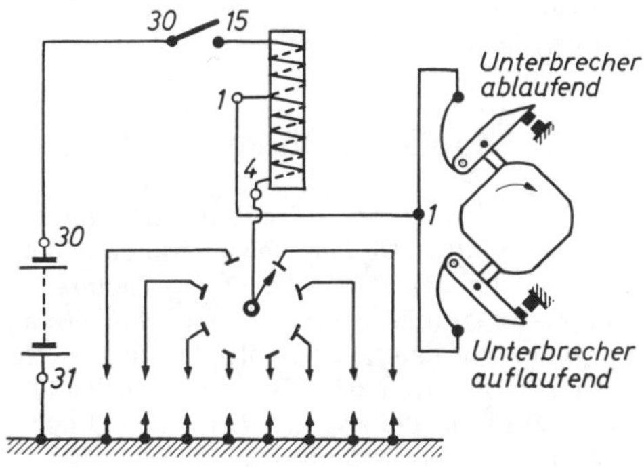

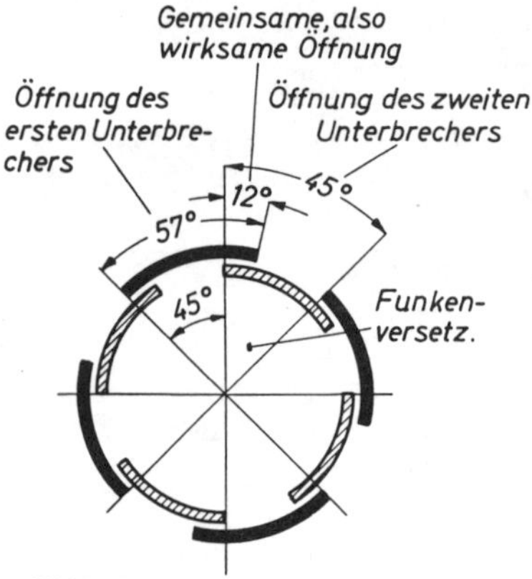

Bild 9.12
Versetzung der Unterbrechungen eines Doppelhebelunterbrechers für 8zylindrige Motoren

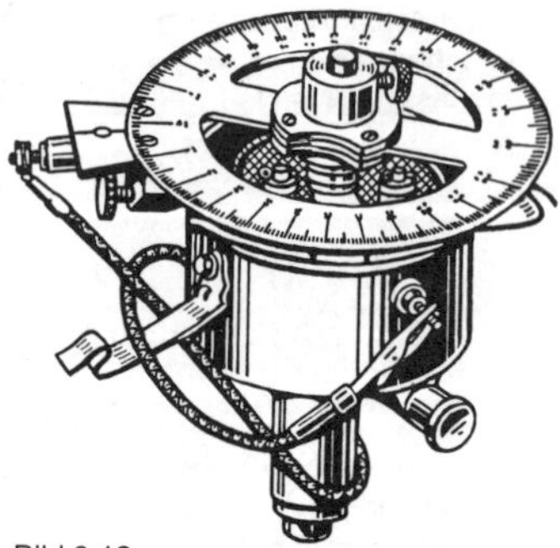

Bild 9.13
Bosch-Unterbrechereinstellgerät EFZV 5 zum statischen Einstellen von Unterbrechern

9.3.6.1 Schließwinkeltester

Schließwinkeltestgeräte, die meist zugleich als elektrische Drehzahlmesser ausgerüstet sind, ermöglichen das Prüfen der Unterbrecherschließzeiten bei eingebautem Zündverteiler und laufendem Motor. Dabei werden zugleich auch die dynamischen Veränderungen der Unterbrechereinstellung erfaßt. Zeigt z. B. ein solches Instrument beim Beschleunigen des Motors auf höhere Drehzahl (Meßdrehzahl) mehr als ± 4° Unterschied gegenüber der Standleerlaufzahl, so ist meist die Lagerung der Verteilerwelle ausgeschlagen. Zuckende Zeigerbewegungen des Anzeigeinstrumentes weisen auf abgenutzte Kontakte hin.

9.4 Zündeinstellung und Zündversteller

Zur Grundeinstellung der Zündung dient im Regelfalle der Zündpunkt bei Spätzündung. Dies ist die vom Motorhersteller ermittelte Zündeinstellung, die bei Standleerlauf des Motors einen runden Lauf des Motors bei geringstmöglichem Kraftstoffverbrauch ermöglicht. Wenn der Motor im Fahrbetrieb volle Leistungen abgeben muß – also bei dessen Betriebsdrehzahlen –, sollen die Zündversteller die Zündeinstellung so verstellen, daß bei jeder Drehzahl die größtmögliche Motorleistung erreicht wird.

9.4.1 Zündeinstellung nach Markierungen

Der Zündpunkt bei Spätzündung ist meist an der Schwungscheibe oder der Riemenscheibe mit einer Gegenmarkierung am Motorgehäuse markiert. Ebenso haben die Zündverteiler meist eine Markierung am Verteilerläufer und am Gehäuserand (Bild 9.14).
Zum Einstellen wird der Motor im Drehsinn bei verdichtendem Bezugszylinder an den Zündpunkt bei Spätzündung herangedreht und der Zündverteiler so eingebaut, daß seine Markierungen einander gegenüberstehen. Zur genauen Einstellung kann bei eingeschalteter Zündung eine Prüflampe zwischen die isolierte Klemme des Unterbrechers (Nr. 1) und die Masse des Motors geschaltet werden. Wird nun der Motor langsam im Drehsinn an den Zündzeitpunkt herangedreht, so muß die Prüflampe aufleuchten, wenn sich die Markierung von Schwungscheibe oder Riemenscheibe und die Markierung am Motorgehäuse gegenüberstehen. Ein noch genaueres Nachregeln der Zündeinstellung ermöglicht eine durch den Zündfunken gesteuerte Stroboskoplampe bei Standleerlaufdrehzahlen des Motors, weil dabei die durch das Spiel der Antriebe bedingte Differenz ausgeschaltet wird.

Bild 9.14
Markierungen zur Grundeinstellung des Zündpunktes an Verteilerläufer und Gehäuserand eines Bosch-Zündverteilers

9.4.1.1 Zündeinstellung nach Kolbenweg

Bei Motoren, an denen aus konstruktiven Gründen keine Markierungen an Schwung- oder Riemenscheiben anzubringen sind, wird die Zündeinstellung in Millimeter Kolbenweg vor OT des Kolbens angegeben. Aber auch bei diesen Motoren ist die Einstellung nach Winkelgraden einer Gradscheibe genauer, die mit der Befestigungsschraube des Abtriebes oder der Schwunglichtmaschine verbunden ist. Denn die Einstellung nach Millimeter Kolbenweg ist ungenau, weil gerade um den oberen Totpunkt wenige Millimeter Kolbenweg einen größeren

Drehwinkel der Kurbelwelle ergeben. Darum wird auch die Zündeinstellung nach Millimeter Kolbenweg meist bei Frühzündung angegeben, denn die Gradzahl, die bei gleichem Kolbenweg zurückgelegt wird, ist *vor* dem oberen Totpunkt kleiner als *am* oberen Totpunkt. Dazu müssen die Fliehgewichte der Fliehkraftzündversteller beim Einstellen oder Prüfen der Zündeinstellung gespreizt werden.

9.4.2 Fliehkraftversteller

Fliehkraftzündversteller haben im Regelfall zwei Fliehgewichte, die mit zunehmender Drehzahl nach außen streben und dabei über Umlenkhebel den Unterbrechernocken im Drehsinn – also in Richtung «Frühzündung» – verstellen. Dem differenten Frühzündungsbedarf der verschiedenen Motoren zum Erreichen der Vollastleistung wird jeweils durch eine besondere «Verstellkennlinie» entsprochen. Diese Verstellkennlinien wurden bei älteren Bosch-Batteriezündern durch besondere Anlagekurven für die Rückzugfeder erreicht (Bild 9.15). Bei moderneren Zündverstellern werden die Kennlinien auch durch Kulissenregler erreicht. Durch Verschleiß können sich die Verstellkennlinien der Zündversteller ändern. Darum sollten diese von Zeit zu Zeit, mindestens aber bei jeder größeren Instandsetzung oder wenn die Motorleistung nachläßt, überprüft werden.

9.4.2.1 Prüfen von Verstellkennlinien

Das Prüfen von Fliehkraftzündverstellern ist bei ausgebautem Verteiler durch Betrieb auf einem Zündverteilerprüfstand möglich. Dabei werden die Zündfunken als leuchtende Strichmarken innerhalb einer Gradscheibe sichtbar, die mit der Zunahme der Drehzahl entgegen der Drehrichtung wandern. Da zugleich die Verteilerdrehzahl gemessen wird, kann geprüft werden, ob die Verstellung den in Listen festgehaltenen Prüfwerten entspricht.
Bei eingebautem Zündverteiler kann die Zündverstellung mit durch Zündfunken gesteuerten Stroboskoplampen in Verbindung mit einer Markierung auf Schwung- oder Riemenscheiben, mit einer Gradscheibe gemessen werden. Hierzu ist ein Drehzahlmesser zum Messen der Motordrehzahl erforderlich. Bei einigen modernen Motoren ermöglichen über der mit Leitstücken versehenen Schwungscheibe angeordnete induktive Impulsgeber das direkte Ablesen der Zündeinstellung bei jeder Motordrehzahl mit einem entsprechenden Tester.
Bei Motoren ohne derartige Geber, an denen das Anbringen von Gradscheiben nicht möglich ist, machen besondere Verstellwinkeltester in Verbindung mit einer Stroboskoplampe ein Prüfen der Ver-

Bild 9.15
Wirkungsweise
eines Bosch-
Zündverstellers

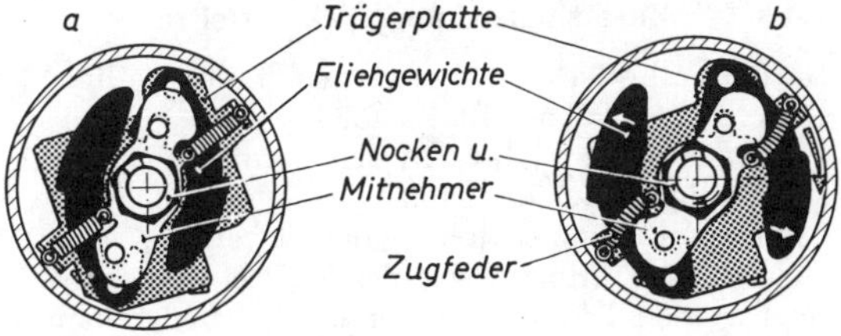

Bild 9.16
Darstellung des Prüfens eines
Fliehkraft-Zündverstellers mit
Bosch-Verstellwinkeltester
EFAW 103

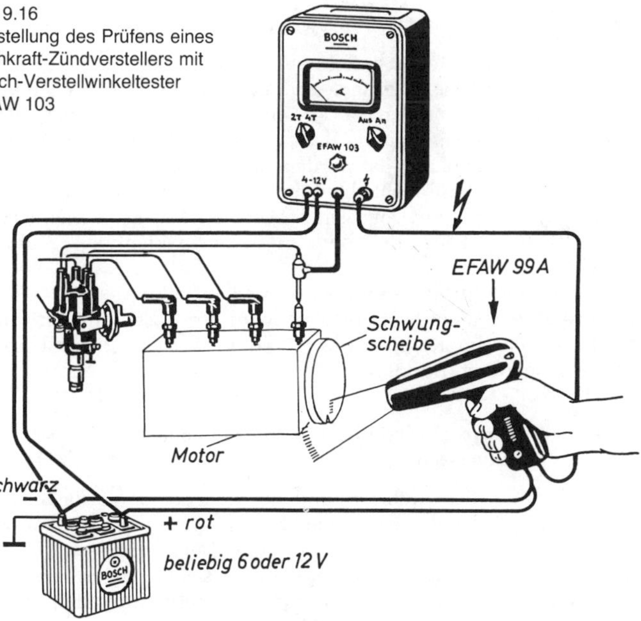

stellkennlinie möglich (Bild 9.16). Bei diesen Geräten wird die Markierung, die aus dem Lichtblitz der Stroboskoplampe wandert, durch Drehen eines Knopfes wieder mit der Gegenmarkierung in Übereinstimmung gebracht. Dann wird der Verstellwinkel durch ein Zeigerinstrument angezeigt. Zum Prüfen der Fliehkraftversteller müssen die Anschlüsse zum Unterdruckversteller abgenommen werden.

9.4.3 Zusätzliche Unterdruckversteller

Die bei Vollast des Motors richtige Zündeinstellung der Fliehkraftversteller steht für den Teillastbereich eines Motors zu spät, weil mit dem Vermindern der Füllung in den Brennräumen die Verbrennungsgeschwindigkeit des Kraftstoff-Luft-Gemisches geringer wird. Dadurch, daß man die Zündeinstellung dem jeweiligen Teillastbereich entsprechend früher bringt, kann der Teillast-Kraftstoffverbrauch herabgesetzt werden. Dies ist insbesondere bei großvolumigen Kraftfahrzeugmotoren von Bedeutung, die im Stadtverkehr meist in unteren Teillastbereichen betrieben werden.

9.4.3.1 Aufbau und Wirkungsweise

Der Unterdruckversteller besteht im wesentlichen aus einer Membrane, die durch eine Zugstange mit der drehbar gelagerten Unterbrechergrundplatte verbunden ist. Der Saugraum dieser Membrane ist mit dem Ansaugrohr verbunden. Der mit dem Schließen der Drosselklappe im Ansaugrohr größer werdende Unterdruck wirkt dadurch auf die Membrane. Diese zieht die Unterbrechergrundplatte mit abnehmender Zylinderfüllung entgegen der Drehrichtung des Verteilers und rückt auf diese Weise die Zündeinstellung in Richtung «Frühzündung».
Damit die Unterdruckverstellung die Zündeinstellung beim Standleerlauf des Motors nicht beeinträchtigt, wird der Anschluß zum Unterdruckversteller im Klappenstutzen des Vergasers vor der Drosselklappe angeordnet (Bild 9.18).

9.4.3.2 Unterdruckversteller für drehzahlabhängige Zündverstellung

Die Einfachheit des Aufbaues und die sich daraus ergebende Verschleißfestigkeit lassen es bei kleineren und preisgünstigen Fahrzeugen wünschenswert erscheinen, mit Unterdruckverstellern die Zündung sowohl drehzahlabhängig wie auch lastabhängig zu verstellen. Dies ist bei gedrosselten Motoren nicht schwierig, weil auch bei voll geöffneter Drosselklappe mit der Drehzahl des Motors ebenfalls der Unterdruck im Ansaugrohr genügend ansteigt. Wenn aber keine größere Einschnürung im Vergaser die angesaugten Gase drosselt, steigt auch der Unterdruck bei Vollast weniger an. Die Verstelleinrichtungen dieser Motoren müssen mit geringsten Unterdrücken arbeiten, wodurch sie empfindlich werden.

Bild 9.17
Wirkungsweise eines Bosch-Unterdruck-Zündverstellers

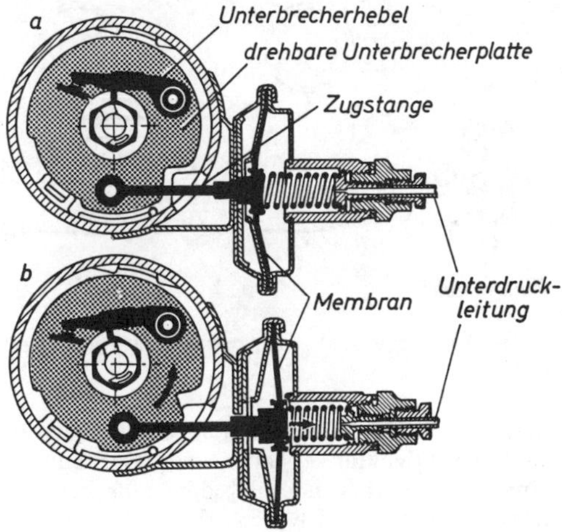

Bild 9.18
Anordnung des Saugrohranschlusses eines Unterdruck-Zündverstellers

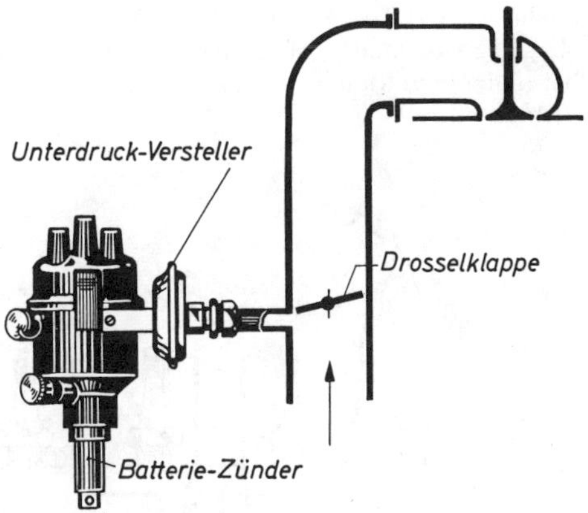

9.4.3.3 Prüfen von Unterdruckverstellern

Die einwandfreieste Prüfung von Unterdruckverstellern ermöglichen Verteilerprüfstände. An diesen sind eine Unterdruckpumpe und ein Manometer so angeordnet, daß während des Probelaufs jeder Meßunterdruck auf die Versteller wirksam werden kann. Die Verteiler wer-

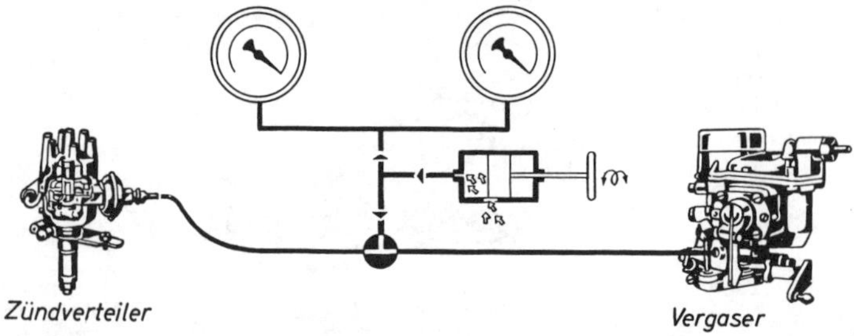

Bild 9.19 Prinzip- und Funktionsschaltbild des Bosch-Unterdruckmeßgerätes EFAW 108

den dazu mit einer Drehzahl angetrieben, die unter der Einsatzdrehzahl der Fliehkraftversteller liegt. Der Zündzeitpunkt wird durch einen Leuchtstrich innerhalb der Gradscheibe angezeigt. Dies ermöglicht es, die durch den gemessenen Unterdruck bewirkte Verstellung an der Gradscheibe abzulesen.
Bei am Motor angebautem Zündverteiler kann der Zündversteller mit (siehe 9.4.2.1) Testern und Stroboskoplampen geprüft werden. Es ist aber dazu zusätzlich ein Manometer und ein Gerät erforderlich, das bei laufendem Motor eine Veränderung des Unterdruckes ermöglicht (Bild 9.19).

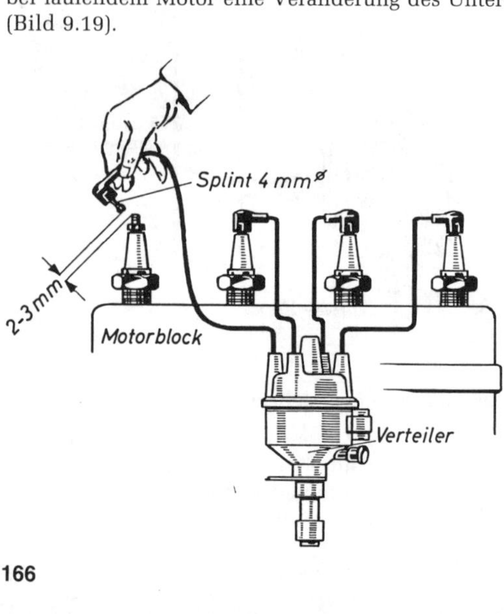

Bild 9.20
Prüfen der Zündspannungsreserve durch Funkenüberschlag zum Zündkerzenanschluß bei laufendem Motor

9.5 Prüfen von herkömmlichen Batteriezündanlagen

Die Zündungsfehler sind in Ursachen und in Auswirkungen sehr verschieden. Deshalb sollen nur die hauptsächlich vorkommenden Fehler behandelt und das Lokalisieren der Ursachen mit einfachsten Mitteln beschrieben werden.

9.5.1 Motor springt nicht an

Wenn ein Motor trotz genügend schnell drehendem Anlasser nicht anspringt, kann man in einfachster Weise prüfen, ob die Zündleistung nicht ausreichend ist. Hierzu löst man ein Kabel an der Zündkerze und hält dies in 2 bis 3 mm Abstand vom Zündkerzenanschluß. Bei Steckern kann man dazu einen 4-mm-Splint in die Anschlußbohrung stecken (Bild 9.20). Wird nun bei eingeschalteter Zündung der Motor gestartet, so muß bei jedem Zündzeitpunkt ein Funken zur Kerze überschlagen. Ist dies der Fall, so können nur noch die Zündkerzen oder die Zündeinstellung (siehe 9.4.1) von der Zündung her die Ursache sein.
Reicht die Zündleistung nicht aus, so kann man prüfen, ob die Ursache vor oder hinter dem Verteiler liegt. Dazu zieht man das Hochspannungskabel Nr. 4 aus der Verteilerkappe und hält es zwischen 6 und 10 mm von der Masse des Motors entfernt. Wird nun der Motor gestartet oder der Unterbrecher anderweitig betätigt, so müssen die Funken zum Motorblock überschlagen.
Reicht die Zündspannung beim Prüfen vom Spulenkabel aus, aber nicht an der Zündkerze, sollte man die Entstörwiderstände im Verteiler und in den Zündleitungen messen, die Zündkabel auf Unterbrechung und Massedurchschlag prüfen und ebenso die Verteilerkappe. Zum Prüfen auf Durchschlagen kann die von der Zündspule erzeugte Spannung dienen. Zum Prüfen der Verteilerkappe kann man ein Zündkabel mit Masse verbinden und die beiden diesem benachbarten Anschlüsse lösen. Wenn das Zündspulenkabel beim Unterbrechen an die benachbarten Anschlüsse oder den Mittelanschluß gehalten wird, so darf kein Funken überspringen.
Wenn bereits zwischen Spulenkabel und Masse kein Funken überspringt, so können folgende Fehler die Ursache sein:

1. Zu großer Spannungsabfall oder Unterbrechung im primären Stromkreis (siehe 4.2 und 4.3),
2. Zündspule oder Kondensator defekt (siehe 9.1.5 und 9.2.6),
3. Fehler am Zündunterbrecher (siehe 9.3).

9.5.2 Motor setzt im oberen Drehzahlbereich aus oder erreicht seine Enddrehzahl nicht

Um zu überprüfen, ob das Aussetzen im oberen Drehzahlbereich durch Zündungsfehler bedingt ist, kann man nacheinander die einzelnen Zündkabel bei hohen Drehzahlen in 2 bis 3 mm Abstand an die Zündkerzenanschlüsse halten. Springt trotz Aussetzen des Motors an allen Zündkerzen der Funken ohne Aussetzen über, so könnten zündseitig noch Zündkerzenfehler vorliegen.
Beim Aussetzen sind zu prüfen:

1. Die Entstörwiderstände (siehe 9.5.1),
2. Leitungen auf Unterbrechung und Spannungsabfall (siehe 4.2 und 4.3),
3. Zündspule und Kondensator (siehe 9.1.5 und 9.2.6),
4. Unterbrecherkontakte (siehe 9.3.2, 9.3.3 und 9.3.4),
5. Zündabstand, Schließwinkel und Lagerspiel der Verteilerwelle (siehe 9.3.5 und 9.3.6),
6. Zündeinstellung und Zündversteller (siehe 9.4.1, 9.4.2 und 9.4.3.2),
7. Elektrodenabstand und Funktion der Zündkerzen (siehe 10.3.2.2, 10.3.2.4 und 10.4.2.2).

9.5.3 Motor springt gut an und erreicht die Höchstdrehzahlen, setzt aber beim Beschleunigen aus

Zündaussetzer können folgende Ursachen haben:

1. Entstörwiderstände defekt (siehe 9.5.1),
2. Zu großer Spannungsabfall oder Wackelkontakt im primären Stromkreis (siehe 4.2 und 4.3),
3. Zündspule oder Kondensator defekt (siehe 9.1.5 und 9.2.6),
4. Isolationsdefekte im sekundären Stromkreis (siehe 9.5.1),
5. Verteilerwellenlagerung ausgelaufen (siehe 9.3.6),
6. Zündkerzenschäden (siehe 10.2.2.2 und 10.4).

9.6 Elektronische Zündanlagen

Die Verbrennung des Kraftstoff-Luft-Gemischs bei allen Ottomotoren mit Vergaser oder Benzineinspritzung wird durch Fremdzündung eingeleitet. Das bedeutet, es kommt zwischen den Elektroden einer Zündkerze zu einem kurzzeitigen Lichtbogen, dem sogenannten *Zündfunken*. Die dafür notwendige Energie wird einer Fremdspannungsquelle, der Kfz-Batterie, entnommen. Die Batteriespannung

beträgt meist 12 oder 24 V und reicht selbst zu einem Funkenüberschlag an den Zündkerzen bei weitem nicht aus. Die Hauptaufgabe einer Batteriezündung besteht deshalb auch darin, die vorhandene Spannung erheblich zu steigern und sie im richtigen Zeitpunkt an die richtige Zündkerze zu leiten.
Je nach Motor und Betriebszustand der Zündkerze ist eine *Zündspannung* zwischen 5000 und 20000 V erforderlich. Diese Zündspannung macht die Funkenstrecke der Kerze elektrisch leitend, so daß der Zündfunke überspringen kann.
Die Temperatur des Zündfunkens beträgt mehrere tausend Grad Celsius und reicht aus, das Gemisch zu entzünden. Die wesentlichen Bestandteile einer konventionellen Batteriezündanlage (Spulenzündung) sind:

- Zündspule: Sie wandelt Niederspannung der Batterie (Primärspannung) in Hochspannung (Sekundärspannung) um.
- Zündverteiler: Er verteilt den Sekundärstrom auf die einzelnen Zündkerzen.
- Unterbrecher: Er bewirkt Auf- und Abbau des Magnetfeldes der Zündspule.
- Kondensator: Er schützt Unterbrecherkontakte gegen starke Funkenbildung und beschleunigt die Unterbrechung des Primärstroms.
- Zündkerzen: Sie lassen den Zündfunken im Brennraum überspringen.

Zündenergie und Zündspannung konventioneller Spulenzündanlagen sind durch die elektrische und mechanische Schaltleistung des Unterbrechers begrenzt. Es werden heute an die Batteriezündung vom Motor aber höhere Anforderungen gestellt, denen der Unterbrecher einfach nicht mehr gewachsen ist (z.B. bei hochdrehenden Vielzylindermotoren). Der Einsatz elektronischer Halbleiterbauelemente in Zündanlagen ersetzt mechanische Schalter und bringt beträchtliche Vorteile: Zündspannungsangebot und Zündenergie sind höher und bleiben auch in höchsten Motordrehzahlen nahezu konstant. Elektronische Schalter arbeiten nahezu verzögerungsfrei, wartungsfrei und besitzen eine größere Lebensdauer. Daher werden elektronische Zündsysteme heute nach folgenden Einsatzschwerpunkten entwickelt:

- höchste Zündsicherheit in allen Fahrzuständen,
- Einschränkung aller Wartungsarbeiten mit dem Ziel einer völlig wartungsfreien Zündung,
- präziser Zündzeitpunkt als Voraussetzung für das Erfüllen der Abgasgesetze.

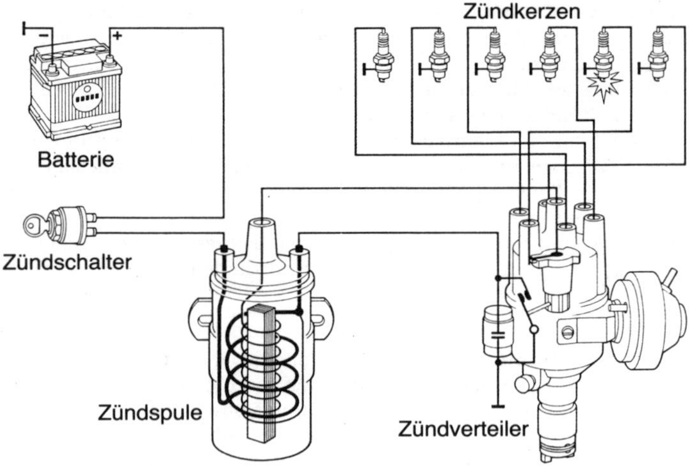

Bild 9.21
Konventionelle Spulenzündanlage für 6-Zylinder-Ottomotoren (Bosch)

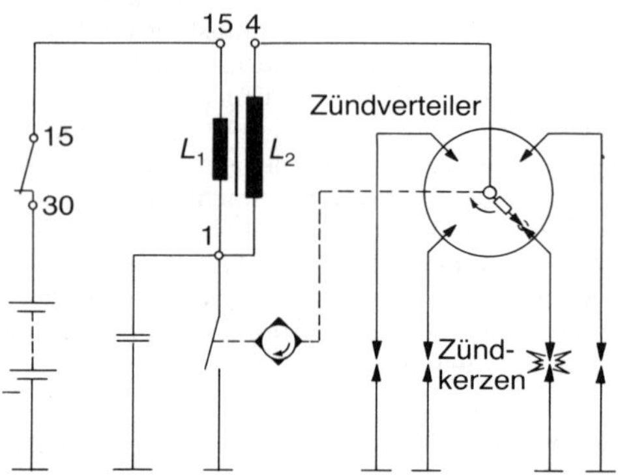

Bild 9.22
Schaltbild einer herkömmlichen Spulenzündung für 4-Zylinder-Motoren (Bosch)

Bild 9.23 Primärstrom einer Transistorspulenzündung (TSZ) im Vergleich zur konventionellen Spulenzündung (SZ) (Bosch)

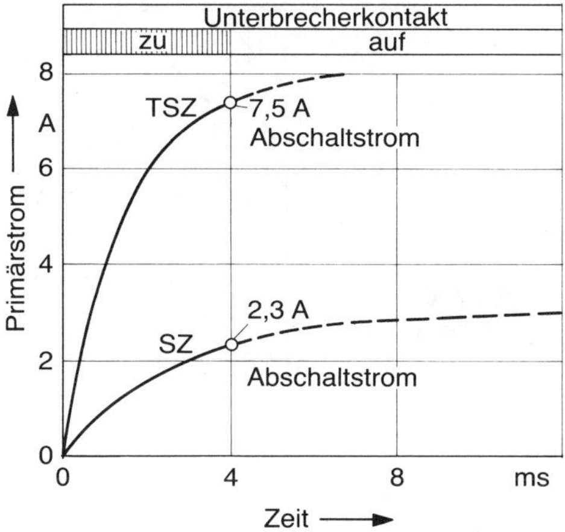

9.6.1 Kontaktgesteuerte Transistor-Spulenzündung

Bei schnellaufenden Motoren, die mit einer konventionellen Spulenzündung ausgerüstet wurden, kann es zu Zündaussetzern kommen, da innerhalb sehr kurzer Schließzeit nicht genügend Zündenergie gespeichert werden konnte. Die Hochleistungszündspule ergab eine erste Verbesserung. Hierbei hat man den Primärstrom von rund 3,5 auf 4 A gesteigert und ist damit der Schaltstromgrenze des Unterbrechers (5 A) ziemlich nahe gekommen. Für höhere Ansprüche reichte auch das nicht aus, und es wurde die Transistorzündung entwickelt. Hierbei wird der Transistor als Schalter eingesetzt, denn mit ihm lassen sich wesentlich stärkere Ströme schalten als mit dem Unterbrecher. Mit der Transistorspulenzündung können Primärströme bis fast 9 A erzielt werden; das ist gegenüber der Hochleistungszündspule mit Unterbrecher genau das Doppelte. Bild 9.24 zeigt den Stromlaufplan einer Transistor-Spulenzündanlage mit drei Transistoren für 6- und 8-Zylinder-Motoren. Schaltgeräte für 4-Zylinder-Motoren sind prinzipiell in gleicher Weise aufgebaut.

Der pnp-Transistor T1 ist der Schaltverstärker, auch «Treiber» genannt, die npn-Transistoren T2 und T3 sind in einer sog. *Darlingtonschaltung* miteinander verbunden. Die Darlingtonschaltung ist die Schaltendstufe und damit der Leistungsschalter der Transistorzündung, bei Bosch «Zünddarlington» genannt; sie ist als integrierte Schaltung (IC) ausgeführt.

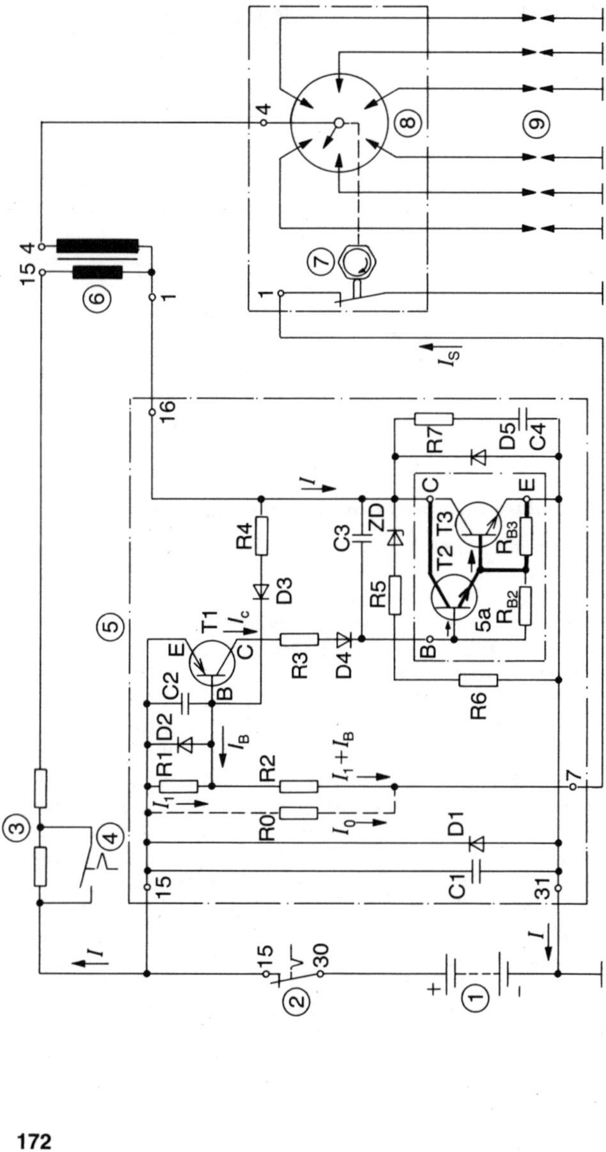

1
2
3
4
5
5a
6
7
8
9
15
30
31
16
T1
T2
T3
R0
R1
R2
R3
R4
R5
R6
R7
R_{B2}
R_{B3}
C1
C2
C3
C4
D1
D2
D3
D4
D5
ZD
E
B
C
I
I_S
I_C
I_B
I_1
I_0
$I_1 + I_B$

◀ Bild 9.24 Stromlaufplan einer kontaktgesteuerten Transistor-Spulenzündung für 6-Zylinder-Motoren (System Bosch)

1 Batterie
2 Zündschalter
3 Vorwiderstände
4 Schalter für Startanhebung
5 Schaltgerät (5a Darlingtonschaltung)
6 Zündspule
7 Unterbrecher
8 Zündverteiler
9 Zündkerzen

I_B = Basisstrom für T1
I_S = Steuerstrom (über Unterbrecherkontakte)
$I_S = I_0 + I_1 + I_B$

Sobald der Steuerkontakt im Unterbrecher geschlossen ist, fließt über die Basis B des Transistors T1 ein sehr schwacher Basisstrom I_B. T1 schaltet daraufhin durch, und es fließt der Kollektorstrom I_C über den Widerstand R3 in die Basis von T2. Dieser Transistor schaltet ebenfalls durch und steuert mit dem verstärkten Strom (dick schwarz) die Basis des Transistors T3 an. T3 wird dadurch leitend und schaltet den Primärstrom I ein. Es beginnt die Speicherung der Zündenergie. Öffnet der Unterbrecher, so sperren alle Transistoren – auch der Transistor T3, der den Primärstromkreis unterbricht und auf der Sekundärseite der Zündspule einen Hochspannungsimpuls erzeugt.

Wenn T1 sperrt, weil der Steuerstrom I_S unterbrochen ist, ist der Widerstand R1 stromlos. Folglich fehlt die den Transistor einschaltende Basis-Emitter-Spannung, d.h.: Basis B und Emitter E von T1 haben dasselbe Potential (Plus/Batterie).

Sperrt aber T1, dann sind die Widerstände R_{B2} und R_{B3} im Zünddarlington (5a) stromlos, die IC-Anschlüsse B und E haben somit Massepotential, und die integrierten Transistoren T2 und T3 sperren ebenfalls. Als Steuerschalter kann der übliche Unterbrecherkontakt verwendet werden. Da der Steuerstromkreis im Gegensatz zum Primärstromkreis praktisch keine Induktivität besitzt, ist der geöffnete Kontakt nur mit der Batteriespannung belastet. Diese Spannung ist so niedrig, daß kein Öffnungsfunke entstehen kann. Funkenloses Schalten schont den Kontaktsatz, weil es keinen Funkenabbrand gibt. Die Kontakte müssen deshalb weniger häufig nachgestellt werden und leben damit länger. Der mechanische Verschleiß am Gleitstück bleibt natürlich bestehen.

Wie alle elektronischen Bauteile, so muß auch die Transistorspulenzündanlage gegen Überspannung, Überstrom und Übertemperatur geschützt werden. Spannungsspitzen können vor allem beim Abschalten von Stromverbrauchern mit vorwiegend induktiver Last entstehen. Der Kondensator C1 (Bild 9.24) dämpft diese Spannungsspitzen. Die Diode D2 und der Kondensator C2 schützen den Emitter-Basis-Übergang im Transistor T1. Zum Schutz der Darlington-Endstufe dienen die Z-Diode ZD und die Diode D5. Die Z-Diode hat die Aufgabe, die Spannung zwischen den Anschlüssen C und B zu begrenzen. Treten höhere Spannungen auf, so wird die Z-Diode leitend und baut die Überspannung bis auf die Begrenzerspannung ab. Die Diode D5 schützt den Transistor T3 gegen Spannungen entgegengesetzter Polarität (Inversbetrieb). Inversbetrieb liegt z.B. vor, wenn die Zündung aus irgendeinem Grund nicht zustande kommt und infolgedessen Strom und Spannung im Primärstromkreis «leer» ausschwingen.

Schaltgerät und Zündspule sind auch gegen Überstrom geschützt. Der Widerstand R3 begrenzt den Kollektorstrom I_C des Treibertransistors T1. Die beiden außerhalb des Schaltgerätes befindlichen Vorwiderstände ③ begrenzen den Primärstrom. Je nach Auslegung der Zündanlage beträgt der Maximalstrom zwischen 8 und 16 A. Der Widerstand der primären Kupferwicklung und der Widerstand des Endtransistors T3 tragen gleichfalls zur Strombegrenzung bei. Einer der Vorwiderstände ③ ist beim Starten des Motors durch den Kontakt ④ überbrückt (Startanhebung).

Zur Vermeidung von Übertemperatur muß für eine ausreichende Abfuhr der Verlustwärme gesorgt werden. Entscheidend dafür sind vor allem Materialwahl, Bauform und Einbaulage. Die heute in der Kfz-Elektronik eingesetzten Transistoren sind fast ausschließlich Silizium-Transistoren, da sie bedeutend höhere Temperaturen vertragen als der früher verwendete Germanium-Transistor.

9.6.2 Kontaktlos gesteuerte Transistor-Spulenzündung

Im Zuge der Einhaltung von strengen Abgasvorschriften (z.B. in den USA) und Senkung des Kraftstoffverbrauchs ist eine kontaktlos gesteuerte Transistorzündanlage entwickelt worden. Dabei erfolgt nicht nur das Primärstromschalten kontaktlos, sondern auch die Steuerungsimpulse werden ohne mechanisch bewegte Kontakte erzeugt. Derartige Zündanlagen nennt man kontaktlos gesteuert. An die Stelle des Unterbrechers tritt der Zündimpulsgeber. Er befindet sich – wie der Unterbrecher – im Zündverteiler, und seine Aufgabe ist es, elektrische Steuerimpulse zu erzeugen, die jeweils eine Zündung auslösen.

Zündimpulsgeber arbeiten verschleißfrei und bedürfen deshalb keiner Wartung. Damit ist auch schon die wichtigste Eigenschaft der kontaktlos gesteuerten Transistorzündung angesprochen: der Zündzeitpunkt – einmal richtig eingestellt – kann sich ungewollt nicht mehr verstellen. Zündimpulsgeber können – je nachdem, ob elektrische, magnetische oder optische Zeitsteuersignale erzeugt werden – in sehr unterschiedlicher Weise ausgeführt sein. Die Art des verwendeten Gebers beeinflußt die technische Ausführung der Transistorzündung, insbesondere das Schaltgerät. Zwei Geberausführungen haben sich auf dem Markt durchgesetzt:

- ☐ Transistor-Spulenzündung mit Hallgeber,
- ☐ Transistor-Spulenzündung mit Induktionsgeber.

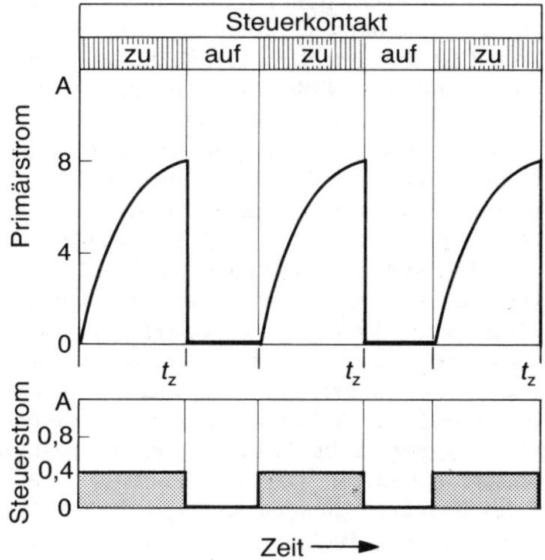

Bild 9.25
Primärstrom I und Steuerstrom I_S einer Transistorspulenzündung, t_Z = Zündzeitpunkt (Bosch)

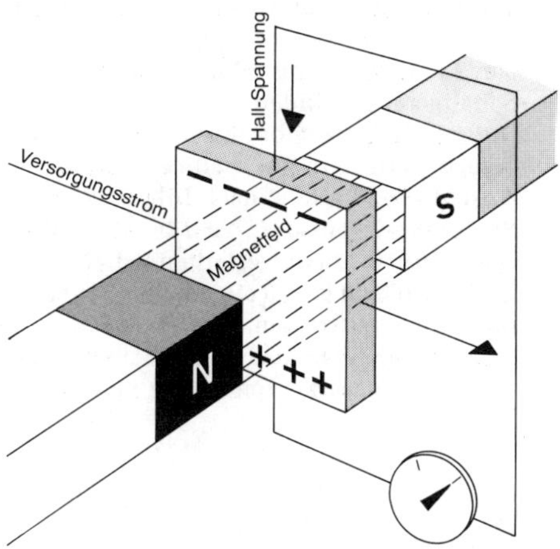

Bild 9.26
Schematische Darstellung des Halleffektes. Wird ein stromdurchflossener Leiter in ein Magnetfeld gebracht, so ist die Hallspannung abgreifbar (Adam Opel AG)

9.6.2.1 Transistor-Spulenzündung mit Hallgeber

Der Hallgeber ist ein elektronischer Schalter, der auf dem Halleffekt beruht. Der Amerikaner E. Hall entdeckte 1879, daß sich bewegte elektrische Ladungen in einem Magnetfeld ablenken lassen, so daß sich eine zusätzliche Spannung, die Hallspannung, abgreifen läßt. Je stärker das Magnetfeld ist, desto höher ist diese Spannung.

Die Hallspannung U_H dient als Steuersignal der Zündung. Dieses Signal ist aber nur dann brauchbar, wenn es sich im Zündtakt periodisch ändert, und dies ist nur möglich, wenn sich auch die magnetische Flußdichte B im Zündtakt ändert.

Nach Bild 9.27 ergeben sich formähnliche Impulse von B und U_H, weil beide Größen einander proportional sind. Um diese Impulse erzeugen und ins Schaltgerät eingeben zu können, braucht man eine entsprechende Einrichtung, den Hallgeber. Der Hallgeber der Transistorzündung befindet sich im Zündverteiler und enthält unter anderem einen Hallgenerator zum Erzeugen der Hallspannung. Er besteht aus der Magnetschranke (fest) und einem Verteilerläufer mit Blendenrotor (rotierend). Dauermagnet und eine integrierte Schaltung sind die wichtigsten Elemente der Magnetschranke. Der Hallgenerator ist Teil der integrierten Schaltung. Der Blendenrotor hat fahnenartige nach unten abgewinkelte Blenden, deren Anzahl der Zylinderzahl des Motors entspricht. Die Blendenbreite b bestimmt die Größe des Schließwinkels. Blendenrotor und Verteilerläufer bilden ein Bauteil.

Die integrierten Halbleiterbauelemente sind nach der Silizium-Planartechnik gefertigt und auf einer Kristallfläche von nur wenigen Quadratmillimetern untergebracht. Der Hall-IC ist mit einer Keramikträgerplatte in Kunststoff eingegossen und daher von außen nicht sichtbar. Er hat drei Anschlüsse, die ihn über die Geberleitung mit dem Schaltgerät verbinden.

Die am Hallgenerator abgenommene Spannung U_H liegt im Millivoltbereich und muß zur weiteren Signalverarbeitung verstärkt werden. Anschließend erfolgt nach Bild 9.27c eine Umformung in rechteckige Spannungsimpulse (U_G) zur besseren Weiterverarbeitung der Signale. Die in Bild 9.27a dargestellten Schaltschwellen B_1 und B_2 werden vom Hall-IC äußerst genau eingehalten, da sie Schließwinkel und Zündzeitpunkt (t_Z) bestimmen. Die Funktion des Hallgebers wird durch die Temperaturabhängigkeit der Schaltschwellen beeinträchtigt, so daß eine Temperaturkompensation notwendig ist.

Bild 9.27
Impulsschema der kontaktlosen Transistorzündung mit Hallgeber, t_Z = Zündzeitpunkt (Bosch)

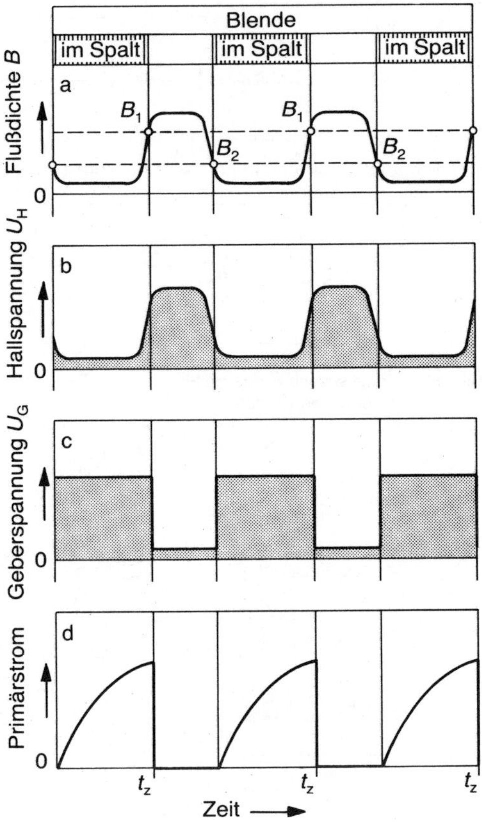

Bild 9.28
Bauteile des Hallgebers (Bosch)
1 Blendenrotor mit Verteilerläufer
2 Blende
3 Magnetschranke
4 Leitstück
5 Luftspalt
6 dreipoliger Anschluß

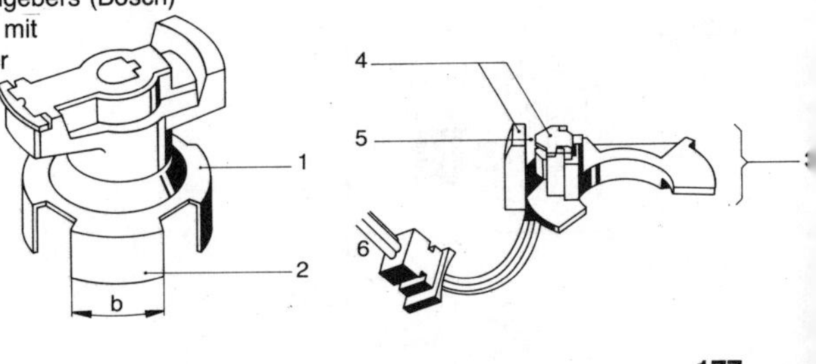

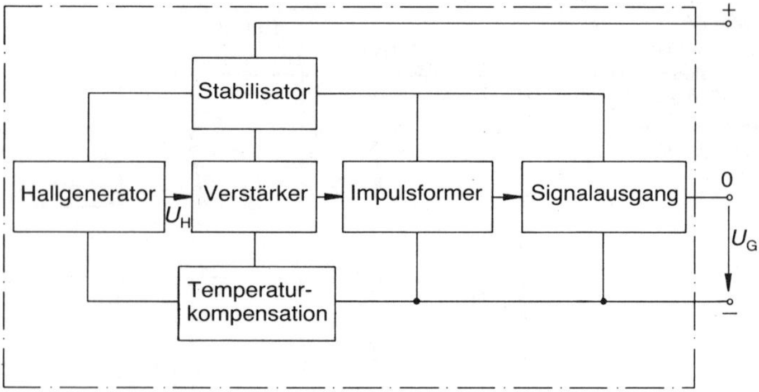

Bild 9.29 Blockschaltbild des Hall-IC.
U_G = Geberspannung (Bosch)

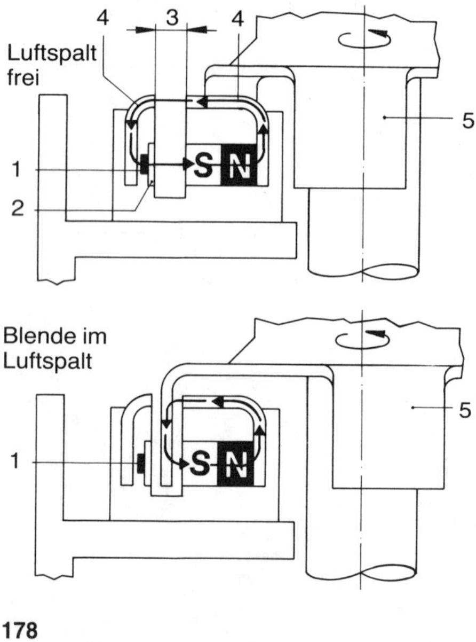

Bild 9.30
Arbeitsprinzip der Magnetschranke
1 Hall-IC
2 IC-Träger
3 Luftspalt
4 Leitstück
5 Blende (Bosch)

Arbeitsprinzip der Transistorzündung mit Hallgeber (Typ Bosch TSZ-h)

Dreht sich die Zündverteilerwelle, so laufen die Blenden des Rotors berührungslos durch den Luftspalt der Magnetschranke. Ist der Luftspalt frei, so wird der IC vom Magnetfeld durchsetzt (Bild 9.30 oben). Die magnetische Flußdichte ist hoch; die Hallspannung U_H hat ein Maximum (Bild 9.27a und b), und der Hall-IC ist eingeschaltet. In Bild 9.31a hat der Ausgangstransistor TO des IC durchgeschaltet und somit eine niederohmig leitende Verbindung zwischen Masse und der Basis des Transistors T1 hergestellt, über die der Geberstrom I_G fließt.
Die Geberspannung U_G liegt höchstens 0,4 V unterhalb der Einschaltspannung des Treibertransistors T1; T1 befindet sich also im Sperrzustand. Da im Widerstand R7 kein Strom fließt, an ihm also auch keine Spannung abfällt, liegt die Basis B der Darlingtonschaltung T2/T3 an Masse, d.h., der Zünderdarlington ist wie T1 im Sperrzustand, und es kann kein Primärstrom durch die Zündspule fließen. Sobald eine der Blenden in den Luftspalt eintaucht, wird der Magnetfluß (Bild 9.30) vom IC ferngehalten. Wird beim Eintauchen der Blende ein bestimmter Schwellenwert (B_2) der Flußdichte unterschritten, schaltet der Hall-IC aus; der Ausgangstransistor TO ist im Sperrzustand (Bild 9.31b). Die Basis des Transistors T1 ist jetzt positiv. Am Widerstand R3 fält eine Spannung ab, die T1 niederohmig leitend macht (Basis-Emitter-Spannung). Auch der Basisanschluß B des Zünddarlington ist positiv aufgrund der Spannungsteilung an den Widerständen R4/R7; der Primärstrom I ist eingeschaltet (Feldaufbau in der Zündspule, Energiespeicherung). Der Primärstrom fließt so lange, bis die Blende den Augenblick bestimmt, in dem der Hall-IC einschaltet und der Zünddarlington im Schaltgerät den Primärstrom unterbricht. Der Zündzeitpunkt (t_Z) ist jetzt erreicht, und der in Bild 9.31a gezeigte Schaltzustand ist wiederhergestellt.
Die Bosch-Transistor-Zündanlage TSZ-h ist so konstruiert, daß ein nachträglicher Einbau in einen Bosch-Serienzündverteiler möglich ist.

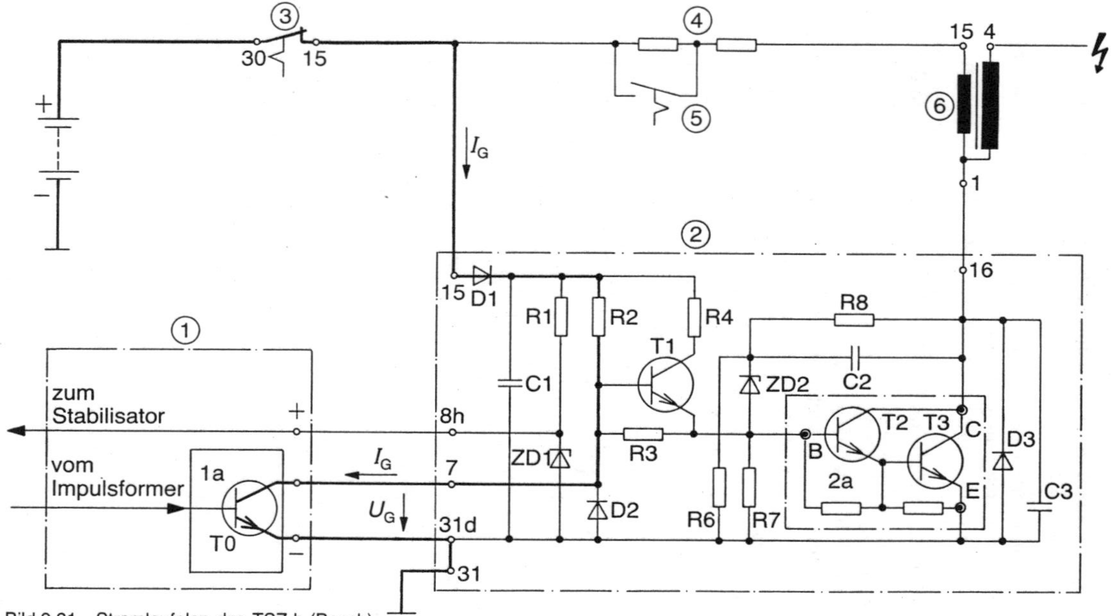

Bild 9.31 Stromlaufplan des TSZ-h (Bosch)

1	Hall-IC	4	Vorwiderstände
1a	Signalausgang	5	Schalter zur Startanhebung
2	Schaltgerät	6	Zündspule
3	Zündschalter		

a) Hall-IC ist eingeschaltet
U_G = Geberspannung (belastet)
I_G = Geberstrom

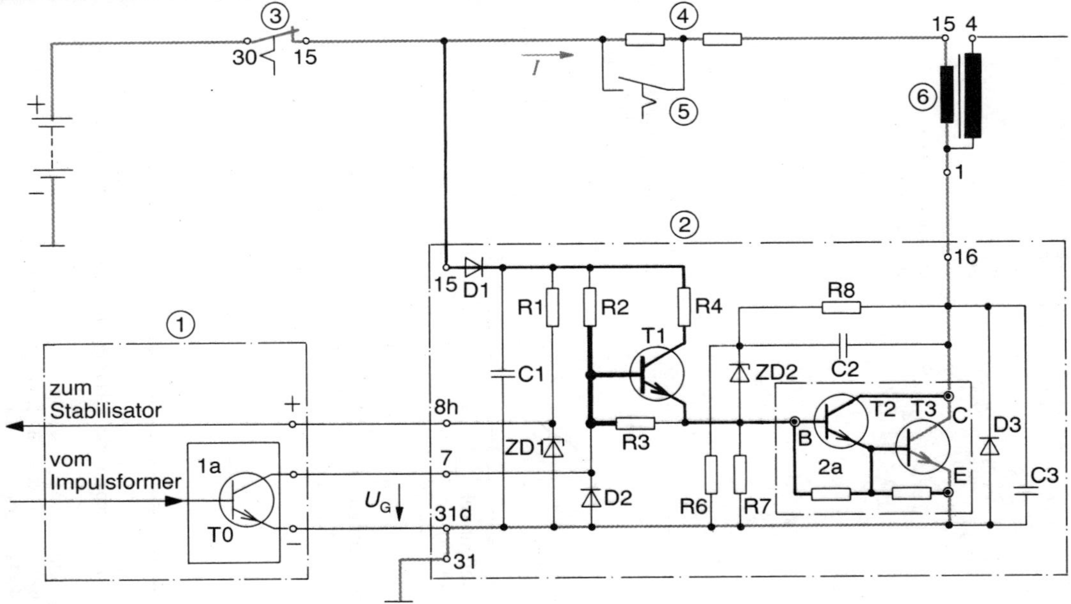

b) Hall-IC ist ausgeschaltet
U_G = Geberstrom (unbelastet)
I_G = Primärstrom

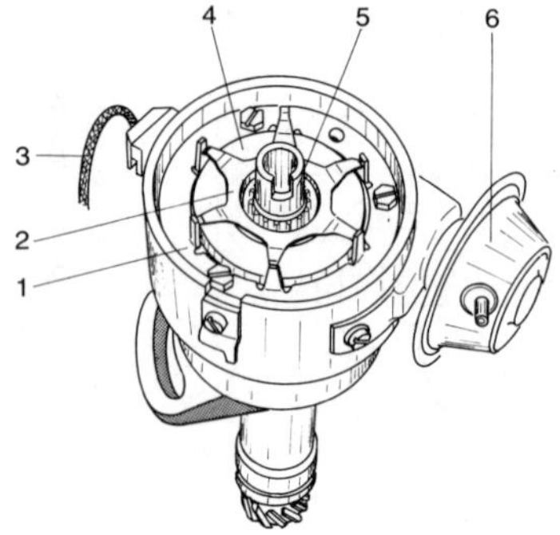

Bild 9.32 Bosch-Induktionsgeber (6-Zylinder-Motor) im Zündverteiler (Bosch)

1 Polscheibe
2 Impulsgeberrad
3 Zweiadrige Steuerleitung
4 Wicklungsträger
5 Zündverteilerwelle
6 Unterdruckdose

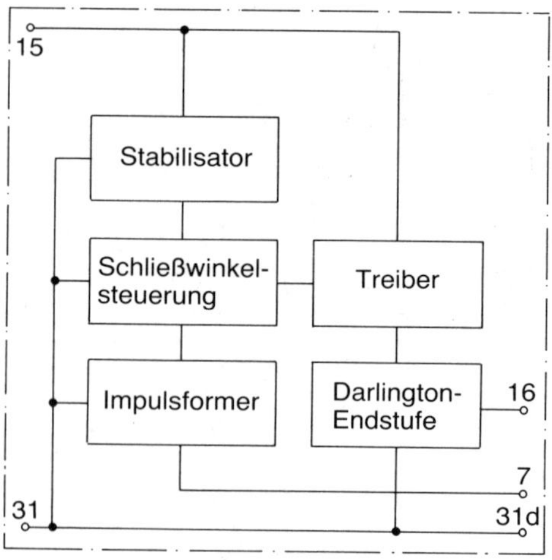

Bild 9.33 Blockschaltplan der Bosch-Transistorzündung TSZ-i (Bosch)

Bild 9.34 (rechts) Schaltplan des Schaltgeräts (Bosch TSZ-i) für 6-Zylinder-Motoren ▶

1 Spannungsstabilisierung
2 Impulsformer
3 Schließwinkelsteuerung
4 Treiber
5 Darlington-Endstufe

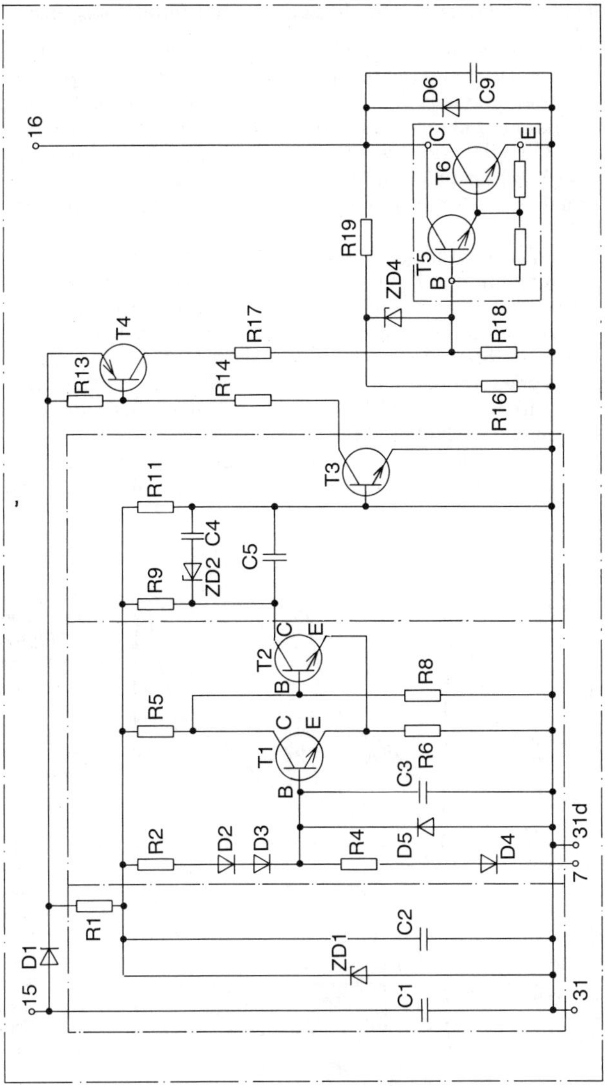

15
16
31
31d
7
D1
D2
D3
D4
D5
D6
ZD1
ZD2
ZD4
R1
R2
R4
R5
R6
R8
R9
R11
R13
R14
R16
R17
R18
R19
C1
C2
C3
C4
C5
C9
T1
T2
T3
T4
T5
T6
B
C
E

9.6.2.2 Transistor-Spulenzündung mit Induktionsgeber

Der Steuerimpuls dieser Zündanlage ist nach dem Induktionsprinzip erzeugt. Der Induktionsgeber besteht aus einem beweglichen Impulsgeberrad und aus der feststehenden Polscheibe mit Dauermagnet, Induktionswicklung und Kern. Das Impulsgeberrad sitzt auf der Zündverteilerwelle und erzeugt bei der Drehung in der Induktionswicklung eine Wechselspannung. Diese Wechselspannung gelangt als Steuersignal vom Zündverteiler über eine zweiadrige Geberleitung zum Schaltgerät.
Das Schaltgerät ist gegenüber dem der kontaktgesteuerten Transistorzündung um drei Funktionen erweitert: Impulsformung, Schließwinkelsteuerung und Stabilisierung der Spannung. Der Impulsformer hat die Aufgabe, die Steuerwechselspannung des Induktionsgebers in gleichgerichtete Rechteckimpulse umzuformen. Die Schließwinkelsteuerung verändert die Dauer dieser Impulse in Abhängigkeit von der Motordrehzahl. Die Stabilisierung sorgt dafür, daß die Versorgungsspannung konstant bleibt.
Für die Umformung der Steuerwechselspannung in rechteckige Stromimpulse ist ein Schwellenwertschalter (Schmitt-Trigger) zustän-

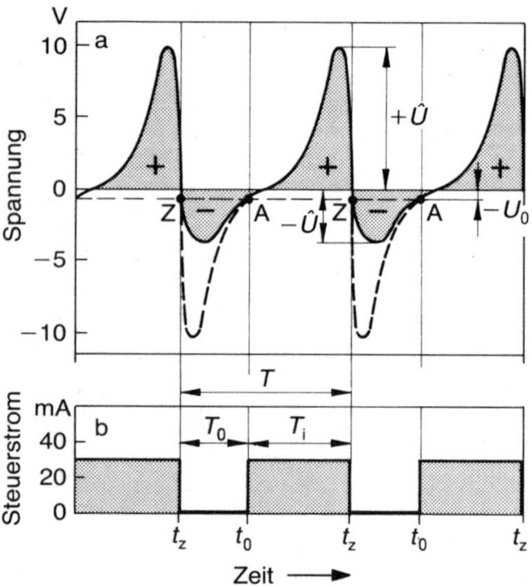

Bild 9.35
Steuerimpulse der TSZ-i (Bosch)
a) Wechselspannung des Induktionsgebers
b) Gleichgerichtete Rechteckimpulse am Impulsformerausgang

T = Zündabstand
T_0 = Impulspause
T_i = Impulsdauer
t_0 = Impulsbeginn
t_z = Zündzeitpunkt
$\pm \hat{U}$ = Scheitelwerte der Wechselspannung
$\pm U_0$ = Schwellenspannung

dig. Die Diode D4 läßt, entsprechend ihrer Polung, nur die negativen Impulse der Steuerwechselspannung zur Basis B des Transistors T1 gelangen, die positiven bleiben gesperrt. Der Induktionsgeber ist nur in der negativen Phase der Steuerwechselspannung infolge Energieabgabe elektrisch belastet, in der positiven Phase dagegen unbelastet. Daher kommt es, daß die negative Spannungsamplitude $-\hat{U}$ gemäß Bild 9.35 kleiner ist als die positive Amplitude $+\hat{U}$. Sobald die Steuerwechselspannung, aus dem negativen Bereich kommend, den Schwellenwert $-U_0$ am Impulsformereingang überschreitet (Punkt A in Bild 9.35), wird der Transistor T1 elektrisch leitend; der Transistor T2 dagegen sperrt den Stromdurchgang. Der Impulsformerausgang ist stromlos (Impulspause T_0). Dieser Schaltzustand bleibt so lange erhalten, bis die Steuerwechselspannung, von positiven Werten kommend, die Schwellenspannung $-U_0$ unterschreitet (Punkt Z). Der Transistor sperrt den Stromdurchgang. Die Basis B von T2 wird über R5 positiv und macht T2 leitend. Der Impulsformerausgang gibt für die Dauer T_i einen Stromimpuls ab. Die beiden vorgeschalteten Dioden D2 und D3 dienen der Temperaturkompensation.

Der gestrichelte Kurvenverlauf in Bild 9.35 gibt die Steuerspannung an, wenn der Induktionsgeber «leerläuft», d.h. die Wechselspannung gelangt z.B. infolge einer Leitungsunterbrechung nicht zum Schaltgerät.

Mit Hilfe der Schließwinkelsteuerung läßt sich die in der Zündspule gespeicherte Energie optimal nutzen, so daß in jedem Betriebszustand des Motors ausreichend Hochspannung für den Funkenüberschlag zur Verfügung steht. Ohne Eingriff der Schließwinkelsteuerung wäre der Schließbeginn immer im gleichen Zeitpunkt.

Mit zunehmender Motordrehzahl greift die Schließwinkelsteuerung immer stärker ein und verlegt den Schließbeginn zeitlich immer weiter vor. Der Schließbeginn ist zudem auch der Beginn eines rechteckförmigen Stromimpulses, mit dem der Treiber im Schaltgerät angesteuert wird. Auf diese Weise wird die auf den Zündabstand bezogene Schließzeit anteilig verlängert. Damit vergrößert sich der relative Schließwinkel, ohne den Zündzeitpunkt zu verändern.

Die elektronische Schließwinkelsteuerung ist eine Zeitsteuerung mit RC-Gliedern, d.h. ein wechselseitiges Auf- und Entladen von Kondensatoren über Widerstände. Als RC-Glied dienen der Kondensator C5 und die beiden Widerstände R9 und R11. Befindet sich der Triggertransistor T2 gerade im Sperrzustand, so lädt sich der Kondensator C5 über R9 und die Basis-Emitter-Strecke des Transistors T3 auf.

Bei kleiner Drehzahl erreicht die Kondensatorspannung nahezu 12 V. T3 ist während dieser Zeitspanne leitend. Im Zündzeitpunkt t_Z wird T2 leitend, und C5 kann sich jetzt über R11 und T2 entladen. Solange

der Entladestrom fließt, ist T3 gesperrt, weil seine Basis B negativ gegen Masse ist. T3 schaltet in dem Augenblick wieder ein, wenn am Kondensator C5 die Vorzeichen gewechselt haben; Plus und Minus sind vertauscht. Der Kondensator lädt sich jetzt entgegengesetzt auf, und zwar so lange, bis Transistor T2 wieder sperrt. Dann erfolgt erneut die Umladung des Kondensators über R1 und Basis-Emitter-Strecke von T3 ab Zeitpunkt t_0. Das Funktionsmerkmal der Schließwinkelsteuerung ist, daß der Transistor T3 beim Vorzeichenwechsel seinen Kollektorstrom einschaltet. Gleichzeitig mit T3 schalten die übrigen Transistoren T4 bis T6 ein. Auf diese Weise ist die gewünschte Verlegung des Schließbeginns erreicht worden, bezogen auf den Einschaltpunkt t_0 des Triggertransistors T1. Mit zunehmender Motordrehzahl verkürzt sich die Ladezeit des Kondensators C5, der nun nicht mehr auf die volle Batteriespannung aufgeladen werden kann. Entsprechend früher ist C5 wieder entladen, was einen noch früheren Schließbeginn und damit einen noch größeren relativen Schließwinkel zur Folge hat.
Diese «einfache» Schließwinkelstellung wird bei 4-Zylinder-Motoren angewandt. Bei 6- bis 8-Zylinder-Motoren würde die Offenzeit im oberen Drehzahlbereich so stark verkürzt werden, daß die Zündfunkendauer abnehmen würde und somit ein sicheres Entzünden des Luft-Kraftstoff-Gemischs nicht mehr gewährleistet wäre. Daher ist für derartige Motoren eine zusätzliche Schließwinkelsteuerung erforderlich. Die Kondensatoren und Widerstände dieser Schließwinkelsteuerung sind dann so dimensioniert, daß sich im oberen Drehzahlbereich eine konstante Offenzeit und damit ein bis zur Höchstdrehzahl nur geringfügig abnehmender relativer Schließwinkel ergibt.
Eine hohe Betriebssicherheit des Impulsformers und der Schließwinkelsteuerstufe ist nur bei konstanter Versorgungsspannung möglich. Dazu dient die Stabilisierungsstufe, zu der nach Bild 9.34 folgende Bauelemente gehören: die Z-Diode ZD1, die Kondensatoren C1 und C2 sowie der Widerstand R1. Die Versorgungsspannung U ist gleich der Bordnetzspannung U_B an den Klemmen 15 und 31, vermindert um den Spannungsabfall an R1, also $U = U_B - I_V \cdot R_1$, wenn I_V der Versorgungsstrom ist.
Übersteigt U_B einen bestimmten Grenzwert, so wird die Z-Diode zunehmend leitend. Am Widerstand R1 entsteht dann ein zusätzlicher Spannungsabfall, der die Überspannung abbaut. Die Versorgungsspannung U bleibt somit konstant auf einem von der Z-Diode vorgeschriebenen Wert. Der Kondensator C2 unterdrückt die vom Generator stammende Welligkeit der Versorgungsspannung. Der Kondensator C1 baut kurzzeitige Spannungsspitzen aus dem Bordnetz ab.

Die Stabilisierung der Spannung mittels einer Z-Diode wendet man bei der Transistorzündung von 6- und 8-Zylinder-Motoren an – bei Motoren also, die extrem große Funkenzahlen je Zeiteinheit erfordern und die eine zusätzliche Schließwinkelsteuerung benötigen. Schaltgeräte für 4-Zylinder-Motoren sind dagegen nur mit einem RC-Glied spannungsstabilisiert.

9.6.3 Hochspannungs-Kondensatorzündung (Thyristorzündung)

Eine Hochspannungs-Kondensatorzündung wird überall dort verwendet, wo hohe Anforderungen an die Zündung gestellt werden, z. B. bei Hochleistungs- und Wettbewerbsmotoren sowie bei Wankelmotoren. Da diese Motoren auf höchste Leistung ausgelegt sind, bilden sich im unteren Lastbereich Ablagerungen, die die Zündkerze verunreinigen. Diese Ablagerungen bilden einen elektrischen Nebenschluß zur Funkenstrecke, was zu Zündstörungen führt. Die Hochspannungs-Kondensatorzündung ist jedoch unempfindlich gegen Nebenschlüsse, d. h. das hohe Spannungsangebot bleibt trotz verschmutzter Zündkerze ausreichend hoch.

Der wesentliche Unterschied zu anderen elektronischen Zündsystemen besteht darin, daß die Zündenergie durch Aufladen eines Kondensators gespeichert und dann über einen Leistungsschalter (Thyristor) dem Zündtransformator zugeführt wird. Dort wird dieser Entladestrom zu einem Hochspannungs-Zündimpuls hochtransformiert und erzeugt – über den Zündverteiler geleitet – an der Zündkerze einen kurzzeitigen Zündfunken (ca. 0,1 ms).

Die Hochspannungs-Kondensatorzündung gibt es

- ☐ kontaktgesteuert mit einem Unterbrecher,
- ☐ kontaktlos mit einem Induktionsgeber.

Das Schaltgerät enthält den Speicherkondensator C mit Ladeteil 3a, den Thyristor Th und den Steuerteil 3b. Mit einem Induktionsgeber ausgerüstete Anlagen haben zusätzlich einen Impulsformer 3c. Die Steuersignale des Gebers werden im Schaltgerät in ähnlicher Weise verarbeitet, wie in der «Transistor-Spulenzündung mit Induktionsgeber». Eine Schließwinkelsteuerung ist hier jedoch nicht erforderlich. Im Zündzeitpunkt (t_Z) wird der Thyristor über den Gateanschluß (G) angesteuert, d. h. getriggert.

Zur Aufladung des Kondensators C ist eine Gleichspannung von 400 V notwendig, um eine ausreichende Energiespeicherung zu gewährleisten. Der Ladeteil 3a übernimmt die Aufladung, und die Diode D verhindert ein Zurückfließen der elektrischen Ladung. Man unterscheidet Einzelimpulsaufladung und Mehrimpulsaufladung. Die Mehrimpulsaufladung ist die ältere Methode. Demgegenüber hat sich die Einzelimpulsaufladung immer stärker durchgesetzt. Zwar ist diese Aufladeart schaltungsmäßig etwas aufwendiger, dafür aber wirtschaftlicher. Die Ladezeit ist so kurz, daß bis zur Höchstdrehzahl Speicherenergie und Hochspannungsangebot konstant bleiben. Der Thyristor muß einen bis zu 100 A starken Entladestrom schalten und im Sperrzustand der Kondensatorspannung von ca. 400 V standhalten. Die Zündfunkenzahl kann 30 000 je Minute betragen. Über das Gate G wird der Thyristor eingeschaltet. Ein extrem kurzzeitiger Steuerstromimpuls genügt, der Thyristor wird *getriggert.* Dabei entlädt sich der Kondensator, und es fließt ein schnell abklingender Entladestrom. Wird eine gewisse Mindeststromstärke (Haltstrom) unterschritten, so schaltet der Thyristor wieder in den Aus-Zustand (Sperrzustand) zurück.

Die Triggerimpulse werden im Steuerteil 3b erzeugt, wobei es gleichgültig ist, ob Zündsteuerung durch einen mechanischen Unterbrecher oder einen Induktionsgeber erfolgt.

Da sehr schwache kurzzeitige Triggerimpulse ausreichen, um den Thyristor durchzuschalten, ist auch nur wenige Energie dafür notwendig. Das hat den Nachteil, daß der Thyristor auch auf *falsche Impulse,* die durch das Prellen der Unterbrecherkontakte entstehen, anspricht. Dies zu verhindern ist die Aufgabe der Prellimpulssperre, die im

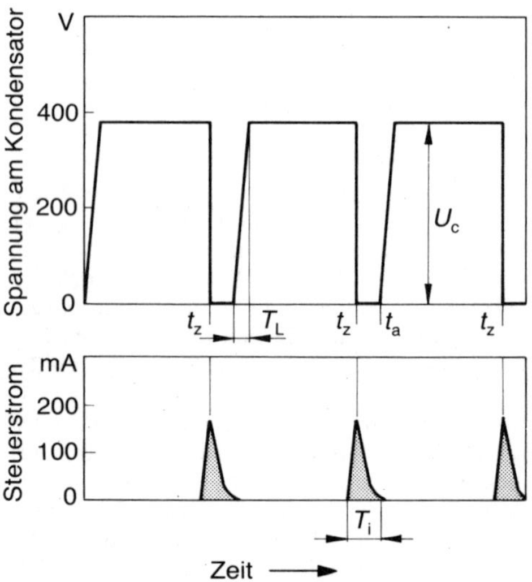

Bild 9.36
Impulsdiagramm des Kondensators
Triggerimpuls des Steuerstroms löst Entladung des Kondensators aus
Beginn der Aufladung (t_a)
Zündzeitpunkt (t_Z)
Ladespannung (U_c)
Ladezeit (T_L)
Impulsdauer (T_i) (Bosch)

Bild 9.37
Übersichtsschaltplan der Thyristorzündung (6-Zylinder-Motoren) (Bosch)

a) kontaktgesteuert mit Unterbrecher (5)
b) kontaktlos mit Induktionsgeber (5)

1 Batterie
2 Zündschalter
3 Schaltgerät
3a mit Ladeteil
3b Steuerteil
3c Impulsformer
4 Zündtransformator

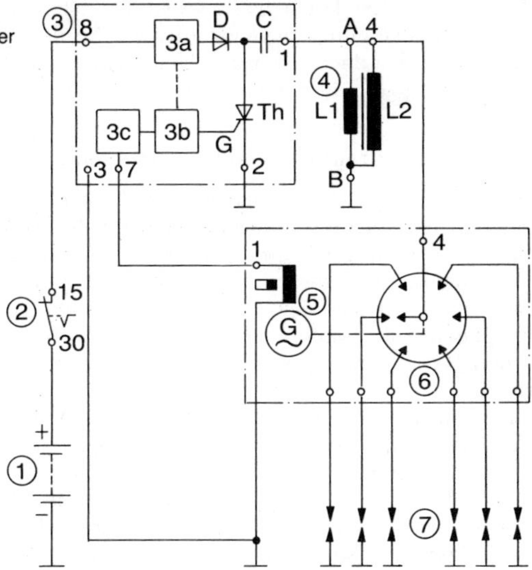

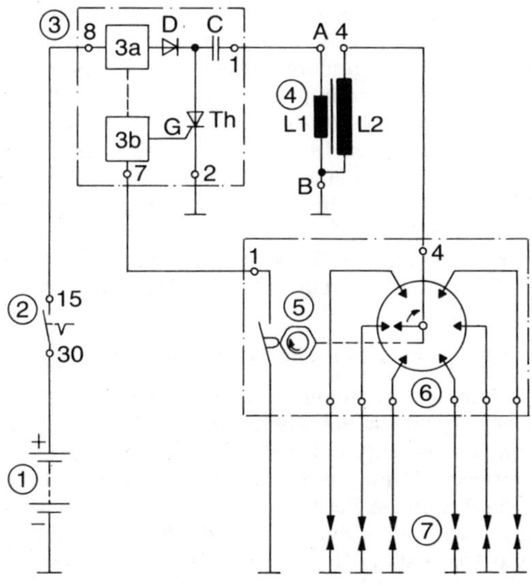

Schaltgerät jeder kontaktgesteuerten Thyristorzündanlage eingebaut sein muß. Spannungsspitzen werden wie bei den Transistorzündanlagen durch Kondensatoren abgebaut, und damit ist das Schaltgerät ausreichend geschützt.

9.6.4 Elektronische Klopfgrenzenregelung

Bei allen bisher angesprochenen Zündsystemen war eine elektronische Steuerung des Zündzeitpunkts nicht möglich. Die Zündzeitpunkt-Verstellung erfolgte immer mit mechanischen drehzahlabhängigen Fliehkraftreglern und Unterdruckdosen und lag nur innerhalb bestimmter Grenzen. Der Zündzeitpunkt müßte aber der theoretischen Klopfgrenze des Motors folgen, um in allen Betriebszuständen bestmögliche Leistungsabgabe bei optimaler Kraftstoffausnutzung zu erreichen.
Die elektronische Klopfgrenzenregelung arbeitet mit einem nahe an der Klopfgrenze liegenden Zündzeitpunkt. Ein Klopfsensor signalisiert der elektronischen Steuereinheit, ob eine klopfende Verbrennung stattfindet. Ist dies z.B. durch Kraftstoff mit niedriger Oktanzahl der Fall, so wird der Zündwinkel so weit nach «spät» gestellt, daß eine Schädigung des Motors nicht eintreten kann.
Das Klopfregelsystem besteht aus Sensor, Auswerteschaltung, Regelschaltung und Versteller. Das Hauptproblem liegt im absolut sicheren Erkennen des Klopfens. Der Sensor wird an einer sorgfältig ausgesuchten Stelle am Zylinderblock montiert. Das Signal wird individuell für jeden Zylinder in einem Auswerteglied verglichen, so daß auch bei hohen Drehzahlen eine sichere Klopferkennung vorhanden ist. Die Regelschaltung stellt den Zündwinkel gegebenenfalls sofort nach «spät» und dann langsam wieder nach «früh», bis der ursprüngliche Zündwinkel erreicht ist. Zur Sicherheit wird bei Auftreten von Fehlern (Kabelbruch, Sensorausfall usw.) von der Elektronik selbständig der Zündwinkel nach «spät» gestellt und dieser Zustand dem Fahrer auch durch eine Kontrolleuchte mitgeteilt.

9.6.5 Elektronische Zündverstellung

Da Motoren mit hoher Verdichtung, starker Brennraumturbulenz oder überwiegendem Betriebszustand im Magerbereich erhöhte Anforderungen stellen, werden diese mit einer vollelektronischen Zündung betrieben. Dafür werden bei der Zündzeitpunktberechnung folgende Eingangsgrößen verwendet: Drehzahl, Kurbelwinkel, Saugrohrdruck als Lastinformation, Luft- und Motortemperatur, Batteriespannung und Lastzustand (Leerlauf, Vollast usw.). Diese Einzeldaten, die den jeweiligen Betriebszustand charakterisieren, werden einem Mikrocomputer zugeführt, der anhand eines vorprogrammierten Zündkennfeldes den optimalen Zündwinkel erstellt.

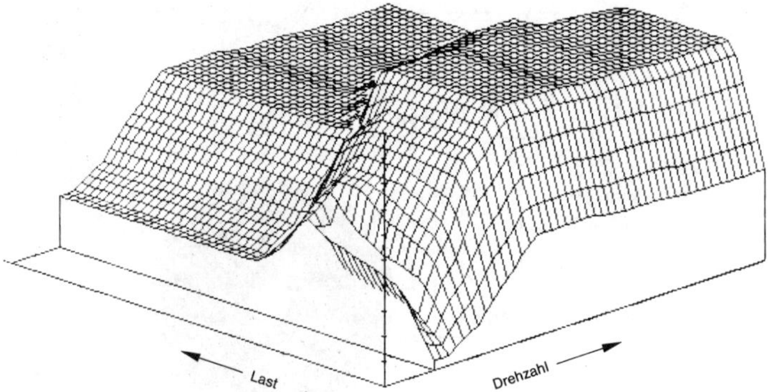

Bild 9.38 Zündkennfeld eines mechanischen Zündverstellsystems (Bosch)

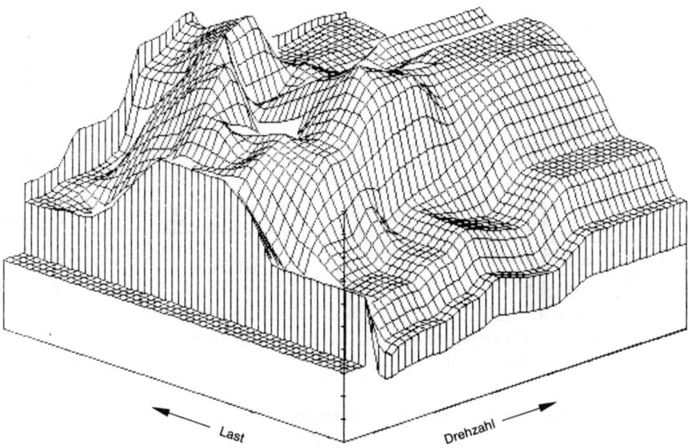

Bild 9.40 Zündkennfeld eines elektronischen Zündverstellsystems (Bosch)

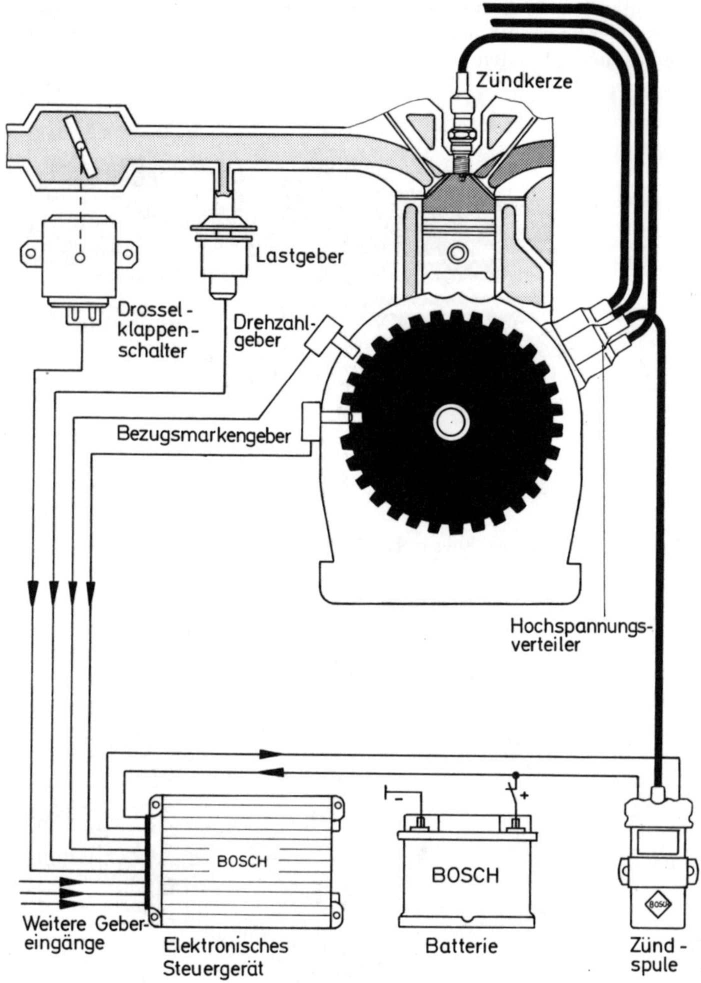

Bild 9.41 Funktionsprinzip der Bosch-Computer-Zündung

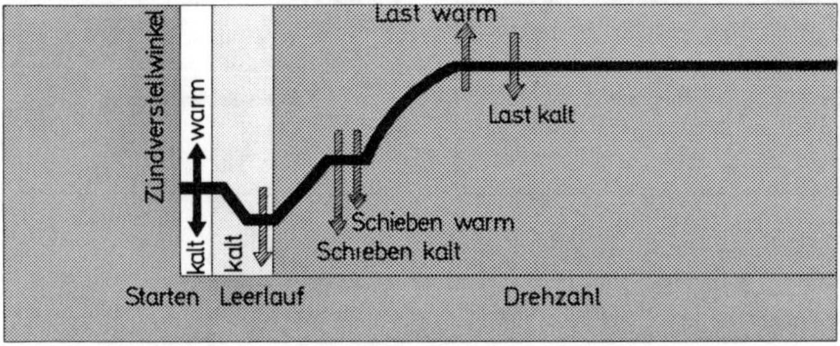

Bild 9.42 Elektronische Zündanlagen ermöglichen eine feinfühlige Anpassung des Zündverstellwinkels an die unterschiedlichen Betriebsbedingungen des Motors

Die Vorteile vollelektronischer Zündanlagen sind:

- ☐ keine Veränderung der Zündungsverstellwerte während der gesamten Lebensdauer der Steuereinheit, da ein festprogrammiertes Zündkennfeld vorliegt,
- ☐ kein mechanischer Verschleiß der Zündverstelleinrichtung,
- ☐ größter Wirkungsgrad des Motors in allen Betriebszuständen,
- ☐ geringer Kraftstoffverbrauch und besseres Abgasverhalten,
- ☐ wartungsfrei,
- ☐ Zusatzfunktionen sind leicht integrierbar (z. B. Leerlauf-, Drehzahl-Stabilisierung, Klopfregelung).

Trotz aller Vorteile ist eine elektronische Zündung mit Kennfeldsteuerung nicht uneingeschränkt zu befürworten, da ein erheblicher mechanischer, elektrischer und elektronischer Aufwand, verbunden mit hohen Kosten, dafür nötig ist.

9.6.6 Bosch-Motronic

Die Motronic der Robert Bosch GmbH ist eine digitale Motorelektronik. Sie steuert als integriertes System mit Hilfe eines Mikrocomputers mit Kennfeldspeicher die Einspritzung und die Zündung nach vorgegebenen Programmen in Abhängigkeit von den Motorbetriebsdaten. Diese Motorbetriebsdaten sind an erster Stelle Last, Drehzahl und aktuelle Temperatur. Die Bezugsgrößen werden dabei durch Luftmengenmesser, Drehzahlsensoren, Temperaturfühler und weitere Signalgeber am Fahrzeugmotor erfaßt. Die verschiedenen Funktionen der Motronic, wie die eigentliche Berechnung der Einspritzzeit und des Zündwinkels, werden von integrierten Digital-Schaltkreisen vorgenommen. Digitalschaltkreise sind Halbleiterbauelemente, die auf

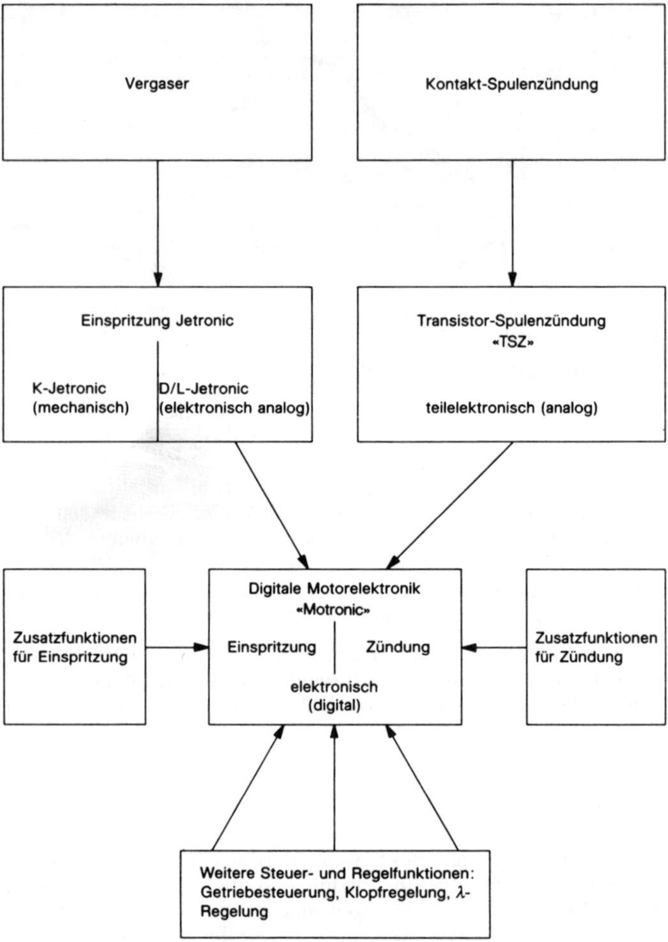

Bild 9.43 Die konsequente Weiterentwicklung moderner Zündungs- und Gemischaufbereitungssysteme führte unter Einbeziehung der heute realisierbaren Elektronik zur digitalen Motorelektronik, der Motronic (Bosch)

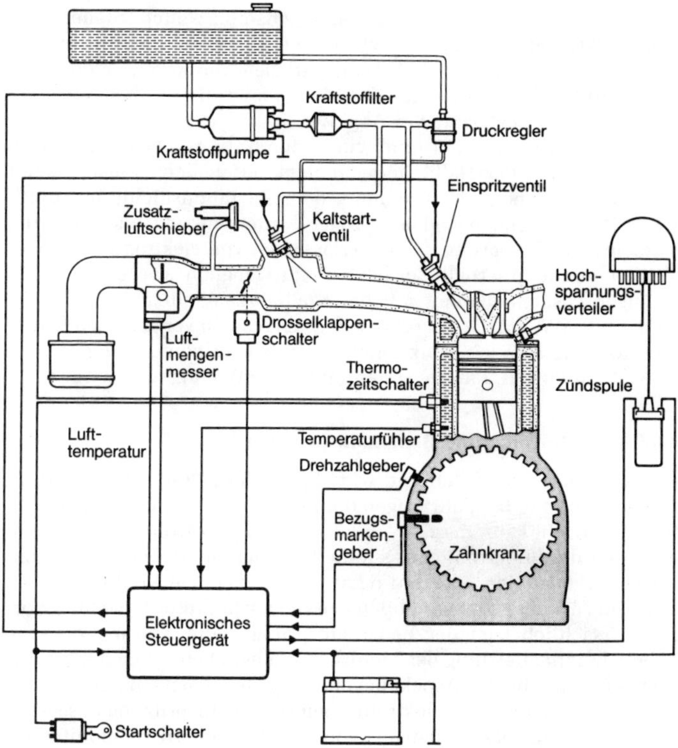

Bild 9.44 Schemaplan der Motronic an einem modernen Hochleistungsmotor (Bosch)

wenigen mm² Fläche bis zu mehreren 10000 Transistoren zusammenfassen und die damit eine Vielzahl von logischen Funktionen darstellen können.

Ohne Mehraufwand gegenüber den heutigen Einspritzsystemen können mit der erzielbar höheren «Intelligenz» der Motronic zusätzliche Funktionen für die Zündung und die Benzineinspritzung realisiert werden. Damit sind die vorhandenen Schaltkreise aber noch nicht

ausgelastet. Sie wären in der Lage, gleichzeitig weitere Steuer- und Regelfunktionen auszuführen, wie beispielsweise die angestrebte elektronische Steuerung von Automatikgetrieben, die Regelung der Zündung entlang der Klopfgrenze des Motors oder die Lambda-Regelung zur Einhaltung engbegrenzter Abgaswerte.
Die Entwicklung der Motronic wurde durch die raschen Fortschritte auf dem Gebiet der Halbleitertechnologie ermöglicht. Entscheidend dafür war die mögliche Erhöhung der Integrationsdichte elektronischer Bauelemente bei gleichzeitiger Kostensenkung wie auch die beträchtliche Steigerung der Zuverlässigkeit von elektronischen Bauelementen, die innerhalb der letzten Jahre möglich wurde.
In enger Zusammenarbeit mit der Kraftfahrzeugindustrie, insbesondere mit BMW, hat die Robert Bosch GmbH in den vergangenen Jahren die Motronic mit den Funktionen Benzineinspritzung und Zündung so weit entwickelt, daß sie serienreif bei BMW eingesetzt wird.

9.6.6.1 Motronic und Benzineinspritzung

Als Nachfolger der D-Jetronic wird heute die L- und LE-Jetronic in großer Stückzahl bei Fahrzeugen der Mittel- und Prestigeklasse eingesetzt. Zu Recht kann man davon ausgehen, daß sowohl die L-Jetronic wie auch die LE-Jetronic ausgereifte Systeme mit vielen technischen Vorzügen darstellen. Sie sind damit zu einer echten Konkurrenz des Vergasers als dem bis dato üblichsten Gemischbildungssystem geworden. Ursächlich kam der Benzineinspritzung die Aufgabe zu, eine höhere Maximalleistung des Motors zu ermöglichen. Auch heute wird sie noch unter diesem Aspekt bei einigen Fahrzeugen eingesetzt, bzw. es werden die mit einer elektronischen Benzineinspritzung ausgestatteten Fahrzeugmotoren bewußt von den Herstellern so modifiziert, daß sie unabhängig von dem verwendeten Gemischbildungssystem zwangsläufig zu einer höheren Leistung befähigt werden. Wesentlicher allerdings ist heute der Einsatz der elektronischen Benzineinspritzung zur Optimierung des Kraftstoffverbrauchs im innerstädtischen Kurzstreckenverkehr sowie zur Senkung schädlicher Abgase. Hier kommt der Kraftstoffeinspritzung zugute, daß allein durch Abschalten der Kraftstoffzufuhr im Schiebebetrieb – einer Funktion, die neuerdings auch bei den elektronisch beaufschlagten Vergasern der Pierburg angeboten wird – etwa 5% Kraftstoff einzusparen ist. Dieses Verfahren kann bei Fahrzeugen mit Benzineinspritzung ohne jede Beeinträchtigung des Fahrverhaltens angewendet werden. Es ist selbstverständlich, daß eine Funktionsbeeinträchtigung des Teilsystems elektronische Benzineinspritzung durch Kombination mit der Motronic nicht entsteht.

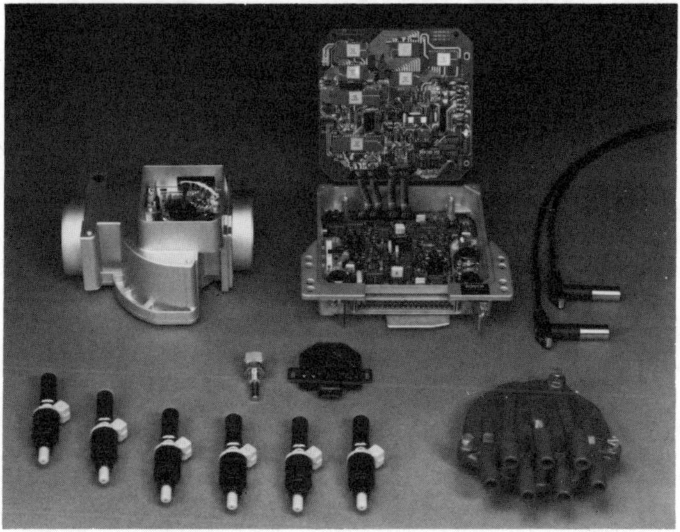

Bild 9.45 Die Bauelemente der Motronic (Bosch)

9.6.6.2 Motronic und Zündsystem

Während die heute eingesetzten elektronischen Benzineinspritzungen vollelektronische Systeme sind, kann das von den kontaktlosen Transistorzündanlagen noch keinesfalls behauptet werden. Sie verwenden nur im Steuer- und Leistungsteil elektronische Bauelemente. Die Verstellung des Zündzeitpunkts entsprechend Motorbelastung und Motordrehzahl wird jedoch mechanisch über die im Zündverteiler untergebrachten Unterdruck- und Fliehkraftversteller vorgenommen, die den kontaktlosen Auslösegeber im Zündwinkel verstellen. Nicht so allerdings bei der Motronic.

Die Vorteile der Transistorzündung, wie hohe Zündenergie und Funkenzahl sowie verbesserter Wirkungsgrad, wurden in die Motronic übernommen. Ebenfalls sind bei der Motronic wie bei einer Transistorzündanlage absolute Wartungsfreiheit und grundsätzlich verschleißunabhängige Langzeitkonstanz des Zündzeitpunkts gegeben. Zur Berechnung der Zündverstellung nutzt man jedoch zusätzlich die Vorteile der Digitalelektronik.

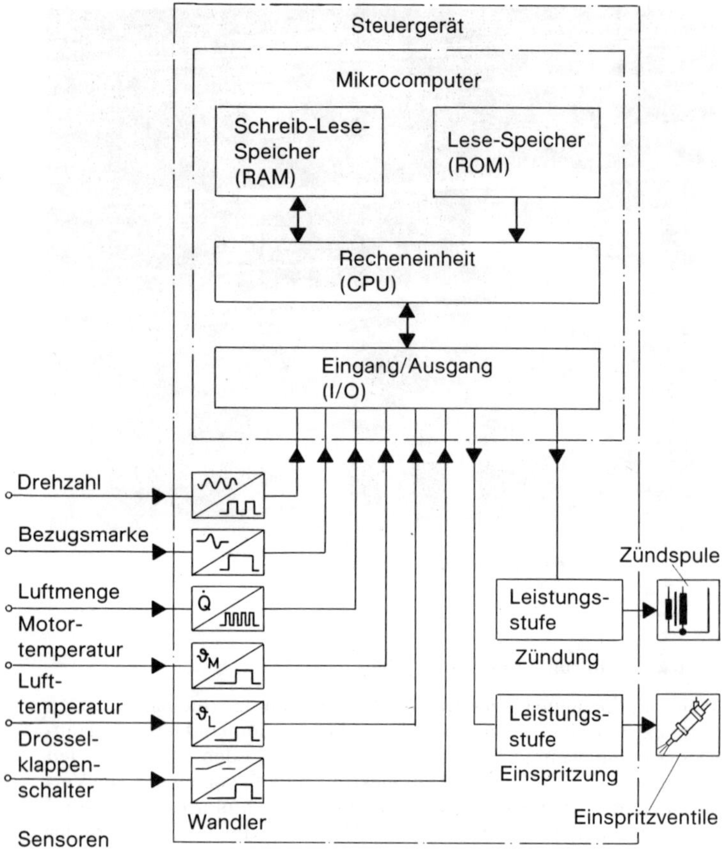

Bild 9.46 Das Blockschaltbild der Motronic gibt Auskunft über die Grund- und Zusatzfunktionen (Bosch)

Der Nachteil einer mechanischen Verstellung des Zündverteilers liegt ja darin, daß mechanisch jeweils nur eine Kennlinie für die Drehzahl bzw. für die Last eingestellt werden kann, die dann abhängig vom anderen Parameter parallel verschoben wird. Daraus ergeben sich die typischen gradlinigen, einfachen Zündungskennfelder, wie wir sie seit Jahren gewohnt sind. Bei der Motronic hingegen ist es möglich, für jeden Drehzahl- bzw. Lastzustand ein eigenes Zündungskennfeld zu verwirklichen. So wird hier jedem Betriebspunkt in der Last-Drehzahl-Ebene ein individueller Zündwinkel zugeordnet. Dazu werden 16 × 16 Stützstellen verwendet, zwischen denen jeweils 16 Einzelwerte interpoliert werden können. Daraus ergeben sich im gesamten Kennfeld insgesamt 4096 einzeln abrufbare Zündwinkel – eine enorme Anzahl, bezogen auf die tatsächlichen Betriebsmöglichkeiten eines Fahrzeugmotors. Verständlich, daß auf diese Weise hinsichtlich Verbrauch, Abgas und Fahrverhalten der jeweils günstigste Zündwinkel in den verschiedenen Betriebsbereichen, wie Leerlauf, Schiebebetrieb, Teil- oder Vollast, mit größter Genauigkeit völlig unabhängig eingestellt werden kann. Zusätzlich bietet sich die Möglichkeit, das Kennfeld durch Parallelverschiebung zu korrigieren, wenn dies – abhängig von den Umgebungsbedingungen, wie Luft- oder Motortemperatur bzw. Luftdruck, über die Sensoren ermittelt – erforderlich geworden ist. Zu diesen optimalen Kennfeldern kommt man durch Versuche auf dem Motorenprüfstand, die anschließend im Fahrzeug nach den vorgegebenen Kriterien, wie Verbrauch, Abgas und Fahrverhalten, optimiert werden. Liegt das Kennfeld fest, wird es in seiner endgültigen Form elektronisch gespeichert. Damit ist gewährleistet, daß während der Betriebszeit des Motors keinerlei Veränderungen an der Zündcharakteristik mehr auftreten können. Jeweils zwischen zwei Zündungen wird in der Motronic ein immer neuer Zündwinkel aus den vorliegenden Informationen Motorlast und Motordrehzahl sowie aus den von den Sensoren ermittelten Korrekturgrößen errechnet und der ihm zugehörige Wert aus dem gespeicherten Kennfeld entnommen. Die besonderen Vorteile einer solchen elektronischen Zündverstellung wirken sich positiv auf den Kraftstoffverbrauch aus. Es sind:

- die Drehzahlinformation, die unmittelbar an der Kurbelwelle abgenommen wird, und
- die Möglichkeit, den Zündwinkel für jeden Betriebszustand nahezu beliebig einstellen zu können.

Durch die exakte Abnahme der Drehzahlinformation erreicht man eine wesentlich höhere Genauigkeit als mit dem herkömmlichen mechanischen Zündverteiler. Das bedeutet, daß der Sicherheitsabstand zur Klopfgrenze verringert werden kann und daß der Zündwinkel im Mittel dadurch weiter in Richtung «früh» verschoben wird. Hieraus

ergibt sich ganz zwangsläufig eine bessere Kraftstoffausnutzung. Ebenso kann man sich durch die Möglichkeit, den Zündwinkel für jeden Betriebszustand nahezu beliebig einstellen zu können, den Gegebenheiten des Motors optimaler anpassen. Auch so kann man exakt der Klopfgrenze des Motors folgen.
Besonders stark wirken sich diese Vorteile bei Motoren aus, die mit hoher Verdichtung oder sehr mager betrieben werden. Gerade dies sind aber die Motoren, wie wir sie in Zukunft in Europa gebrauchen werden, um mit niedrigen Abgaswerten bei günstigen Kraftstoffverbräuchen auch in Zukunft noch großvolumige Motoren in der Mittel- und gehobenen Fahrzeugklasse betreiben zu können.

9.6.6.3 System Motronic

Das System Motronic bedarf der elektronisch gesteuerten Benzineinspritzung. Es ist demzufolge mit einer herkömmlichen L- oder LE-Jetronic kombiniert. Das Signal des Luftmengenmessers sowie die Signale des Drosselklappenschalters, des Temperaturfühlers sowie des Bezugsmarken- und Drehzahlgebers werden dem elektronischen Steuergerät zugeführt. Um das System Motronic zu erfüllen, wird ein Bezugsmarken- und ein Drehzahlgeber benötigt. Beide haben ihren Gegenpunkt im Zahnkranz der Schwungscheibe bzw. im Zahnkranz der Mitnehmerscheibe bei Fahrzeugen mit automatischem Getriebe. Das Steuergerät ermittelt die Einspritzzeit und den Zündwinkel und steuert dementsprechend die Einspritzventile und die Zündspule an. Der Zündfunke wird von der Zündspule über einen mechanischen Hochspannungsverteiler auf die einzelnen Zündkerzen verteilt.
Dem Blockschaltbild der Steuergeräte kann man entnehmen, daß der Mikrocomputer aus verschiedenen Bausteinen besteht: z.B. einem Ein- und Ausgabebaustein, der Recheneinheit, einem Schreib-Lese-Speicher sowie einem oder mehreren Lesespeichern. Für die Speicher und für die Recheneinheit werden handelsübliche Standardbauelemente verwendet. Der Ein-/Ausgabe-Schaltkreis dagegen ist eine spezielle Entwicklung für die Motronic. Alle Meßgrößen werden über Wandler erfaßt und aufbereitet und dem Ein-/Ausgabe-Schaltkreis zugeführt. Von dort werden die Signale, die der Ermittlung von Einspritzzeit und Zündwinkel dienen, von der Recheneinheit bei Bedarf abgerufen. Über denselben Schaltkreis gibt die Recheneinheit das Ergebnis zur Ansteuerung von Zündung und Einspritzung an die entsprechenden Endstufen aus.
Daß die Funktionen *Benzineinspritzung* und *Zündung* zusammengefaßt werden können, geht auf die Leistungsfähigkeit heute zur Verfügung stehender Mikrocomputer zurück. Dadurch wird es möglich, den

Grundaufwand für die Spannungsversorgung und das Gehäuse nur einmal betreiben zu müssen. Darüber hinaus können fast alle Sensoren für die Benzineinspritzung und die Zündung gleichzeitig verwendet werden. Sie sind also alle nur einmal notwendig. Daraus ergibt sich insgesamt eine höhere Zuverlässigkeit, ein geringerer baulicher Aufwand und demzufolge auch geringere Systemkosten als bei der Ausführung getrennter Systeme Benzineinspritzung und Zündung.
Bei der Konstruktion der Motronic wurde von Bosch die langjährige Erfahrung auf dem Gebiet der elektronischen Steuergeräte für die Anwendung im Kraftfahrzeug eingebracht. Hier werden durch extreme Umweltbedingungen äußerst harte Anforderungen an elektronische Geräte gestellt. So reicht z.B. der Temperaturbereich von −40 °C bis +130 °C. Die am Motor auftretende Stoßbeanspruchungen können bis zum 100fachen der Erdbeschleunigung betragen, und es muß immerhin mit elektrischen Störspannungs-Amplituden von mehr als 100 V gerechnet werden. Die notwendige Zuverlässigkeit der Elektronik wurde durch eine intensive Dauer- und Klimaerprobung sowie durch umfangreiche Tests auf Prüfständen erreicht. Mit Fahrzeugen wurde rund eine halbe Million Versuchskilometer zurückgelegt.

9.6.6.4 Die besonderen Motronic-Vorteile

Der wohl wesentlichste Vorteil der Motronic liegt in der Kraftstoffeinsparung. Diese Einsparung wird besonders deutlich gegenüber Motoren mit Vergasern und Spulenzündung, aber auch gegenüber Motoren mit Benzineinspritzung und konventioneller Zündanlage.
Das ist darin begründet, daß die Motronic eine integrierte, hochgenaue und zeitlich stabile Steuerung der Einspritzmenge und des Zündzeitpunkts in optimaler Anpassung an die jeweiligen Anforderungen des Motors möglich macht. Die verschiedenen Betriebszustände, wie Leerlauf, Warmlauf, Schiebebetrieb, Beschleunigung, Teil- und Vollastbetrieb, werden hierbei unterschieden und im Hinblick auf geringen Verbrauch nach festgelegten Funktionen gesteuert. Bei häufigen Lastwechseln, wie sie im Stadtverkehr und im Kolonnenverkehr auftreten, bietet die Motronic durch die exakt angepaßte Steuerung von Einspritzung und Zündung je nach Randbedingungen wie Fahrzyklus und Vergleichsbasis zwischen 5 und 20% Verbrauchsvorteile. Ein weiterer Motronic-Vorteil ist die Senkung der Wartungskosten, da die Motronic zeitlich stabil und wartungsfrei arbeitet – sieht man einmal von dem erforderlichen Wechsel des Kraftstoff-Filters nach 40000 km und der Zündkerzen nach empfohlenen 15000 bis 20000 km ab. Die vom Motorkonstrukteur ermittelten Funktionen und Daten sind im Mikro-

Bild 9.47 Einblick in das Steuergerät der Motronic (Bosch)

computer digital gespeichert. Sie ändern sich über die gesamte Lebensdauer des Motors nicht. Sie werden weder durch Änderungen der Temperatur noch durch Schwankungen der Bordnetzspannung beeinflußt. Auch alle übrigen Aggregate der Motronic sind der Lebensdauer des Motors angepaßt.

9.7 Prüfen elektronischer Zündanlagen

Wegen der hohen Leistung elektronischer Zündsysteme können diese nicht in gleicher Weise überprüft werden wie die herkömmlichen Batteriezündsysteme. So dürfen bei eingeschalteter Zündung elektrischer Anschlüsse im Hoch- oder Niederspannungsteil nicht berührt werden, um Unfälle durch Stromschlag zu vermeiden. Da die verschiedenen elektronischen Zündsysteme in Steuerung und Funktion stark voneinander abweichen, kann eine für alle Systeme und Fabrikate richtige Prüfanleitung nicht gegeben werden.
Das Prüfen der Zündspannung durch Prüfen des Überschlags des Zündfunkens zur Masse oder zur Zündkerze darf bei allen elektronischen Zündanlagen nicht durch Abnehmen eines Hochspannungskabels erfolgen. Denn infolge der hohen Zündleistung können dadurch nicht nur die Isolierungen der Hochspannungsbauteile durch Funkendurchschlag, sondern auch die elektronischen Steuerteile zerstört werden. Der hohen Empfindlichkeit dieser Anlagen muß dadurch entsprochen werden, daß bei eingeschalteter Zündung keine Kabel im Primär- oder Sekundärkreis an- oder abgeklemmt werden. Die Prüfung, ob die Zündspannung ausreichend ist, kann mit einer zwischen das Hochspannungskabel von der Zündspule oder den Zündtrafo und die Motormasse geschaltete, auf maximal 12 mm Funkenlänge eingestellte Meßfunkenstrecke erfolgen. Wenn an dieser auf 8 mm eingestellten Funkenstrecke beim Betätigen des Starters Zündfunken einwandfrei überschlagen, ist die Zündleistung ausreichend. Um festzustellen, ob Verteilerrotor, Verteilerkappe und Zündleitungen in Ordnung sind, kann man die Meßfunkenstrecke mit gleicher Funkenschlagweite zwischen die einzelnen Zündkerzenstecker und die Motormasse schalten. Bei ausreichender Zündspannung an allen Zündkerzen können noch die Zündkerzen, die Zündeinstellung oder der Schließwinkelwert eine Fehlleistung verursachen. Die Zündeinstellung wie auch die Schließwinkelwerte elektronischer Zündanlagen können mit den üblichen Zündungstestern gemessen und mit den für das jeweilige Kraftfahrzeug gegebenen Sollwerten verglichen werden.

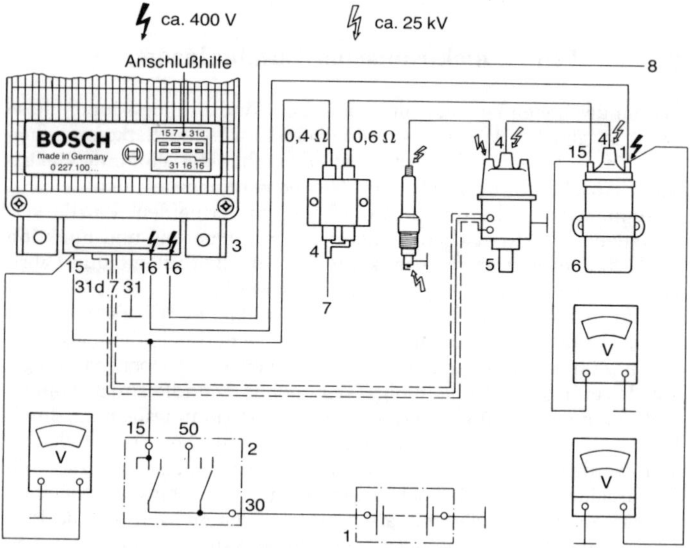

Bild 9.48 Meßpunkte zum Prüfen einer Bosch-TSZ-i-Zündanlage (Bosch-Werkbild)

1 Batterie
2 Zündschalter
3 Schaltgerät
4 Vorwiderstand
5 Zündverteiler
6 Zündspule
7 Zum Starter Klemme 15a
8 L-Jetronic Klemme 1

Wenn die mit der Meßfunkenstrecke gemessenen Zündfunkenlänge nicht ausreichend ist, sollte man vor weiteren Prüfungen die Leitungen und Kabelstecker im primären Stromkreis auf einwandfreien Kontakt prüfen. Dazu kann man mit einem Voltmeter die Spannung an der Zündspule und dem Vorwiderstand messen.

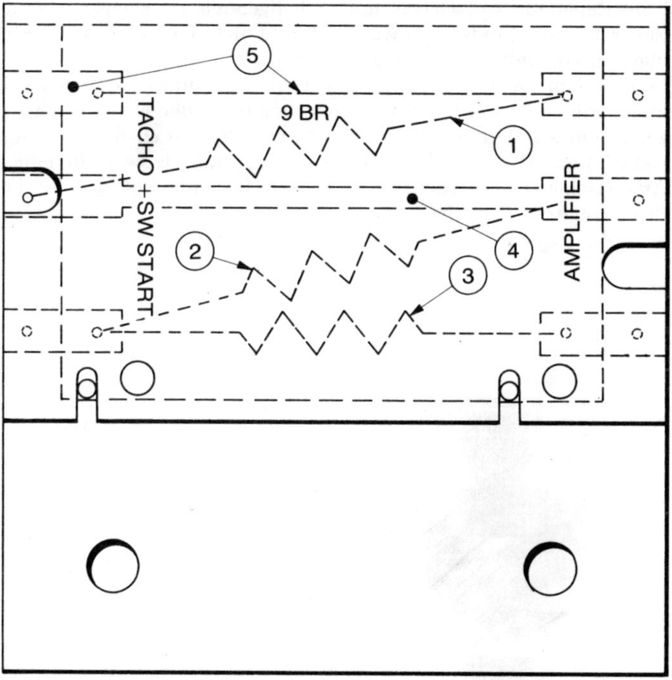

Bild 9.49 Meßpunkte zum Durchmessen der Vorwiderstandseinheit der Lucas-Opus-Zündanlage (Lucas-Werkbild)

1 Vorwiderstand für Verstärker 7,6 bis 9,2 Ω
2 Zündspulen-Vorwiderstand 0,72 bis 0,8 Ω (während des Startvorganges überbrückt)
3 Zündspulen-Vorwiderstand 0,9 bis 1,0 Ω
4 Direkte innere Verbindung
5 Drehzahlmesseranschluß und direkte innere Verbindung (bei Einheiten späterer Ausführung, mit Teilenummer 47227 eingebaut)

Wenn dort eine geringere Spannung ermittelt wird als für das Fahrzeug vorgeschrieben, können noch der Widerstand der Zuleitungen, der Zündspulenwicklungen, der Vorwiderstand und – so vorhanden – der Steuergeber gemessen und mit den Sollwerten für die jeweilige Anlage verglichen werden.

Eine Reparatur von Geber- und Schaltgeräten ist ebenso wie die Reparatur von Zündspulen werkstattseitig nicht möglich. Diese sollte man bei erkannten Schäden austauschen.
Meist geben die Hersteller vollelektronischer Zündanlagen, die zur Erstausrüstung von Kraftfahrzeugen gehören, für den jeweiligen Fahrzeug- und Zündertyp abgestimmt Fehlersuchpläne an ihre Vertragswerkstätten. Dabei sind jeweils Messung und Meßwert in einem Arbeitsschema angegeben, wie dies das folgende Beispiel der Fa. Bosch zeigt.

Bosch-Fehlersuchplan für BMW 528, 633 CSi, 633i und 3,3Li

Kundendienst KH

Kraftfahrzeug-Service-Information

mit 6-Zyl.-Vergasermotoren ab 8.78
und 6-Zyl.-Einspritzmotoren

Kontaktlose Transistorzündung (TSZ-i) mit
Schaltgerät 0 227 100 025
Zündspule 0 221 122 010

1. Erforderliche Prüfgeräte

Motortester z. B.	MOT 002.00	0 684 000 200
Funkenstrecke z. B. Zündspulen-Kondensator-Tester	EFAW 106 A	0 681 100 001
oder Einfach-funkenstrecke	EF 1177/7	1 684 531 000
Ohmmeter z. B.	Pontavi	handelsüblich

Achtung!

Leistungsgesteigertes Zündsystem, gefährliche Hoch- und Niederspannung!

Beachten Sie hierzu unsere Technische Mitteilung VDT-I-227 102.

2. Fehlersuchprogramm

2.1 Ziel des Fehlersuchprogramms
Dieses Programm soll – unter Einbeziehung aller geeigneten Prüfgeräte – den Werkstattmitarbeitern helfen, Fehlerursachen an Motoren mit kontaktloser Zündanlage schnell zu erkennen.

2.2 Prüfablauf
Die im Fehlersuchprogramm linksstehenden Prüfschritte enthalten Prüfhinweise und Prüfwerte. Verläuft der Prüfschritt negativ, werden die entsprechenden Instandsetzungshinweise in den rechts danebenstehenden Kästchen gegeben.

Fehlersuchprogramm

Prüfvoraussetzung:

Batterie voll geladen bzw. Versorgungsspannung 12 bis 14 V, Kraftstoff im Tank, Motor- bzw. Umgebungstemperatur 0 bis +40°C (Temperatur geht stark auf Meßwerte ein).

Starter dreht, Motor springt nicht an bzw. Motor hat schlechte Leistung.

↓

Funkenstrecke z.B. Tester EFAW 106 A an Zündspule Kl. 4 anschließen und Funkenstrecke auf 12 mm einstellen, Motor starten.

Zündfunke von 12 mm vorhanden?

nein →

ja ↓

Verteilerkappe, Verteilerläufer, Zündleitungen und Zündkerzen prüfen.

Funke an Zündkerze?

nein → Hochspannungsseite instand setzen.

ja ↓

Zündeinstellung prüfen.

Einstellung in Ordnung?

nein → Zündung einstellen.

ja ↓

Kraftstoffsystem prüfen.

Bekommt der Motor genügend Kraftstoff?

nein → Kraftstoffsystem instand setzen.

ja ↓

Vorwiderstand und Zündspule prüfen.
Vorwiderstand 0,9 bis 1,1 Ω
Zündspule primär (Kl. 15 und 1) 0,33 bis 0,46 Ω
Zündspule sekundär (Kl. 1 und 4) 7 bis 12 Ω

Widerstandswerte in Ordnung?

nein → Vorwiderstand bzw. Zündspule erneuern.

ja ↓

Spannungsabfall prüfen.
Spannungsabfall an der Zündspule zwischen Kl. 15 und Kl. 1 gleich/größer 1,8 V bei einer Batteriespannung von gleich/größer 11 V und eingeschalteter Zündung.

Spannungswerte in Ordnung?

nein → Leitungen und Anschlüsse von Zündschalter, Vorwiderstand, Zündspule und Schaltgerät einschließlich Masseleitung auf Spannungsabfall prüfen.
Spannungsabfall beseitigen.

ja ↓

Fortsetzung übernächste Seite

Startanhebung prüfen.
Anschlußleitung vom Starter Kl. 15a am Vorwiderstand 0,4 Ω abklemmen und Spannungsmesser anschließen. Starter betätigen. Der Spannungsmesser muß Batteriespannung anzeigen.

Startanhebung in Ordnung?

nein → Unterbrechung der Zuführungsleitung oder des Kontakts 15a im Starterrelais beseitigen.

ja ↓

Geberwiderstand einschließlich Geberleitung am abgezogenen Schaltgerätestecker zwischen Kl. 7 und 31 d messen (Bild 9.33a)
Widerstandswert: 485 ... 700 Ω.

Widerstandswert in Ordnung?

nein → Geberspule bzw. Geberleitung erneuern.

ja ↓

Geberspule einschließlich Geberleitung am abgezogenen Schaltgerätestecker auf Masseschluß prüfen (Bild 9.33b und c)
Klemme 7 oder Klemme 31d gegen Fahrzeugmasse.

Widerstand $R = \infty$?

nein → Geberspule bzw. Geberleitung erneuern.

ja ↓

Gebersystem auf mechanische Beschädigung prüfen.
Sichtprüfung: Luftspalt zwischen Rotor und Stator vorhanden?

Gebersystem in Ordnung?

nein → Gebersystem erneuern.

ja

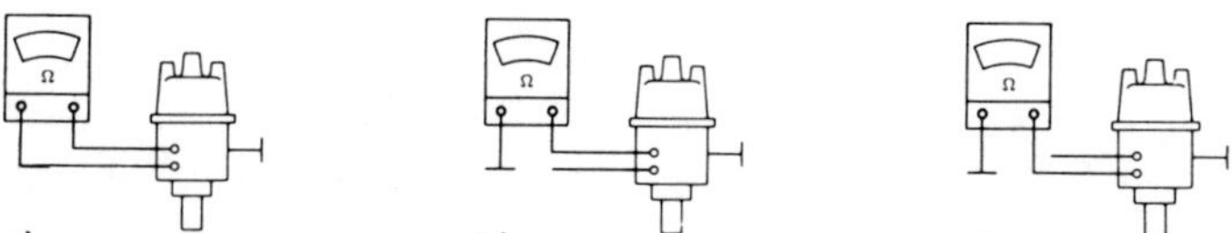

a) b) c)

Spannungsversorgung von Schaltgerät prüfen. Gummitülle von Schaltgerätestecker zurückschieben. Spannungsmesser an Schaltgerätestecker Kl. 15 und 31 anschließen.
Zündung einschalten.
Die gemessene Spannung darf max. 1,0 V unter Batteriespannung liegen.

Spannungswert in Ordnung?

nein → Leitungen und Anschlüsse von Zündschalter zum Schaltgerät, einschließlich Masseleitung Kl. 31 auf Spannungsabfall prüfen.
Spannungsabfall beseitigen.

ja ↓

Spannung an Zündspule Kl. 1 gegen Masse gleich/kleiner 2,0 V bei eingeschalteter Zündung.

Spannungswert in Ordnung?

nein → Schaltgerät erneuern.

ja ↓

Schließwinkel überprüfen
(nur **kurzzeitig** und **warmer Motor**).
$n = 1500 \pm 50\ \text{min}^{-1}$ 33° bis 51°
$n = 5000 \pm 50\ \text{min}^{-1}$ 45° bis 55°

Schließwinkelwert in Ordnung?

nein → Wenn Motor nicht anläuft (kein Zündfunke), Schaltgerät erneuern.
Wenn Schließwinkel nicht in Ordnung, folgende Programmschritte durchführen:
1. Geberwiderstand,
2. Geberspule-Masseschluß,
3. Gebersystem mechanisch prüfen.
Wenn Gebersystem in Ordnung, dann Schaltgerät erneuern.

ja ↓

Motor muß anspringen, bzw. Motorleistung muß vorhanden sein, andernfalls mechanischer Defekt.

10 Zündkerzen

10.1 Aufgabe

Um das verdichtete Kraftstoff-Luft-Gemisch mit Hochspannungszündern zu entzünden, ist es erforderlich, daß innerhalb des Verbrennungsraumes eine Funkenstrecke angeordnet ist, an der der Zündfunken überspringt. Dies geschieht bei Zündkerzen in der Weise, daß man die Zündspannung isoliert an die Mittelelektrode heranführt, von wo aus dann Zündfunken zur Masseelektrode überschlagen. Dabei werden die im Einfluß des Zündfunkens liegenden Kraftstoffteile entzündet. Die entzündeten Kraftstoffteile zünden durch ihre Wärmeerzeugung die ihnen naheliegenden Kraftstoffteilchen. Dadurch findet eine fortlaufende Verbrennung in Art einer Flammenfront statt.

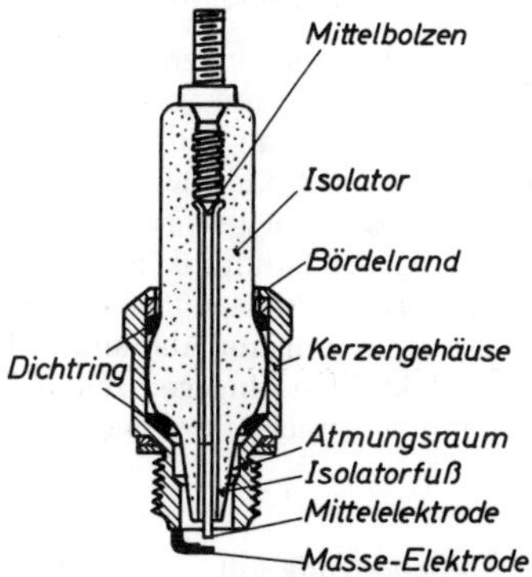

Bild 10.1
Aufbau einer Zündkerze

10.2 Aufbau (Bild 10.1)

Die wesentlichsten Bauteile einer Zündkerze sind der Zündkerzenmittelbolzen – auch Anschlußbolzen oder Mittelelektrode genannt –, die Elektroden, der Isolator und das Kerzengehäuse. Der Zündkerzenmittelbolzen ist gasdicht im Isolatorkörper verkittet oder eingeschmolzen. Der Isolierkörper ist bei modernen Zündkerzen meist im Kerzengehäuse eingebördelt. Von den Elektroden ist eine mit dem Mittelbolzen und die anderen mit dem Kerzengehäuse, also mit der Masse verbunden.

10.2.1 Anschlußbolzen

Der Zündkerzenmittelbolzen hat die Aufgabe, den hochgespannten Zündstrom in den Verbrennungsraum zu leiten. Bei modernen Zündkerzen soll er außerdem die Wärme vom Isolator im Kerzeninnern ableiten. Darum wird er aus die Wärme gut ableitenden Metallen hergestellt. Bei normalen Zündkerzen verwendet man meist nickellegierte Stähle, in Sonderfällen auch Kupfer oder Silber.

10.2.2 Elektroden

Die Einleitung der Verbrennung ist um so sicherer gewährleistet, je mehr Kraftstoffteile durch den Hochspannungsfunken zugleich entzündet werden. Dies erfordert einen möglichst großen Luftspalt zwischen den Elektroden. Außerdem müssen sie möglichst so im Brennraum angeordnet sein, daß sich genügend brennbare Gase in diesem Luftspalt befinden.

10.2.2.1 Elektrodenformen

Für die gute und sichere Einleitung der Verbrennungen ist die Stelle, an der der Zündfunken überschlägt, also Art und Lage der Zündkerzenelektroden, von Bedeutung (Bild 10.2).
Bei Seitenelektroden wird der Luftspalt gut von Brenngasen durchspült. Dies ergibt insbesondere bei vorgezogenem Isolator durch die freie Lage des Zündfunkens einen guten Leerlauf und gute Beschleunigung des Motors. Es muß aber – bedingt durch stärkere Temperatureinflüsse – ein größerer Abbrand in Kauf genommen werden.
Stirnelektroden hingegen zeichnen sich infolge der geschützten Lage der Funkenstrecke durch geringeren Elektrodenabbrand aus. Sie sind

Seitenelektrode mit vorgezogenem Isolatorfuß **Stirnelektrode** **Ringseitenelektrode**

Bild 10.2 Elektrodenarten von Bosch-Zündkerzen

aber nicht für alle Motoren geeignet, weil sie diese teillastempfindlich machen und die Beschleunigung vermindern.
Ringseitenelektroden haben durch den großflächigen Kontakt mit dem Kerzengehäuse eine günstige Wärmeableitung. Dadurch wird eine höhere Lebensdauer der Elektroden erreicht. Zugleich schlägt der Zündfunken durch das in den Atmungsraum der Zündkerze strömende Kraftstoff-Luft-Gemisch. Diese Lage der Funkenstrecke im Gasstrom verhindert auch eher die Brückenbildung zwischen den Elektroden. Ringseitenelektroden in den verschiedensten Abwandlungen werden darum gern für Zweitaktmotoren verwendet.

10.2.2.2 Elektrodenabstand

Ist der Elektrodenabstand zu groß, wird eine erhöhte Zündspannung erforderlich, die bei Batteriezündern insbesondere bei hohen Drehzahlen nicht mehr zur Verfügung steht. Ebenso würde dann im unteren Drehzahlbereich oder bei kaltem Motor mit noch nicht freigebrannten Isolatoren die von der Zündspule erzeugte Hochspannung eher über die verrußte Schicht des Isolators im Innern der Zündkerze abgeleitet. Darum wird der Elektrodenabstand vom Motorhersteller für jeden Motor vorgeschrieben. Er muß beim Einbau neuer Zündkerzen und ebenso bei deren Prüfung auf den vorgeschriebenen Wert nachgestellt werden (Bild 10.3).

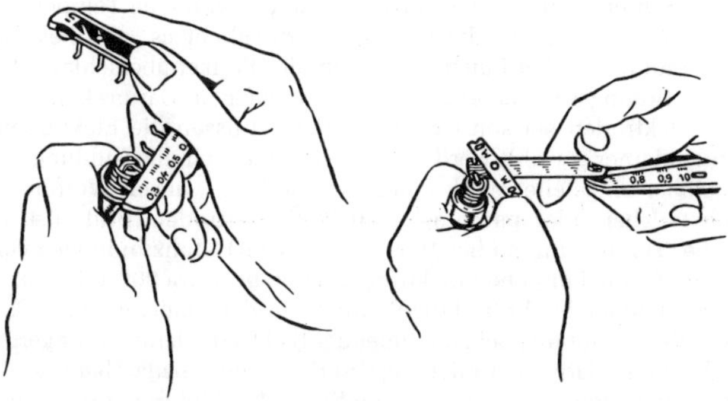

Bild 10.3 Messen und Einstellen des Elektrodenabstandes mit der Bosch-Zündkerzeneinstellvorrichtung

10.2.2.3 Elektrodenwerkstoffe

Damit die Elektroden den thermisch-korrosiven Einflüssen und dem durch den Funkenüberschlag bedingten Abbrand einen möglichst großen Widerstand entgegensetzen, verwendet man im Regelfalle Chrom-Nickel-Legierungen. Zusätze von Barium, Polonium, Radium oder ähnlichen radioaktiven Stoffen wirken, sofern sie sich unmittelbar an der Funkenstrecke befinden, ionisierend und vermindern die zum Funkenüberschlag erforderliche Spannung.

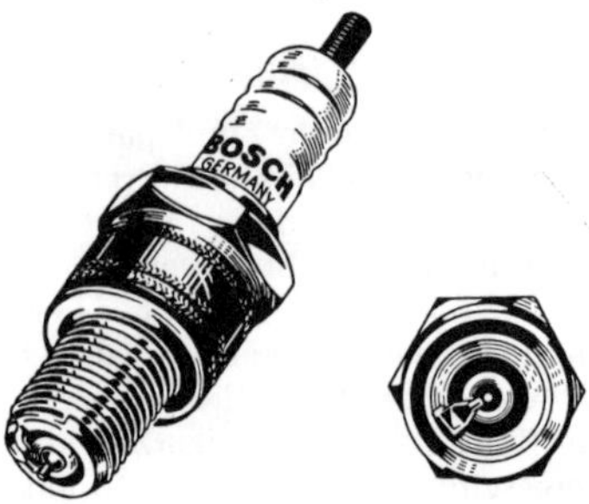

Bild 10.4
Bosch-Platinzündkerzen

10.2.2.4 Platinelektroden

Platin ist als Elektrodenwerkstoff geeignet, weil es neben seinem hohen Schmelzpunkt von etwa 1750 °C auch bei hohen Temperaturen korrosions- und abbrandfest ist. Dies ermöglicht es, die Elektroden dünn und damit den Luftspalt, in dem der Funkenüberschlag erfolgt, für die Brenngase leichter zugänglich zu machen. Darum können mit Platinelektroden bei sonst gleichen Verhältnissen die Elektrodenabstände kleiner gewählt werden, ohne daß dadurch die Zündung weniger sicher eingeleitet wird. Platin erfordert kalt, neben Wolfram, die höchste Überschlagspannung. Weil Platinelektroden (Bild 10.4) aber erst bei Temperaturen über 1000 °C (= 1273 K) Glühzündungen verursachen, was bei üblichen Elektroden schon bei etwa 800 °C (= 1073 K) eintritt, können bei Vollast die Platinelektroden heißer werden. Da die Überschlagspannung bei zunehmender Elektrodentemperatur geringer wird, ist mit Platinelektroden der Zündspannungsbedarf beim Vollastbetrieb des Motors geringer. Darum finden bei Motoren mit spezifisch hoher Leistung zunehmend Zündkerzen mit Platinelektroden Verwendung.

10.2.3 Isolierkörper

Die Isolierkörper sind nicht nur hohen Temperaturen, sondern auch schroffen Temperaturwechseln ausgesetzt. Darum müssen sie nicht nur bei hohen Temperaturen gut isolieren, sondern auch große thermische Festigkeit besitzen.
Als Isolierkörper verwendet man keramische Isolatoren. Die früher üblichen Speckstein-, Porzellan- oder Steatitisolatoren entsprechen den heutigen Anforderungen an Isoliervermögen und thermischer Festigkeit nicht mehr. Darum verwenden fast alle größeren Zündkerzenhersteller Sinterkorundisolatoren. Das Grundmaterial zu diesem Werkstoff ist reines Aluminiumoxid, die sogenannte Tonerde. Weil die hohen Brenntemperaturen des reinen Aluminiumoxides von etwa 1800 °C (= 2073 K) die Herstellung von Isolierkörpern unwirtschaftlich machen würden, werden meist geringe Mengen Zusätze beigefügt, die neben anderem die Aufgabe haben, die Brenntemperaturen herabzusetzen. Diese Zusätze, die die Hersteller nicht bekanntgeben, bestimmen in hohem Maße die Qualität der Zündkerzen.

10.2.4 Kerzengehäuse

Das Zündkerzengehäuse ist aus Automatenstahl gefertigt. Das Gehäuse dient nicht nur der Befestigung, sondern auch zur Wärmeableitung vom Isolator. Genormt sind die Zündkerzen mit Gewinde M 14 × 1,25 (DIN 72502) und M 18 × 1,5 (DIN 72501). Die Zündkerze mit Gewinde M 14 × 1,25 hat die Schlüsselweite SW 20,8 und die mit Gewinde M 18 × 1,5 SW 26. Diese aus der Norm fallenden Schlüsselweiten wurden gewählt, damit spezielle Kerzensteckschlüssel verwendet werden, weil beim Einschrauben mit Maulschlüsseln die Kerzenkörper deformiert und dadurch die Zündkerzen undicht werden können. Neben diesen genormten Zündkerzen werden auch für kleinere Motoren Zündkerzen mit Gewinde M 10 × 1 und für ältere Motoren mit M 12 × 1,25 bzw. ⅞-Zoll-Gewinde hergestellt.

10.2.5 Temperaturverhalten und Wärmewert

10.2.5.1 Selbstzündtemperatur

Der Isolatorfuß ist den Temperaturen im Brennraum ausgesetzt. Er darf Temperaturen von etwa 850 °C (= 1123 K) (Glühzündtemperaturen) nicht wesentlich überschreiten. Werden diese Temperaturen überschritten, so entzündet sich das Kraftstoff-Luft-Gemisch am Isolator bevor der Zündfunken überschlägt. Die Folge diese Glühzündung sind eine erhöhte Verschleißbeanspruchung des Motors und Leistungsverluste.

10.2.5.2 Selbstreinigungstemperatur

Bleibt die Temperatur des in den Verbrennungsraum ragenden Teiles des Isolators lange Zeit wesentlich unter 530 °C (= 803 K) (Selbstreinigungstemperatur oder Freibrenntemperatur), so lagern sich dort Ruß- und Ölrückstände ab, die elektrisch leitend sind. Bei genügender elektrisch leitender Schicht fließt der Zündstrom über diese Schicht zur Masse ab, und der Zündfunken setzt aus.

10.2.5.3 Einfluß der Isolatorform auf das Temperaturverhalten

Die Zündkerzen müssen in ihrem Erwärmungsverhalten den durch die Motoren bestimmten Verhältnissen in der Weise entsprechen, daß sie beim Vollastbetrieb des Motors an ihrem Isolatorfuß die Glühzündtemperatur nicht erreichen, aber auch bei Teillastbetrieb nicht so weit abkühlen, daß dadurch die elektrisch leitende Schicht zu dicht wird. Diese Forderungen sind nur zu erfüllen, wenn man den Wärmehaushalt der Zündkerze den Temperaturverhältnissen des Motors anpaßt. Dies geschieht grundsätzlich in der Weise, daß man, wenn der Isolatorfuß zu heiß wird, die den Brenngasen ausgesetzte Isolatorfläche kleiner macht und zugleich durch einen kurzen Weg von größerem Querschnitt die Wärmeableitung verbessert. Bei kurzer stumpfer Ausführung bleibt der Isolatorfuß kälter, und bei länger und schlanker ausgeführtem Isolatorfuß wird dieser wärmer (Bild 10.5).

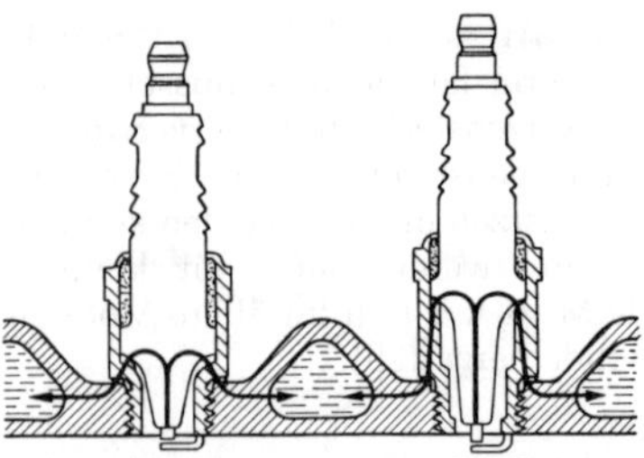

Bild 10.5
Das Temperaturverhalten und damit der Wärmewert einer Zündkerze wird im wesentlichen durch die Form des Isolatorfußes bestimmt (Champion)

10.2.5.4 Wärmewert

Um die Wahl der für einen Motor in ihrem Temperaturverhalten passenden Zündkerzen zu erleichtern, wurde von der Fa. Bosch in den Jahren 1924 bis 1925 der Begriff «Wärmewert» geschaffen. Dieser Wärmewert wurde inzwischen von allen deutschen und vielen europäischen Firmen übernommen. Der Wärmewert ist ein Vergleichswert, der angibt, nach welcher Zeit in einem bestimmten Prüfmotor unter bestimmten Bedingungen Glühzündungen an der Zündkerze auftreten. Demnach hat eine Zündkerze, die kälter bleibt, einen hohen und eine, die heißer wird, einen niedrigen Wärmewert. Seit 1979 wird in Deutschland auch die USA-Kennzeichnung mit Zahlen zwischen 3 (kalt) und 14 (warm) verwendet. Kalte Zündkerzen haben einen hohen und warme einen geringeren Wärmewert.

10.2.5.5 Wärmewert-Betriebsbereich

Bei Zündkerzen von höherem Wärmewert wird infolge des kürzeren Weges über den Isolator die Zündspannung bereits bei geringerer Dichte der Verrußung über die elektrisch leitende Schicht abfließen. Dies bewirkt, daß der Temperaturbereich, in dem die Zündkerze betriebsfähig bleibt, bei höheren Wärmewerten geringer wird. Um diesen temperaturabhängigen Betriebsbereich zu erhöhen, muß der Isolatorfuß und damit der Gleitfunkenweg bei gleichem Wärmewert länger gestaltet werden. Dies ist aber nur möglich, wenn man die größere, vom Isolatorfuß aufgenommene Wärme besser ableitet. Dies erfordert Isolatoren von größerer Wärmeleitfähigkeit und Zündkerzenmittelbolzen von größerem Querschnitt zu besserer Wärmeableitung.

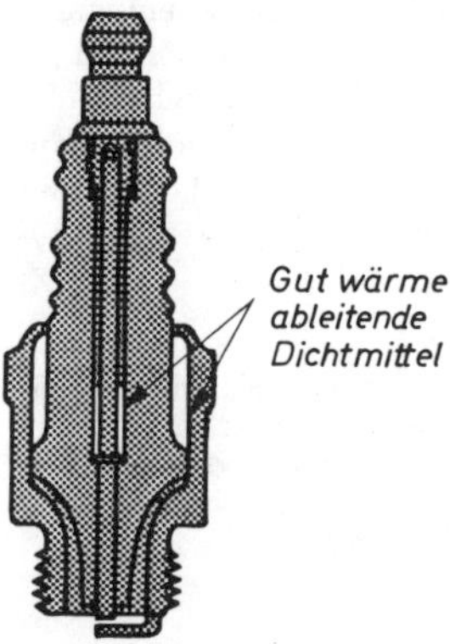

Bild 10.6
Zur Erhöhung des Temperaturbetriebsbereiches von Zündkerzen können wärmeableitende Dichtmittel verwendet werden (Champion)

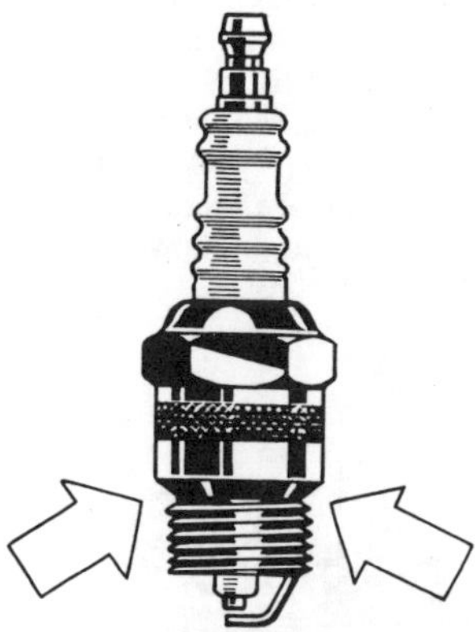

Bild 10.7
Zündkerzen mit konischem Sitz benötigen keine Dichtringe. Dadurch kann die Wärme besser an den Motor abgeleitet werden (Champion)

Ebenso kann der Wärmeübergang vom Isolator zum Mittelbolzen und vom Isolator zum Kerzengehäuse durch die Verwendung von gut wärmeableitenden Dichtmitteln verbessert werden (Bild 10.6). Die Wärme vom Isolator wird zum größten Teil über das Kerzengehäuse, den Dichtring und das Gewinde an das Motorgehäuse abgeführt. Dieser Wärmeübergang ist besser, wenn die Temperaturen des Kerzengehäuses niedriger gehalten werden können. Darum sucht man bei hochverdichtenden Motoren den Wärmeübergang zum Motor durch längere Zündkerzengewinde und dadurch größere Berührungsflächen zu verbessern. Bei Zündkerzen für höchste Leistung vermeidet man aus diesen Gründen auch den durch Dichtringe verursachten Wärmestau, indem man an Motor und Zündkerzengehäuse konische Dichtflächen vorsieht (Bild 10.7).

10.2.5.6 Gesteuerte Wärmeableitung

Der Fahr-Halte-Betrieb im Stadtverkehr bedingt, daß die Motoren längere Zeit im unteren Teillastbereich betrieben werden. Dabei und beim Anlassen kalter Motoren sind Niederschläge und Verrußen des Kerzenfußes unvermeidlich. Um den stark veränderlichen Betriebsbedingungen gerecht zu werden, sind Zündkerzen erforderlich, deren Isolatorfuß anfänglich rasch erwärmt, aber auch bei Vollast nicht zu heiß wird. Dies erreicht man, indem man die Wärmeableitung so lange vermindert, bis der Isolatorfuß seine Selbstreinigungstemperatur erreicht hat (Bild 10.8). Das wird durch einen Spalt zwischen der gut wärmeleitenden Mittelelektrode und dem Isolator ermöglicht. Bis etwa 500 °C (= 773 K) ist dieser Luftspalt wärmeisolierend. Bei höheren Temperaturen erhöht sich schnell der Wärmeübergang zur Mittelelektrode, und die Wärmeableitung wird größer. Das gleiche kann

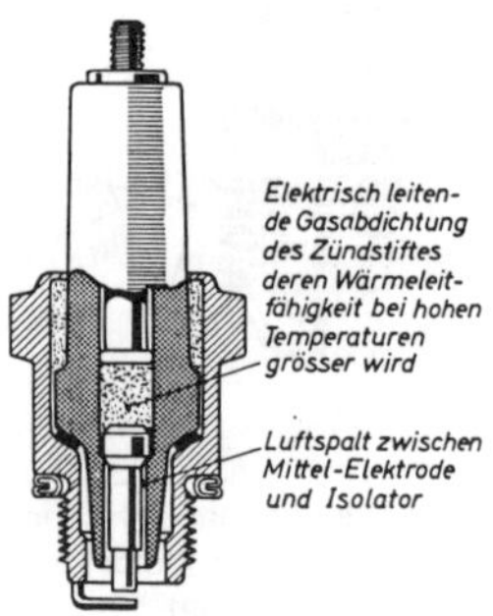

Bild 10.8
Durch Zwischenglieder zwischen Elektrode, Isolator und Mittelbolzen kann die Wärmeableitung und damit das Temperaturverhalten einer Zündkerze gesteuert werden

erreicht werden, wenn man zwischen Mittelelektrode und Mittelbolzen einen elektrisch leitenden Stoff anordnet, der bei geringen Temperaturen die Wärme schlecht und bei hohen Temperaturen gut ableitet. Durch die Verwendung eines dieser oder beider Mittel wird die Zündkerze so temperaturelastisch, daß bei Vollast- und Teillastbetrieb der Motoren die gleiche Zündkerze ausreicht.

10.2.6 Entstörte Zündkerzen

Für spezielle Zwecke werden zur Vollentstörung vollabgeschirmte und wasserdichte Zündkerzen geliefert. In den Fällen, in der ein vor die Zündkerzen geschalteter Entstörwiderstand nicht zu einem störungsfreien Rundfunkempfang im Kraftfahrzeug ausreicht, verwendet man Zündkerzen mit eingebautem Entstörwiderstand (Bild 10.9). Da hierbei die Wärmeableitung des Zündkerzenmittelbolzen durch den Widerstand unterbrochen wird, sind besondere Mittel erforderlich, die die entstörte Zündkerze aufwendig und teuer machen. Darum ersetzt man die Entstörkerzen durch teilgeschirmte Zündkerzenstecker mit eingebautem Entstörwiderstand, deren Entstörwirkung ebenso gut ist.

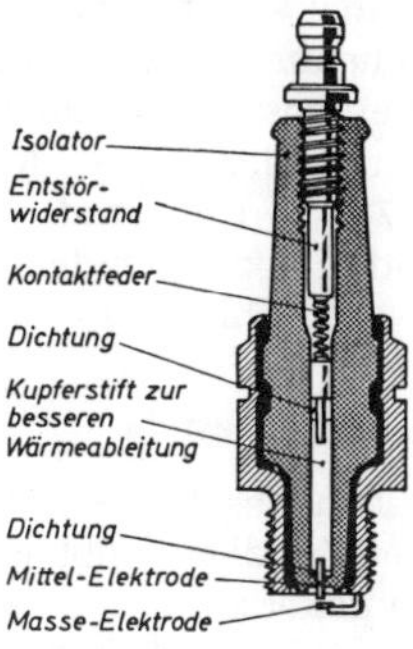

Bild 10.9
Zündkerze mit eingebautem Entstörwiderstand

10.3 Auswahl und Betriebsverhalten

10.3.1 Wahl der Zündkerze

Es ist nach Möglichkeit die Zündkerze zu verwenden, die der Motorhersteller vorschreibt. Dabei ist nicht nur auf den Wärmewert, sondern auch auf die anderen konstruktiven Merkmale der Zündkerze zu achten. Diese sind meist in der Bezeichnung der Zündkerze durch zusätzliche Buchstaben oder Zahlen angegeben. Denn die Art und die Anbringung der Elektroden, ebenso aber auch die Formgebung des Atmungsraumes im Innern der Zündkerze können den Lauf des Motors stark beeinflussen. Sofern man Kerzen eines bestimmten Fabrikates verwendet, so sollte man die Bestückungslisten des Herstellers zu Rate ziehen, worin nicht nur der Wärmewert, sondern auch Ausführungskennzahl und Elektrodenabstand für die einzelnen Motor- und Fahrzeugtypen angegeben werden. Bei intaktem Motor und normalen Betriebsverhältnissen entsprechen die in der genannten Liste angegebenen Zündkerzen den Erfordernissen.

10.3.2 Betriebsverhalten

10.3.2.1 Einflüsse von Kraftstoffen und Schmierölen

Bei im Wärmewert richtig gewählter Zündkerze wird die Freibrenntemperatur erreicht. Ruß, Öl und Ölkohle am Isolatorfuß verbrennen vollständig, wenn der Motor seine Betriebstemperatur hat. Dagegen bleiben Rückstände aus Beimischungen zum Schmieröl oder Kraftstoff, zum Teil auch bei höheren Temperaturen auf dem Isolator haften. Hierbei können insbesondere Rückstände aus gebleiten Kraftstoffen in chemischen Verbindungen als Bleisulfat, Bleioxid, Bleichlorid oder Bleiphosphorverbindungen auftreten, die bei hohen Temperaturen elektrisch leitend werden. Derartige Beläge sind meist bis etwa 500 °C (= 773 K) isolierend, werden aber bei höheren Temperaturen leitend und bilden einen den Zündfunken schwächeren oder verhindernden Nebenschluß.

10.3.2.2 Kerzengesicht

Das Aussehen des Kerzenfußes einer nach normalen Motorbetrieb ausgebauten Zündkerze gibt dem Fachmann Aufschluß über die Funktion der Zündkerze.

Bei im Wärmewert richtig gewählter Zündkerze hat der Isolator eine rotbraune bis graubraune Grundfärbung. Graue oder graugelbe Pocken auf dem Isolator sind auf die Bleibeimischung zum Kraftstoff zurückzuführen.

Bei zu niedrig im Wärmewert gewählter Zündkerze, bei zu magerem Kraftstoff-Luft-Gemisch, undichter oder falsch sitzender Kerze oder schlecht schließenden Ventilen wird der Isolatorfuß überhitzt. Dies zeigt sich an schwarzbraunen bis schmutziggelben glasigen Pocken an Isolator und Elektroden.

Bei zu hohem Wärmewert, zu fettem Gemisch, zu wenig Luft, zu großem Elektrodenabstand usw. ist das Zündkerzeninnere verrußt.

Verölte Kerzen können bei Zweitaktmotoren zu starke Ölbeimischung, bei anderen Motoren zerbrochene Kolbenringe oder ausgelaufene Zylinder als Ursache haben.

10.3.2.3 Einflüsse der Fahrweise

Bei Vollast oder bei mittlerer Last des Motors werden die Isolatoren so warm, daß Ruß und Ölkohle abbrennen. Bei längerem Betrieb im unteren Teillastbereich, z.B. bei längerem Standleerlauf oder Schiebebetrieb bei längeren Talfahrten, können auch bei richtig gewählten Zündkerzen Verrußungen auftreten. Diese werden aber bei folgendem Betrieb mit höherer Leistung wieder abgebrannt. Bei dauerndem Betrieb im unteren Teillastbereich, aber auch wenn der Motor, die Vergasereinstellung oder die Zündeinstellung nicht in Ordnung sind, kann sich mehr Ölkohle bilden als verbrennt, so daß es zu Zündstörungen kommen kann. Als vorübergehende Notmaßnahme könnte man dann Zündkerzen niedrigeren Wärmewertes einbauen. Dies birgt aber die Gefahr in sich, daß diese Kerzen bei gelegentlichen Vollastbetrieb so heiß werden, daß aus dem Kerzeninnern Stichflammen auf die Kolbenböden schießen, die Löcher in den Kolbenboden brennen. Darum sollte man den Wärmewert nicht wesentlich geringer wählen, als ihn der Motorhersteller vorschreibt. Dies gilt besonders bei den thermisch höher belasteten Zweitaktmotoren.

10.3.2.4 Elektrodenabbrand und Alterung

Die Elektroden sind einem dauernden Abbrand unterworfen. Die Ursache ist, daß der eigentliche Zündfunken auf eine kleine Stelle konzentriert ist und dort Elektrodenwerkstoff abschmilzt. Weil Temperaturen, Funkenzahlen und Zündenergie verschieden sind, kann kein einheitlicher Wert angegeben werden.
Bei Viertaktmotoren sollte man alle 3000 bis 5000 km die Zündkerzen kontrollieren. Dabei kann man – so es erforderlich ist – die Elektrodenabstände nachstellen (siehe 10.2.2.2) und zugleich die Zündkerze prüfen und gegebenenfalls reinigen. Bei Zweitaktmotoren sollte diese Kontrolle nach je 2000 bis 3000 km erfolgen. Die Zündkerzen sind wie die Schmierstoffe bei der dauernden Betriebsbeanspruchung einer natürlichen Alterung unterworfen. Dadurch wird mit zunehmendem Alter größere Zündspannung zum Funkenüberschlag erforderlich, und die Verbrennungen werden weniger sicher eingeleitet. Die Folge ist eine Leistungsminderung der Motoren bei erhöhtem Kraftstoffverbrauch. Deshalb sollte man die Zündkerzen von Viertaktmotoren nach etwa 12000 bis 15000 und von Zweitaktmotoren nach etwa 5000 bis 8000 km auch erneuern, wenn sie keine Beanstandungen zeigen.

10.4 Prüfen und Reinigen von Zündkerzen

10.4.1 Kontrolle der Zündkerzen

Neben der Prüfung mit elektronischen Diagnosecomputern kommt der «Sichtprüfung» von Zündkerzen eine besondere Bedeutung zu. Beim Betrachten des Kerzeninneren können Leuchtlupen (z. B. Bosch EFAW 25 B) eine nützliche Hilfe sein. Um den Kerzenverschleiß zu beurteilen, können von den Zündkerzenherstellern gelieferte Farbtafeln mit den einzelnen «Kerzengesichtern» als Vergleich herangezogen werden. Die nachfolgenden Darstellungen sollen bei der Beurteilung von Zündkerzen eine zusätzliche Hilfe bieten:
Eine funktionsfähige Zündkerze (Bild 10.10) trägt einen grauweißen-graugelben bis rehbraunen Farbbelag. Der Wärmewert dieser Kerze ist richtig gewählt, und die Motorfunktionen sind in Ordnung.
Sind der Isolatorfuß, die Elektroden sowie das Zündkerzengehäuse mit samtartigem, stumpfschwarzem Ruß bedeckt, ist die Zündkerze verrußt (Bild 10.11). Ursächlich für diesen Fehler kann ein zu hoher Wärmewert der Kerze (besonders bei überwiegendem Kurzstreckenverkehr) oder fehlerhafte Gemischeinstellung sein. Schlechtes Kalt-

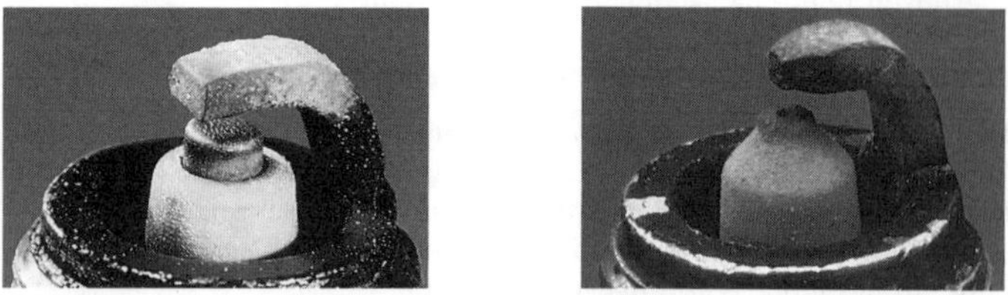

Bild 10.10
Normales «Zündkerzengesicht» (Robert Bosch GmbH)

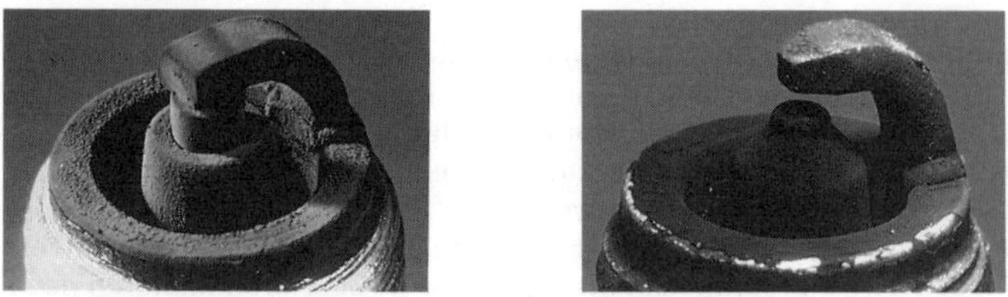

Bild 10.11
Verrußte Zündkerze (Robert Bosch GmbH)

startverhalten des Motors und Zündaussetzer sind die Folge. Kerzen reinigen, besser jedoch erneuern. Versuchsweise Zündkerze mit nächstniedrigerem Wärmewert verwenden. Bei einer verölten Zündkerze (Bild 10.12) sind Isolatorfuß, Elektroden mit ölglänzendem Ruß oder Ölkohle bedeckt. Ursächlich dafür kann Motorverschleiß – Kolbenringe, Zylinder, Ventilführungen – sein. Schlechtes Startverhalten sowie Zündaussetzer entstehen. Zündkerzen erneuern!
Ist der Isolatorfuß mit einem hellgelben, seidenmatten bis glänzenden Belag bedeckt, dann liegt eine leichte Verbleiung der Zündkerze vor (Bild 10.13). Bleihaltige Kraftstoffe verursachen diesen Belag, der ein Erneuern der Zündkerzen erfordert.
Starke Verbleiung der Zündkerze (Bild 10.14) ist an stellenweiser braungelber bis ins Grünliche gehender Glasur des Isolatorfußes erkennbar. Die Glasur entsteht bei hoher Motorbelastung, ihr Belag wird elektrisch leitend, so daß Zündaussetzer entstehen. Abhilfe durch neue Zündkerzen.
Bei sehr starker Verbleiung (Bild 10.15) weist der Isolatorfuß stellenweise dicke braungelbe bis ins Grünliche gehende Glasur auf. Die Zündkerzen müssen ersetzt werden. Aggressive Kraftstoff- und Ölzu-

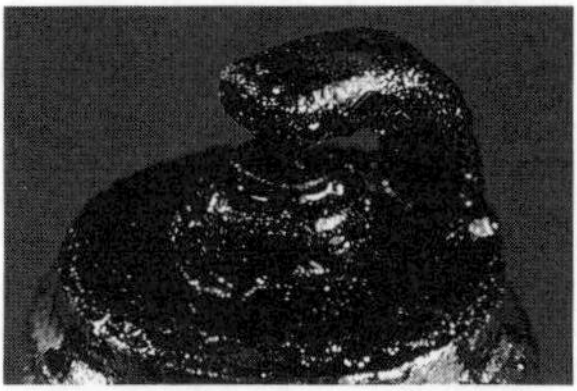

Bild 10.12
Verölte Zündkerze (Robert Bosch GmbH)

Bild 10.13
Leichte Verbleiung der Zündkerze (Robert Bosch GmbH)

Bild 10.14
Starke Verbleiung der Zündkerze
(Robert Bosch GmbH)

Bild 10.15
Sehr stark verbleite Zündkerze
(Robert Bosch GmbH)

sätze sowie ungünstige Strömungseinflüsse im Brennraum können zu starkem Elektrodenverschleiß führen (Bild 10.16). Schlechtes Startverhalten und Zündaussetzer sind die Folge. Die Zündkerzen sind zu ersetzen.

Starker Elektrodenabbrand (Bild 10.17) entsteht durch Nichtbeachtung des Zündkerzen-Wechselintervalles. Schlechtes Startverhalten und Zündaussetzer beim Beschleunigen werden dadurch verursacht. Die Zündkerzen sind zu erneuern.

Eine angeschmolzene Mittelelektrode sowie eine blasige, schwammartig erweichte Isolatorfußspitze (Bild 10.18) ist die Folge thermisch überlasteter Zündkerzen aufgrund von Glühzündungen. Dabei treten Zündaussetzer und Motorleistungsverlust auf. Zündkerzen erneuern, ggf. Wärmewert der nächsthöheren Stufe verwenden.

Stark angegriffene Masseelektrode bei gleichzeitig angeschmolzener Mittelelektrode (Bild 10.19) sind die Folge unkontrollierter Glühzündungen im Motor. Sie entstehen durch zu frühe Zündeinstellung, Verbrennungsrückstände im Brennraum, defekte Ventile, schadhafte

Bild 10.16
Starker Elektrodenverschleiß
(Robert Bosch GmbH)

Bild 10.17
Starker Elektrodenabbrand
(Robert Bosch GmbH)

Bild 10.18
Angeschmolzene Mittelelektrode
(Robert Bosch GmbH)

Bild 10.19
Mittelelektrode angeschmolzen,
Masseelektrode stark angegriffen
(Robert Bosch GmbH)

Zündverteiler und unzureichende Kraftstoffqualität (Fahrten im Ausland). Die Zündkerzen sind zu ersetzen.
Angeschmolzene bis zusammengeschmolzene Elektroden (Bild 10.20) entstehen durch Glühzündungen des Motors. Sie führen nach Leistungsabfall zu ernsthaften Motorschäden. Die Zündkerzen sind zu erneuern.
Starker Aschebelag aus Öl- und Kraftstoffzusätzen auf dem Isolatorfuß sowie der Masseelektrode (Bild 10.21) entstehen durch Legierungsbestandteile ungeeigneter Motoröle und führen zu Glühzündungen. Die Zündkerzen sind zu erneuern.
Einen Isolatorfußbruch zeigt Bild 10.21. Er entsteht durch unsachgemäße Handhabung der Zündkerze vor dem Einbau. Zündaussetzer sind die Folge. Die Zündkerzen sind zu erneuern.
Verbrauchte Zündkerzen mit abgebrannten Elektroden, Anrissen im Isolator oder anderweitigen Fehlern sind zu erneuern. Dabei ist möglichst der ganze Satz Zündkerzen auszutauschen, damit ein gleichmäßiges Zünden aller Zylinder erreicht wird.
Zündkerzen mit Bleibelägen müssen generell durch Sandstrahlen gereinigt werden, weil diese bei hohen Temperaturen leitend werden können. Dies gilt auch, wenn die Zündkerzen bei niedrigen Temperaturen – so z.B. beim Prüfen – in Ordnung waren.

Bild 10.20
Angeschmolzene Elektroden
(Robert Bosch GmbH)

Bild 10.21
Aschebildung auf der Zündkerze
(Robert Bosch GmbH)

Bild 10.22
Isolatorfußbruch
(Robert Bosch GmbH)

10.4.2 Prüfen von Zündkerzen

10.4.2.1 Zündkerzenprüfgeräte

Das Prüfen von Zündkerzen erfolgt mit einem Zündkerzenprüfgerät. Dies besteht aus einer Druckkammer, in die die zu prüfende Zündkerze so eingeschraubt wird, daß das Kerzeninnere durch ein Schauglas beobachtet werden kann. Durch eine Steuerung kann dieser Druckraum auf beliebig hohen Luftdruck zwischen 0 und etwa 15 atü

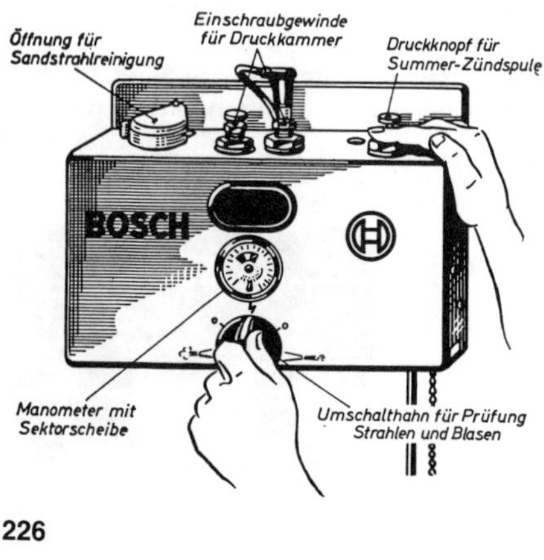

Bild 10.23
Bosch-Zündkerzenprüf- und -reinigungsgerät EFKE 2 K

(= bar Überdruck) gebracht werden. Dabei wird der jeweilige Druck durch ein Manometer gemessen. Während des Prüfens wird die Hochspannungsleitung eines Funkeninduktors mit der Zündkerze verbunden. Dabei ist zur prüfenden Zündkerze eine Funkenstrecke parallel geschaltet (Bild 10.10).

10.4.2.2 Prüfen

Vor dem Prüfen der Zündkerzen muß der Elektrodenabstand gemessen und unter Umständen nachgestellt werden. Zum Prüfen von Zündkerzen werden diese in die Druckkammer des Prüfgerätes eingeschraubt. Dabei soll ein Prüfen von öl- oder kraftstoffeuchten Kerzen vermieden werden, weil dadurch Explosionen im Gerät erfolgen könnten. Die Prüfung beginnt bei hohem Druck. Dabei müssen die Funken ohne Aussetzen an der Nebenfunkenstrecke überspringen. An oder in den Zündkerzen dürfen dabei keine Funken erscheinen. Dann wird der Druck abgesenkt, bis die ersten Funken an den Zündkerzenelektroden überspringen. Je höher der Druck ist, bei dem dies geschieht, um so weniger verbraucht ist die Zündkerze. Die Druckwerte, bei der die Funken an den Elektroden der Zündkerzen überspringen müssen, sind je nach Elektrodenabstand und Fabrikat von Zündkerzen und Prüfgeräten verschieden. Beim Prüfen mit dem Bosch-Prüfgerät EFKE 2 D gelten folgende Werte:

Elektroden-Abstand	Druck, bei dem die ersten Funken an der Kerze überspringen		
	Kerze schlecht	Kerze noch brauchbar	Kerze gut
mm	bar	bar	bar
0,4	8,5–10,5	10,5–12,0	12,0–14,0
0,5	6,5– 8,5	8,5–10,0	10,0–12,0
0,6	5,5– 7,5	7,5– 9,0	9,0–11,0
0,7	4,5– 6,5	6,5– 8,0	8,0–10,0
0,8	4,0– 6,0	6,0– 7,5	7,5– 9,5
0,9	3,5– 5,5	5,5– 7,0	7,0– 9,0
1,0	3,0– 5,0	5,0– 6,5	6,5– 8,5
1,1	2,5– 4,5	4,5– 6,0	6,0– 8,0

Geräte neueren Fertigungsdatums haben am Manometer eine drehbare Segmentscheibe (Bild 10.24).

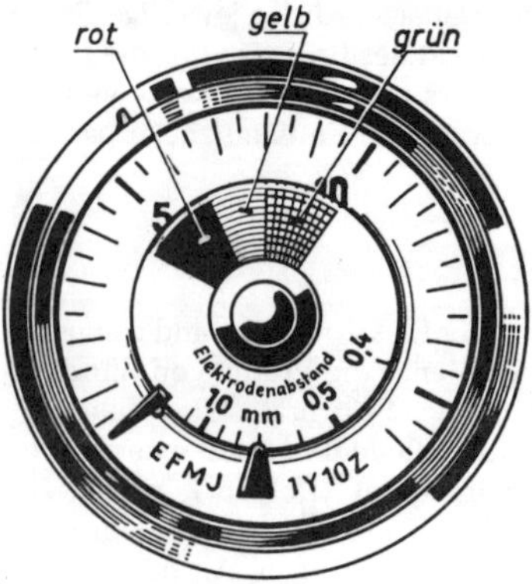

Bild 10.24
Manometer des Bosch-Zündkerzenprüfgerätes mit auf den Elektrodenabstand einstellbarer Segmentscheibe

Diese Scheibe wird auf den Elektrodenabstand der Zündkerze eingestellt, und man kann dann den Zündspannungsbedarf anhand der Stellung des Manometerzeigers beurteilen, und zwar:

Zeiger steht im roten Bereich = Kerze ist schlecht
Zeiger steht im gelben Bereich = Kerze ist noch brauchbar
Zeiger steht im grünen Bereich = Kerze ist gut.

Unter schlecht ist zu verstehen, daß der Zündspannungsbedarf infolge Elektrodenalterung zu hoch ist und daß als Folge davon Zündaussetzer und eine Überbeanspruchung der gesamten Zündanlage, erhöhter Benzinverbrauch und schlechte Laufeigenschaften des Motors auftreten können.

10.4.3 Reinigen von Zündkerzen

Bleiniederschläge am Isolatorfuß werden erst bei höheren Temperaturen elektrisch leitend. Aus diesem Grunde müssen Zündkerzen, die mit verbleiten Kraftstoffen betrieben werden, auch dann durch Sandstrahlen gereinigt werden, wenn sie beim Prüfen im Prüfgerät in Ordnung waren. Denn bei dieser Prüfung fehlen die Temperaturen, die beim Betrieb der Kerzen im Motor auftreten. Nur durch Sandstrahlen hat man die Gewähr, daß der Bleibelag entfernt wird. Darum sind auch fast alle modernen Zündkerzenprüfgeräte mit einem Sandstrahl-Zündkerzenreinigungsgerät kombiniert. Starke Verschmutzungen sollte man vor dem Sandstrahlen aus der Zündkerze entfernen, um eine unnötige Verunreinigung des Strahlsandes zu vermeiden. Verölte

Zündkerzen sind vor dem Sandstrahlen mit Benzin auszuwaschen und anschließend mit Preßluft auszublasen.
Das Sandstrahlen der Zündkerze soll 10 bis 15 Sekunden dauern. Dabei ist die Kerze langsam zu drehen, damit der Sandstrahl möglichst an jeder Stelle auftrifft. Anschließend ist die Zündkerze mit Preßluft gründlich auszublasen, damit der Sand aus dem Kerzeninnern entfernt wird. Falls Isolatorfuß oder Elektroden nach einmaligem Sandstrahlen noch nicht sauber sind, ist Strahlen und Ausblasen zu wiederholen.

10.5 Einbau von Zündkerzen

10.5.1 Gewindelänge und Dichtringe

Das Kerzengewinde muß bei eingebauter Zündkerze bündig abschließen. Bei in den Brennraum ragendem Kerzengewinde (durch zu langes Zündkerzengewinde oder fehlenden Dichtring) wird die Kerze zu heiß und verursacht Glühzündungen. Ebenso werden die in den Brennraum ragenden Gewindegänge zum Glühen gebracht. Sie können dabei so verzundern, daß man sie ohne Zerstörung der Gewinde nicht mehr herausschrauben kann.
Bei zurückgezogener Kerze (bei Kerzen mit zu kurzem Gewinde oder bei Verwendung von zwei Dichtringen) können Aussetzer auftreten, weil der Funken nicht genügend zündfähige Gase trifft. Ebenso werden hier die Gewindegänge des Innengewindes zu heiß und verzundern.

10.5.2 Festbrennen von Zündkerzen

Um das Festbrennen der Zündkerzengewinde im Motor zu verhindern, kann man sie vor dem Einbau mit Graphit bestreichen. Hier genügt bereits ein Bestreichen mit einem weichen Bleistift.

10.5.3 Anzugsdrehmomente

Zündkerzen dürfen weder zu fest noch zu lose eingeschraubt werden. Folgende Anziehdrehmomente werden vorgeschlagen:

18-mm-Gewinde = 5 mkp	(= 50 Nm)
14-mm-Gewinde = 4 mkp	(= 40 Nm)
12-mm-Gewinde = 3 mkp	(= 30 Nm)
10-mm-Gewinde = 1,5 mkp	(= 15 Nm)

11 Starter

Zum Anlassen von Kraftfahrzeug-Verbrennungsmotoren verwendet man meist Elektromotoren. In der Regel wird zum Anlassen ein Starterritzel in die Schwungscheibenverzahnung eingespurt. Nur bei Anlassern von einigen Rollern, Rollermobilen oder sonstigen Kleinfahrzeugen verwendet man Lichtanlaßmaschinen, die dauernd mit der Kurbelwelle des Motors im Kraftschluß bleiben.

11.1 Aufbau und Schaltung (Bild 11.1)

Die Elektromotoren von Startern sind Gleichstromhauptschlußmaschinen, bei denen Erregerwicklungen und Ankerwicklungen in Reihe geschaltet sind. Bei Elektromotoren dieser Bauart können die Erregerwicklungen in ihrem elektrischen Widerstand so ausgelegt werden, daß sie viel Strom aufnehmen, damit sie so starke Magnetfelder

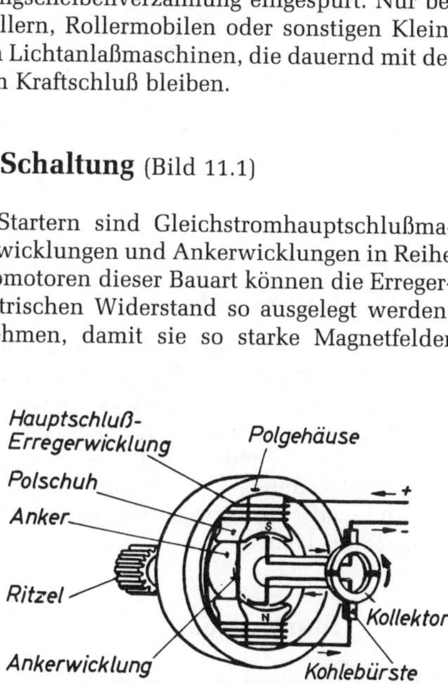

Bild 11.1
Grundsätzliche Schaltung eines Hauptstrommotors

erzeugen, wie es zum Erreichen eines hohen Drehmomentes erforderlich ist. Dies geschieht aber nur bei geringer Starterdrehzahl. Denn bei zunehmender Drehzahl wird dadurch, daß die Ankerwicklungen das Erregermagnetfeld schneiden, im Anker zunehmend Spannung induziert, die dem einfließenden Strom entgegenwirkt. Aus diesem Grunde erreichen Starter-Hauptschlußmotoren hohe Drehzahlen, wobei sich die Stromaufnahme vermindert (Bild 11.2).

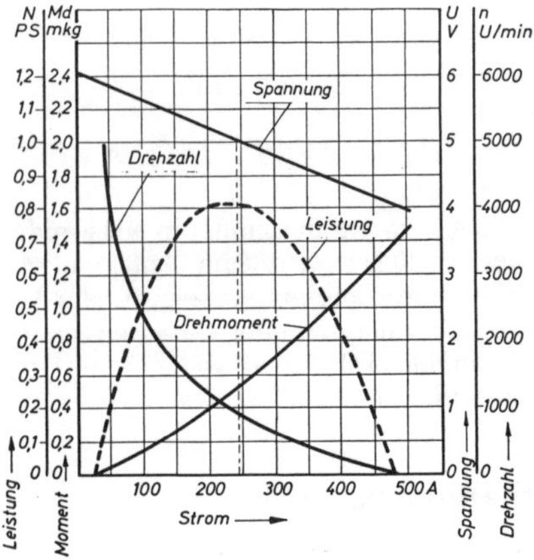

Bild 11.2 Verhalten von Strom, Spannung, Leistung, Drehzahl und Drehmoment beim Betrieb eines 6-V-Starters von 0,6 PS (= 0,44 kW) Nennleistung

11.1.1 Starterkohlebürsten

Kohlebürsten aus Graphit oder Elektrodenkohle würden den Widerstand des Starterstromkreises so erhöhen, daß kein genügender Strom und damit nur ein geringes Drehmoment erreicht würde. Darum verwendet man bei Startern Kohlebürsten, die aus Graphit und Kupfer bestehen. Diese Kohlebürsten sind je nach Starterart, Starterleistung und Nennspannung in ihrer Zusammensetzung so verschieden, daß passende, aber im Material falsch gewählte Kohlebürsten Störungen verursachen können.

11.2 Starterarten

Die in der Schwungscheibenverzahnung einspurenden Starter werden je nach Art des Einspurens bezeichnet. In deutschen Kraftfahrzeugen sind zur Zeit die unten aufgeführten Starter üblich:

1. Schubschraubtriebstarter für Personenkraftwagen und kleinere Lastkraftwagen,
2. Schubankerstarter für mittlere Lastkraftwagen-Dieselmotoren,
3. Schubtriebstarter mit Vorstufe für mittlere und größere Dieselmotoren.

11.2.1 Aufbau und Funktion der Schubschraubtriebstarter (Bild 11.3)

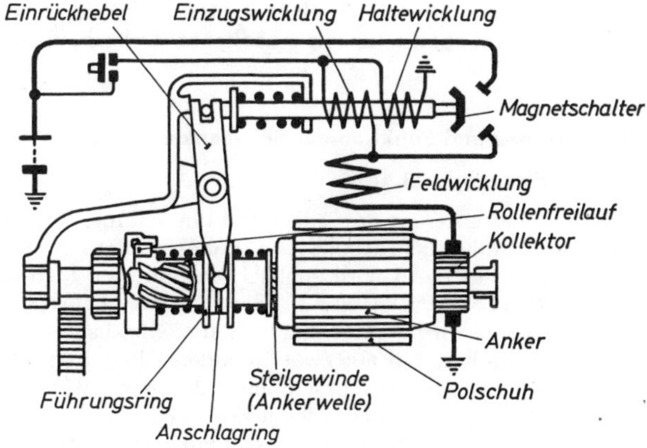

Bild 11.3 Schematische Darstellung eines Bosch-Schubschraubtriebstarters

11.2.1.1 Aufbau

Beim Schubschraubtriebstarter ist der Schaft des Starterritzels auf einem Steilgewinde der Ankerachse so gelagert, daß es durch eine in eine Schiebemuffe eingreifende Gabel axial bewegt werden kann. Zwischen dem Ritzel und der Ankerachse ist ein Klemmenrollenfreilauf angeordnet. Dieser Klemmenrollenfreilauf verhindert ein Antreiben des Starterankers durch den anspringenden Motor und die dadurch mögliche Zerstörung. Meist ist darum bei Startern dieser Bauart noch eine Ankerbremse vorgesehen.

11.2.1.2 Funktion

Das Betätigen der Schubschraubtriebstarter geschieht meist durch einen Einrückmagnetschalter. Durch diesen Magnetschalter wird erst der Einrückhebel bewegt, der das Ritzel in die Schwungscheibenverzahnung zum Eingriff bringt. Dann wird der Startermotor eingeschaltet, und der drehende Starteranker schraubt das Starterritzel über sein Steilgewinde bis zu einem Anschlag voll in die Schwungscheibenverzahnung, wodurch der Kraftschluß erfolgt. Durch das Drehen bis zum

Kraftschluß wird im Anker Schwungkraft aufgespeichert, die zum Losbrechen und Beschleunigen des stehenden Motors zusätzlich zum Drehmoment des Elektromotors zur Verfügung steht. Der anspringende Motor überholt den Anlasser, bringt aber nur das Ritzel auf die entsprechende hohe Drehzahl. Freilauf und Ankerbremse verhindern nun, daß der Anker auf die für ihn schädlichen Drehzahlen gebracht wird.

11.2.2 Aufbau und Funktion der Schubankerstarter

11.2.2.1 **Aufbau** (Bild 11.4)

Beim Schubankerstarter ist der Anker in Ruhestellung durch einen federbelasteten Ankerrückzugbolzen in Kollektorrichtung aus dem Magnetfeld gezogen. Dabei wird zugleich das mit dem Starteranker verbundene Ritzel aus der Verzahnung der Schwungscheibe gehalten. Der Einspurvorgang wird durch einen im Starter eingebauten Magnetschalter in Verbindung mit auf zwei besonderen Polschuhen aufgewickelten Hilfsfeldspulen gesteuert. Somit hat dieser Anker nur zwei Polschuhe mit Hauptwicklungen. Zum Erreichen eines schonenden Einspurens ist zwischen Anker und Ritzel eine selbsttätig wirkende Lamellenkupplung vorgesehen. In dieser Lamellenkupplung sind eine mechanische Einspurvorstufe und ein Überlastungsschutz vereint.

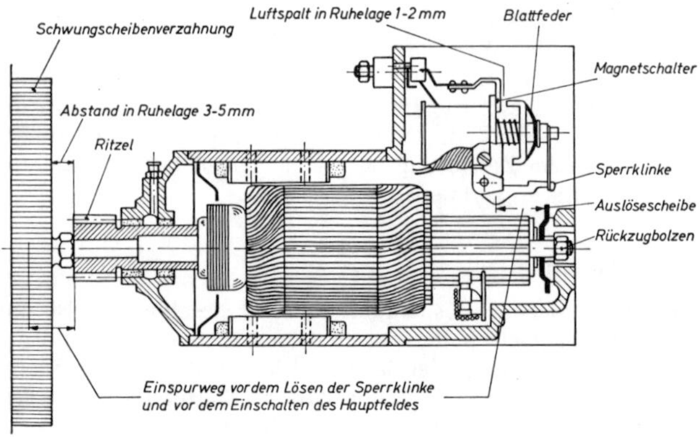

Bild 11.4 Schnittbild eines Bosch-Schubankerstarters

11.2.2.2 Einspuren

Zum Betätigen eines Schubankerstarters wird über den Starterschalter die Schaltspule des Startermagnetschalters eingeschaltet. Dadurch wird dessen Schalteranker bis zum Anschlag an eine Sperrklinke angezogen. In dieser Einspurvorstufe des Startermagnetschalters liegt dessen Schaltbrücke am oberen Schaltsegment an, das mit Plus der Batterie verbunden ist. Dadurch sind nun die an der Schaltbrücke verbundenen Steuerwicklungen des Starters mit der Batterie verbunden. Dabei fließt Strom über die Hilfswicklungen und den Starteranker. Dadurch wird der Starteranker unter langsamem Drehen in das Erregermagnetfeld gezogen, wobei zugleich ein Ritzel in die Schwungscheibenverzahmung einspurt. Nach einem bestimmten Vorspurweg, der gewährleisten soll, daß das Ritzel einige Millimeter in die Schwungscheibenverzahnung eingespurt ist, wird die Sperrklinke des Magnetschalters durch eine hinter dem Kollektor des Startankers befestigte Auslösescheibe ausgelöst. Nun zieht der Magnetschalter voll an, und seine Schaltbrücke kommt auch auf dem unteren Segment zur Auflage. Dadurch wird auch die Hauptwicklung des Starters eingeschaltet, und der Starter entwickelt nun sein volles Drehmoment.

11.2.2.3 Ausspursperre

Um ein Ausspuren des Starterritzels zu verhindern, wenn der Starter bei einzelnen Zündstößen des Motors überholt wird, sind Haltewicklungen vorgesehen. Diese auf den Polschuhen der Hilfswicklungen befindlichen Haltewicklungen sind zwischen Schaltbrücke und Minus des Starters, also am Nebenschluß, geschaltet. Dadurch haben sie eine von der bei höherer Drehzahl größer werdenden Ankergegenspannung unabhängige Stromaufnahme. Diese Stromaufnahme ist so bemessen, daß der Magnetismus ausreicht, um bei Leerlauf des Starters den Anker im Magnetfeld und damit zugleich das Starterritzel eingespurt zu halten.

11.2.2.4 Ritzelkupplung (Bild 11.5)

Wenn das Ritzel eingespurt ist, so drückt die auf dem Steilgewinde des Ritzelschaftes geführte Kupplungsdruckmutter bei zunehmendem Drehmoment des Starters die Kupplung mit größerer Kraft zusammen. Zwei kleine im Wulst der Druckmutter gehaltene Kupplungsvorspannfedern sollen einen sicheren und weichen Kraftschluß der Kupplung gewährleisten.
Beim Überholen des Starters durch den Motor schraubt das Steilgewinde die Druckmutter los und löst den Kraftschluß wieder.

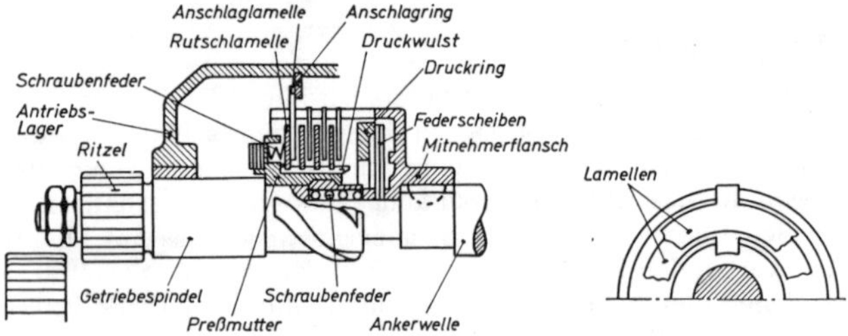

Bild 11.5 Lamellenkupplung eines Bosch-Schubankerstarters in Ruhelage

11.2.2.5 Kupplungsvorstufe

Beim Einspuren der Schubankerstarter könnten die Stirnflächen der Zähne von Ritzel und Schwungscheibe so aufeinandertreffen, daß Drehkraft und Vorschubkraft ein Einspuren verhindern. Darum ist eine Einspurvorstufe der Kupplung vorgesehen. Ein Kragen an der ersten oder zweiten Außenlamelle (vom Ritzel aus), der so lange an einem Anschlagring anliegt, bis das Ritzel in die Schwungscheibenverzahnung eingespurt ist, verhindert ein Kuppeln und somit den Kraftschluß vor dem Einspuren.

11.2.2.6 Überlastungsschutz

Wenn bei in die Schwungscheibe eingespurtem und drehendem Starter Zündrückschläge des Motors erfolgen, so werden dadurch so große Kräfte wirksam, daß das Triebwerk des Starters zerstört werden könnte. Dies verhindert ein mit der Kupplung verbundener Überlastungsschutz. Das Kupplungspaket lastet im Kupplungskorb auf einem Kupplungsdruckring. Dieser drückt mit einem Druckwulst am äußeren Rande auf zwei Federscheiben, die innen auf einem Wulst im Kupplungskorbe aufliegen. Diese Federscheiben werden durch den mit dem Drehmoment zunehmenden Kupplungsdruck verbogen. Bei genügendem Drehmoment werden diese Federn so weit verbogen, daß die Kupplungsdruckmutter mit einem Wulst auf der oberen Federscheibe anliegt. Dadurch kann bei größerem Drehmoment der Kupplungsdruck nicht mehr zunehmen, und die Kupplung rutscht durch. Das Durchrutschdrehmoment des Überlastungsschutzes soll bei Bosch-BNG-und-BPD-Startern zwischen 12 und 15 mkp (= 120 und 150 Nm) betragen. Die Einstellung des Überlastungsschutzes geschieht nach dem Messen durch eine auf dem Ritzel aufgeschraubte Hebelwaage, durch Wegnehmen oder Zufügen von Distanzscheiben von 0,15 bis 0,2 mm Dicke zwischen Kupplung und Kupplungsdruckring.

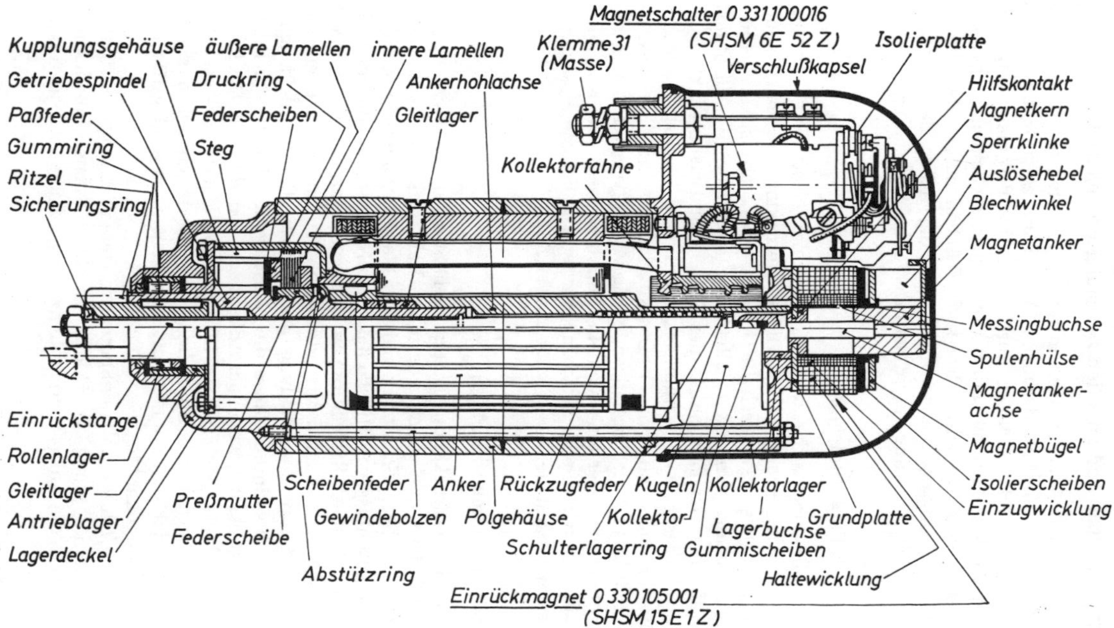

Bild 11.6 Schnittbild eines zweistufigen Bosch-Schubtriebstarters FKB 6/24

11.2.3 Aufbau und Funktion zweistufiger Schubtriebstarter

Die Schubankerstarter genügen in manchen Fällen nicht mehr den größer gewordenen Anforderungen. Auch kann es vorkommen, daß bei Steigungen oder Gefällen durch schnelles Beschleunigen oder Bremsen das Ritzel bei laufendem Motor gegen die Schwungscheibenverzahnung gestoßen wird. Dies kann Beschädigungen des Ritzels oder der Schwungscheibenverzahnung zur Folge haben. Beide Gründe führten zur Entwicklung der zweistufigen Schubtriebstarter.

11.2.3.1 Aufbau (Bild 11.6)

An der Kollektorseite der zweistufigen Schubtriebstarter ist ein Einrückmagnetschalter angeordnet. Dieser Einrückmagnetschalter spurt das Ritzel mittels einer durch die Hohlachse des Starterankers geführten Einrückstange ein und schaltet den Startermotor in zwei Stufen ein. Auf allen vier Polschuhen des Starters sind Hauptwicklungen. Auf zwei dieser Hauptschlußwicklungen sind zusätzlich Nebenschlußwicklungen aufgewickelt. Das Ritzel ist in einer Getriebespindel mit (Bild 11.7) sechsgängigem Steilgewinde befestigt, das in die Kupplungspreßmutter einer Lamellenkupplung greift. Die Kupplung wirkt ähnlich wie die der Schubankerstarter und hat wie diese einen Überlastungsschutz (siehe 11.2.2.4 und 11.2.2.6).

11.2.3.2 Funktion (Bild 11.8)

Wird der Starterdruckknopf betätigt, fließt Strom in die Wicklung des Magnetschalters und gleichzeitig in die Haltewicklung des Einrückmagneten. In der *1. Schaltstufe* zieht der Magnetschalter ein und gibt über den geschlossenen Hilfskontakt dem Nebenschlußfeld des Starters Strom. Zugleich fließt Strom auf den gegenüberliegenden Kontakt des Magnetschalters zur Einzugwicklung des Einrückmagneten und weiter zur Hauptstromwicklung des Starters. Der Einrückmagnet drückt über die Einrückstange die Getriebespindel mit dem Ritzel gegen den Zahnkranz, wobei der Anker leicht gedreht wird. Das Ritzel spurt dadurch ein. Am Ende des Einspurweges löst der Auslösehebel am Einrückmagnet die Sperrklinke am Magnetschalter aus. Die gespannte Feder der Kontaktbrücke schließt dann schlagartig den zweiten Kontakt am Magnetschalter.
In der *2. Schaltstufe* erhält der Starter den vollen Strom und wirft über die Lamellenkupplung den Motor an. Die Nebenschlußwicklung begrenzt dann die Anker-Leerlaufdrehzahl und damit auch die Ankerauslaufzeit.

Bild 11.7
Ritzeltrieb eines zweistufigen Bosch-Schubtriebstarters

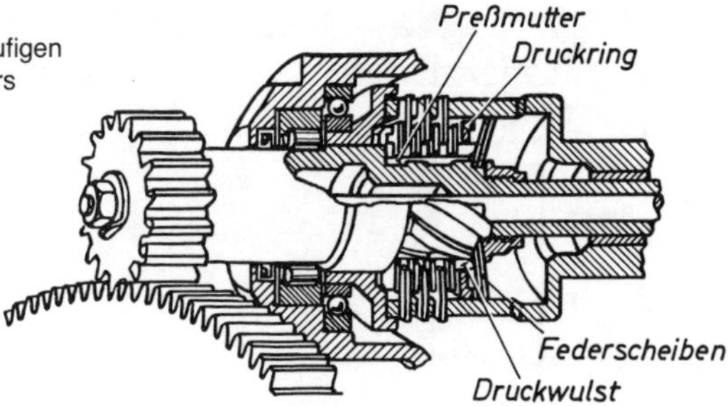

Bild 11.8
Funktionsschaltbild eines zweistufigen Bosch-Schubtriebstarters

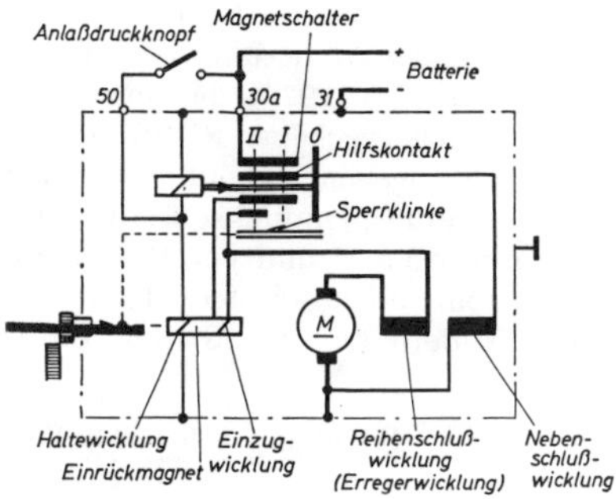

11.3 Überprüfen von eingebauten Startern

Beim Erproben in Kraftfahrzeugen eingebauter Starter ist zu berücksichtigen, daß bei betriebswarmem Motor nicht das Starterdrehmoment erforderlich ist, das zum Starten des kalten Motors benötigt wird. Darum sagt die Tatsache, daß der Starter den betriebswarmen Motor andreht, nichts Vollgültiges über seine Funktion aus. Um angenähert den Zustand zu schaffen, der bei kaltem Motor herrscht, kann man die Kurzschlußspannung und die Kurzschlußstromaufnahme des Starters prüfen.

Hierzu wird ein Voltmeter zwischen Plus und Masse des Starters und ein Amperemeter von genügendem Meßbereich in das Zuleitungskabel des Starters geschaltet (Bild 11.9). Danach wird der Starter bei eingeschaltetem 3. oder 4. Gang und angezogener Handbremse etwa 1

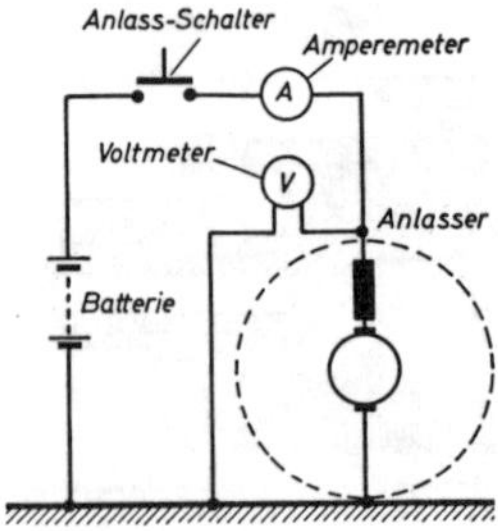

Bild 11.9
Schaltung von Voltmeter und Amperemeter zum Prüfen eines Starters

bis 2 Sekunden betätigt. Dabei sind Spannung und Strom zu messen. Die gemessenen Werte sollen bei mindestens halbvoller Batterie (siehe 7.3.5) und 20 °C (= 293 K) den von den Herstellern der Starter bzw. der Kraftfahrzeuge gegebenen Richtwerten entsprechen. Sind diese Richtwerte nicht gegeben, so können angenäherte Werte errechnet werden. Die Kurzschlußspannung soll etwa 60% der Nennspannung, also bei 6-V-Startern 3,5 V und bei 12-V-Startern 7 V, betragen. Der Kurzschlußstrom soll mindestens 3000 W je PS Starternennleistung entsprechen. Bei einem 6-V-Starter von 0,5 PS Nennleistung zum Beispiel:

$$J = \frac{P \cdot 3000}{U} = \frac{0{,}5 \cdot 3000\ \mathrm{W}}{6\ \mathrm{V}} = 250\ \mathrm{A}.$$

Werden die Richtwerte für Spannung und Strom nicht unterschritten, so sind Starter und Starteranlage elektrisch einwandfrei. Es können aber noch mechanische Fehler im Starter (z.B. ausgelaufene Lager oder schleifender Starteranker) vorliegen. Ebenso kann sich der Motor in kaltem Zustand zu schwer drehen.

Wenn das Amperemeter einen viel zu großen Strom anzeigt, liegt im Regelfalle ein Windungs- oder Masseschluß im Starter vor.

Wenn bei einer Spannung über dem Richtwert ein beachtlich zu geringer Strom angezeigt wird, so ist der innere Widerstand des Starters zu groß. Dies kann ebenso durch lose oder verschmutzte Kontakte an Kollektoren, Wicklungen oder Schalter wie auch durch abgelaufene oder falsch gewählte Kohlebürsten verursacht worden sein.

Ist die am Starter gemessene Spannung wesentlich geringer als der Richtwert, obwohl der vorgeschriebene Kurzschlußstrom nicht erreicht wird, so liegt der Fehler in der Regel außerhalb des Starters, an der Batterie oder dem Zustand der Leitungen und Verbindungen.

11.4 Überprüfen der Starteranlagen (Bild 11.10)

Zur Überprüfung der Starteranlagen außerhalb des Starters können während der Kurzschlußprobung die Spannungsabfälle der Batterie und der einzelnen Leitungsabschnitte gemessen und mit den zulässigen Werten verglichen werden. Es sind bei +20 °C (= 293 K) und mindestens halbvoller Batterie zulässig:

		bei 6 V etwa	bei 12 V etwa
a)	Zwischen Plus und Minus der Batterie	4,0 V	8,0 V
b)	Zwischen Plus der Batterie und Plus des Starters	0,25 V	0,5 V
c)	Zwischen Minus der Batterie und Masse des Motors	0,25 V	0,5 V

Bild 11.10
Prüfen des Spannungsabfalles in der Batterie und den Verbindungen zum Starter

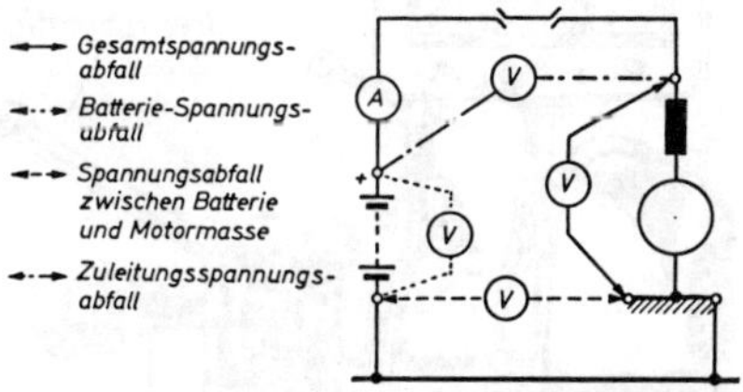

11.5 Instandsetzen von Startern

Das Instandsetzen von Startern und das Prüfen der Einzelteile geschieht in ähnlicher Weise wie bei Generatoren (siehe 8.7.2, 8.7.2.1 und 8.7.2.2). Das Prüfen der Triebwerke auf mechanischen Verschleiß ist bei den verschiedenen Starterwerten funktionsbedingt verschieden und erfordert die entsprechenden Werte der Herstellerfirmen. Diese geben dabei auch die entsprechenden Meß- und Erprobungsrichtlinien für die einzelnen Bauteile.

11.6 Prüfen von Startern mit Starterprüfständen (Bild 11.11)

Zum Prüfen wird der Starter auf einen Starterprüfstand so aufgespannt, daß sein Ritzel ordnungsgemäß in eine passende Schwungscheibenverzahnung einspuren kann. Während des stufenlos zunehmenden Abbremsens der Schwungscheibe können Strom, Spannung und Drehzahl des Starters gemessen werden. Neben der artgemäßen Einspurfunktion des Starters wird nacheinander gemessen:

1. Leerlaufdrehzahl und Leerlaufstromaufnahme,
2. Spannung und Stromaufnahme bei einer festgelegten Drehzahl,
3. Kurzschlußspannung und Kurzschlußstromaufnahme.

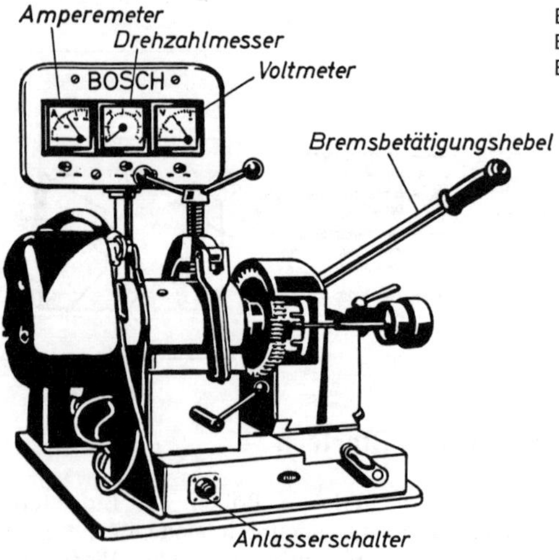

Bild 11.11
Bosch-Starterprüfstand
EFAL 90

Die Prüfungen sollen mit geladener Batterie in der angegebenen Reihenfolge möglichst rasch erfolgen, weil sich durch die dabei erfolgte Entladung der Batterie und die Erwärmung des Starters die Meßwerte verändern. Die gemessenen Werte können mit den Sollwerten des Herstellers verglichen werden. Sofern diese nicht bekannt sind, muß man sich mit Erfahrungswerten behelfen (siehe 11.3).

12 Starthilfen für den Dieselmotor

Da der Dieselmotor auf der Basis der Selbstzündung arbeitet, muß die Ansaugluft während der Verdichtung eine Temperatur erfahren, die die Entflammung des eingespritzten Dieselkraftstoffes ermöglicht. Bei laufendem Motor ist diese Voraussetzung immer gegeben, für den Kaltstart des Motors sind aber bei fast allen Dieselmotoren Hilfseinrichtungen erforderlich.

Diese können sein:

1. Im Verbrennungsraum angeordnete Starthilfen
   - 1.1. Glühkerzen
   - 1.2. Glühstiftkerzen
     - 1.2.1. Zweipolige Glühstiftkerzen
     - 1.2.2. Einpolige Glühstiftkerzen
2. Im Ansaugrohr angeordnete Starthilfen
   - 2.1. Heizflansche
   - 2.2. Flammglühkerze

Je nach Motorzylinderzahl und gewähltem Verbrennungsverfahren des Motors werden die Starthilfen durch den Motorhersteller bestimmt.

Vorteilhaftes Startverhalten weisen direkteinspritzende Dieselmotoren auf, weil bei ihnen der eingespritzte Kraftstoffstrahl direkt mit der beim Verdichten erhitzten Luft in einem unzerklüfteten Brennraum in Berührung kommt. Sie sind in der Regel bis −15 °C ohne Starthilfe anlaßbar.

Bei der Kraftstoffwandverteilung nimmt die Startwilligkeit des Motors deutlich ab, sie erreicht ihre Grenzen um 0 °C.

Aufgrund der zerklüfteten Brennkammer ist das Startverhalten von Wirbelkammermotoren noch ungünstiger, da sich die erwärmte Ansaugluft beim Strömvorgang von der Haupt- in die Wirbelkammer wieder abkühlt. Ohne Starthilfe sind diese Motoren nur bei Temperaturen von ca. +25 °C aufwärts anzulassen.

Ebenso erfährt durch die Anordnung der Schußkanäle der Vorkammermotor im Startvorgang eine zu erhebliche Abkühlung der Ansaugluft, die sein Anspringen ohne Starthilfe bei Temperaturen unter ca. +50 °C unmöglich macht.

Für alle Motoren mit Starthilfe gilt, daß während des Startvorgangs durch das wiederholte Luftansaugen und das Einspritzen kalten Kraft-

Bild 12.1 Schnitt durch eine Glühkerze (Robert Bosch GmbH)

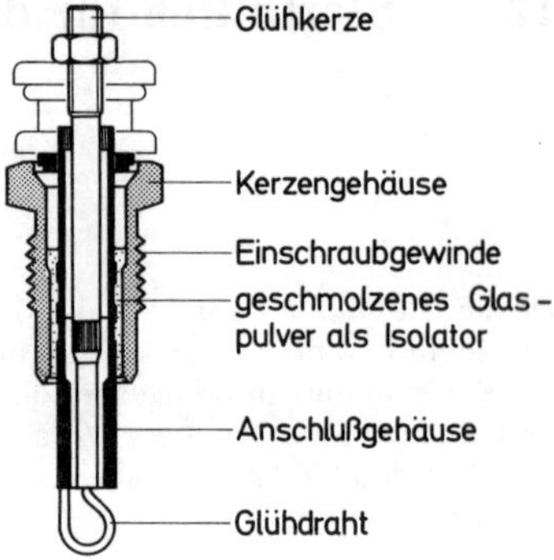

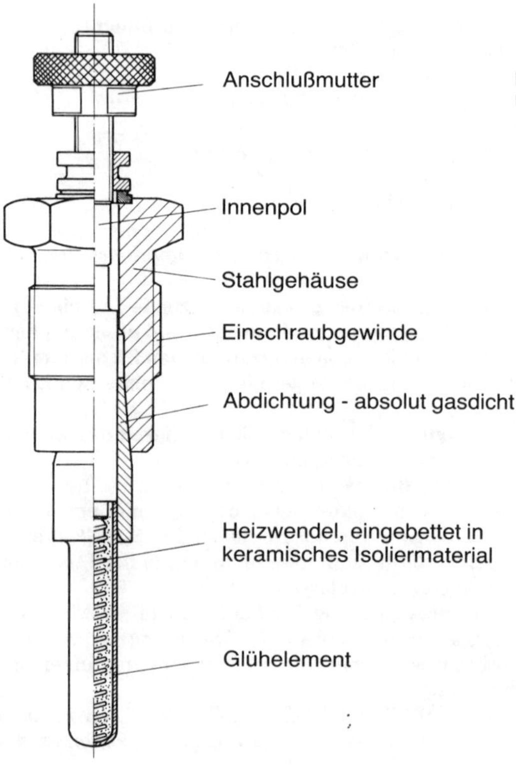

Bild 12.2 Beru-Stabglühkerze normaler Bauart

stoffs wiederum eine Abkühlung des Brennraums erfolgt. Deshalb ist es nicht sinnvoll, einen Startvorgang länger als ca. 30 Sekunden zu betreiben. Springt der Motor nicht an, muß erst wieder vorgeglüht werden.

12.1 Glühkerzen

Glühkerzen werden so angeordnet, daß sich der einspritzende Kraftstoff an dem erhitzten Glühdraht entzünden und den Verbrennungsvorgang einleiten kann. Dabei sind die Glühkerzen den im Verbrennungsraum herrschenden Drücken und Temperaturen ausgesetzt, weshalb der Glühdraht bei großem Materialquerschnitt möglichst kurz gehalten wird. Verwendet wird ein hochwärmefestes Material mit einem hohen spezifischen Widerstand.
Die Glühkerzen werden in Reihe geschaltet. Deshalb verbraucht jede Glühkerze auch nur einen Teil der Batterie-Gesamtspannung. Unter Verwendung eines Glühüberwachers, der den gleichen Widerstand wie eine Glühkerze hat, ergibt sich damit für einen 6-Zylinder-Motor bei einer Batteriespannung von 12 V eine Glühkerzenspannung von 1,7 V. Dabei beträgt die Stromaufnahme der Glühanlage etwa 36 A, womit sich bei 60 W je Glühspirale eine Gesamtleistung von etwa 430 W für die Anlage ergibt. Entsprechend müssen die Kabelquerschnitte der Anlage gewählt werden.

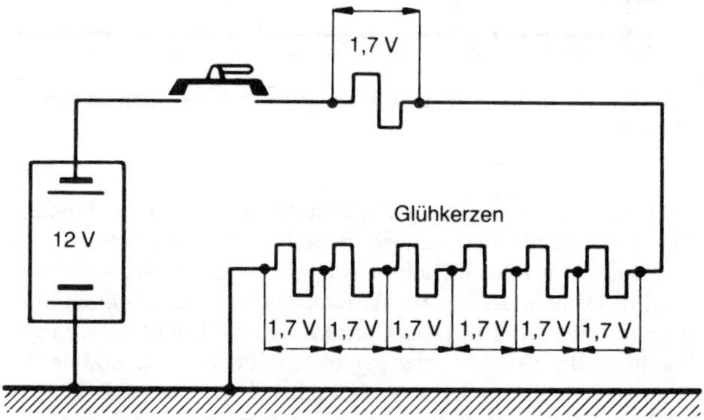

Bild 12.3 Glühkerzen werden in Reihe geschaltet, wodurch die angelegte Spannung gleichmäßig durch die Widerstände verbraucht wird

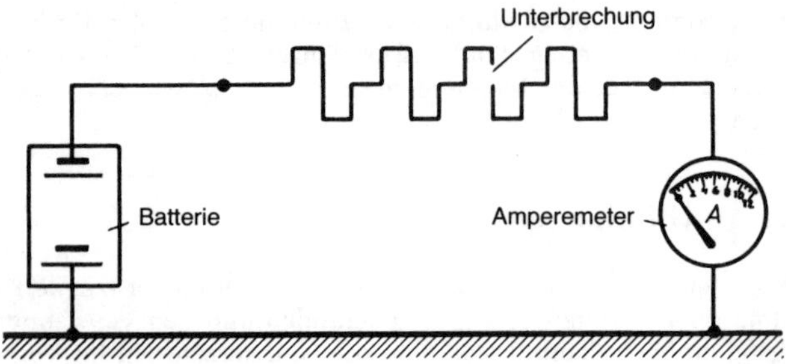

Bild 12.4 Ist ein Glühwiderstand unterbrochen, kann kein Strom mehr fließen, die Glühanlage ist außer Funktion

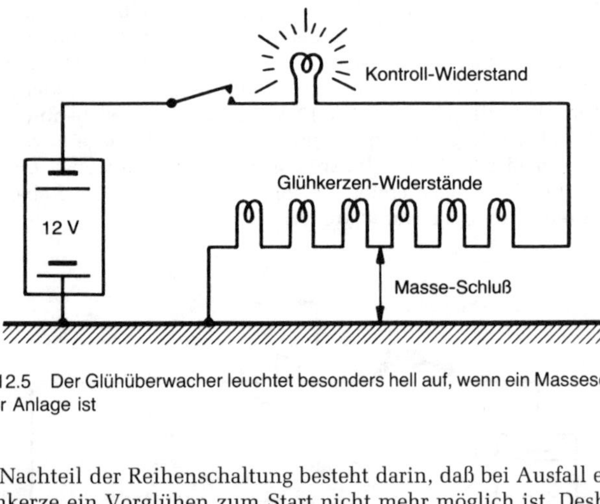

Bild 12.5 Der Glühüberwacher leuchtet besonders hell auf, wenn ein Masseschluß in der Anlage ist

Der Nachteil der Reihenschaltung besteht darin, daß bei Ausfall einer Glühkerze ein Vorglühen zum Start nicht mehr möglich ist. Deshalb, aber auch um die erforderliche Glühzeit zu ermitteln, werden Glühüberwacher eingebaut. Der im Armaturenbrett befindliche Glühüberwacher zeigt die Funktion der Glühanlage auf. Fließt zu wenig Strom durch schlechten Kontakt oder zerstörte Glühspiralen, so leuchtet der Glühüberwacher gar nicht oder nur dunkel auf. Ist sein Glühen aber unnatürlich hell, so ist das auf zu großen Stromfluß durch einen Kurzschluß in der elektrischen Zuleitung oder einer Glühkerze zurückzuführen.

Um die im Anlaßvorgang erfolgende Abkühlung der Glühspirale, bedingt durch den Spannungsabfall und die angesaugte kalte Luft, auszugleichen, werden Glüh-Anlaßschalter verwendet, die den Glühüberwacher im Startvorgang überbrücken. Die durch den Anlaßvorgang hervorgerufene Heizleistungsverminderung kann durch den nun fließenden, höheren Strom teilweise ausgeglichen werden.

12.2 Glühstiftkerzen

Der Vorteil der Glühstiftkerzen besteht in ihrer größeren Heizfläche, die zu einer erheblichen Verbesserung der Vorwärmtemperaturen im Verbrennungsraum führt. Außerdem ist sie kraftstoffunempfindlich und verträgt auch Verbrennungsrückstände besser.

Zweipolige Glühstiftkerzen

Zweipolige Glühstiftkerzen werden bevorzugt für 8- und mehrzylindrige Motoren verwendet. Sie werden wie Glühkerzen mit einem Glühüberwacher und, falls erforderlich, unter Verwendung eines Vorwiderstandes in Reihe geschaltet. Je nach Motorzylinderzahl kommen Glühstiftkerzen mit 1,2 V oder 1,7 V Spannung bei einer Stromaufnahme der Gesamtanlage von ca. 50 bis 55 A zur Anwendung.

Einpolige Glühstiftkerzen

Einpolige Glühstiftkerzen werden parallel geschaltet. Ein aus einem speziellen Glühdraht bestehender Glühüberwacher ist vor den parallel geschalteten Glühstiftkerzen in Reihe geschaltet. Er zeigt durch Veränderung seiner Glühfarbe den Ausfall einer Glühstiftkerze an.
Der Vorteil der einpoligen Glühstiftkerzen besteht in der parallelen Schaltmöglichkeit, weil dadurch bei Ausfall einer Glühstiftkerze mit den verbleibenden der Glühvorgang weiter erfolgt. Die einpoligen Glühstiftkerzen haben eine Stromaufnahme von ca. 10 A und sind deshalb nur für Motoren bis maximal 6 Zylinder zu empfehlen, da sonst die Belastung der Batterie zu groß werden würde.
Wie bei den meisten anderen Glühanlagen werden auch bei Verwendung von einpoligen Glühstiftkerzen die Glühüberwacher während des Anlaßvorgangs überbrückt, so daß die volle Heizleistung in dieser kritischen Betriebsphase des Motors erhalten bleibt.
Die Robert Bosch GmbH hat zur Steigerung des Bedienungskomforts, besonders ausgerichtet auf die zwischenzeitlich populär gewordenen schnellaufenden Kleindieselmotoren für Pkws, Glühstiftkerzen ent-

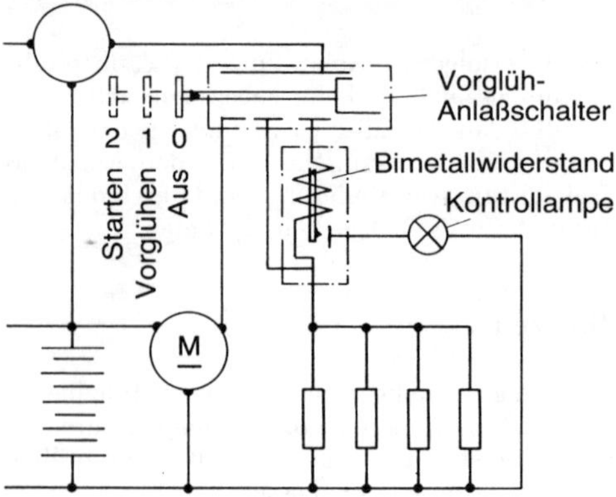

Bild 12.6
Normale Pkw-Vorglühanlage mit einpoligen Stabglühkerzen

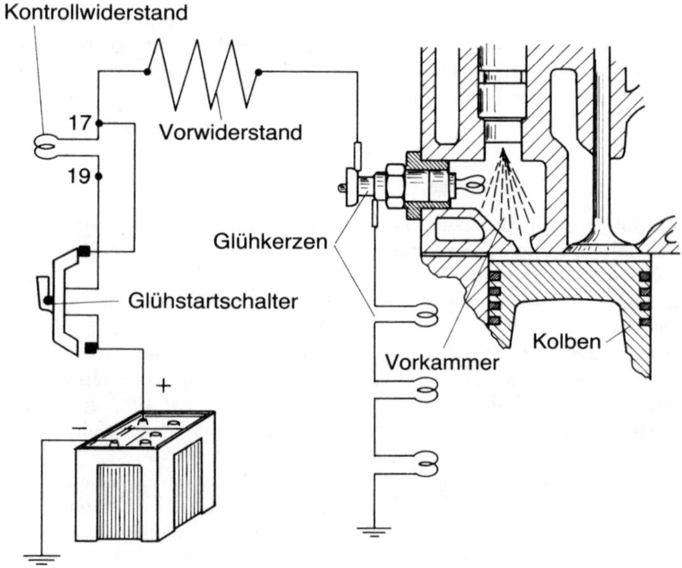

Bild 12.7 Anordnung im Brennraum und Schaltung von herkömmlichen zweipoligen Glühwendelglühkerzen

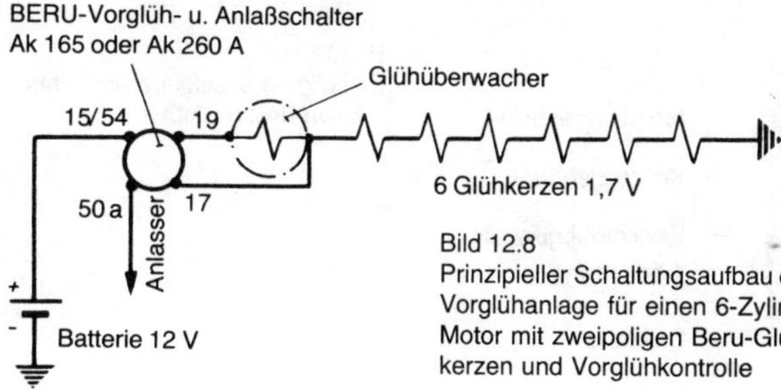

Bild 12.8
Prinzipieller Schaltungsaufbau einer Vorglühanlage für einen 6-Zylinder-Motor mit zweipoligen Beru-Glühstiftkerzen und Vorglühkontrolle

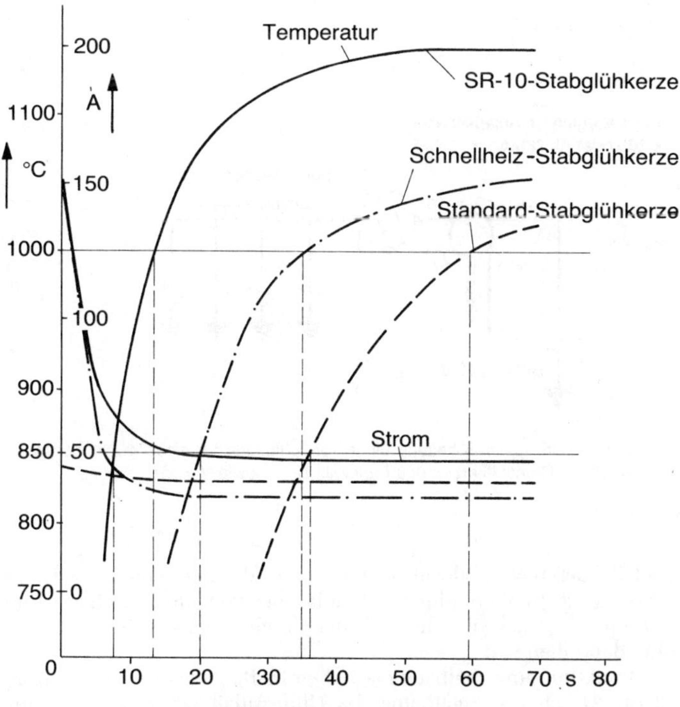

Bild 12.9 Die Abhängigkeit des Stromes von Glühzeit und Glühtemperatur bei verschiedenen Beru-Glühkerzen

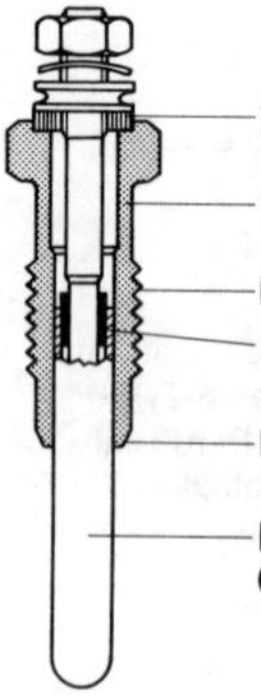

Bild 12.10
Einpolige Glühstiftkerze im Schnitt
(Robert Bosch GmbH)

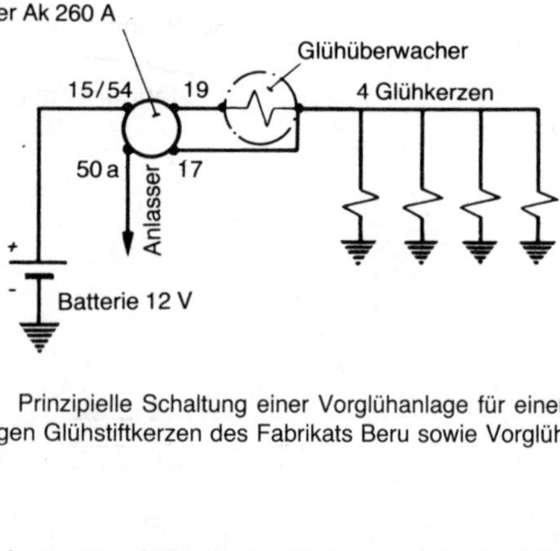

Bild 12.11 Prinzipielle Schaltung einer Vorglühanlage für einen 4-Zylinder-Motor mit einpoligen Glühstiftkerzen des Fabrikats Beru sowie Vorglühkontrolle

wickelt, deren Vorglühzeit deutlich unter der herkömmlicher Glühkerzen liegt. In Verbindung mit halb- oder vollautomatischen Glühstartanlagen tragen sie zum Erfolg der dieselmotorgetriebenen neueren Pkw-Baureihen bei.

Die Funktion einer halbautomatischen Startanlage ist folgende (Bild 12.13): Durch die Betätigung des Glüh-Anlaß-Fahrschalters in die Stellung 1 schaltet das Vorglührelais sowohl die Glühstiftkerze und über den Öffner des Vorwiderstandes die Anzeigeleuchte ein. Nach entsprechender Vorglühzeit öffnet der Kontakt, und das Erlöschen der

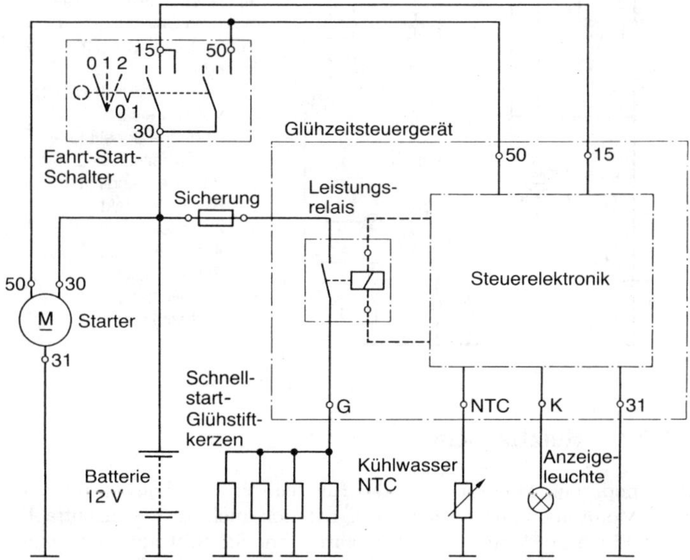

Bild 12.12 Schnellstartablauf für Diesel-Pkw (Bosch-Pressebild)
1. Glühen: automatisch in «Fahrt»-Stellung des Fahrt-Start-Schalters, Glühzeitsteuerung abhängig von Motortemperatur, erlöschende Anzeige zeigt Startbereitschaft
2. Start: in «Start»-Stellung des Fahrt-Start-Schalters mit Glühunterstützung
3. automatische Sicherheitsabschaltung nach Startbeendigung oder Startunterbrechung

Anzeigeleuchte signalisiert die Startbereitschaft. Dabei wird gleichzeitig das Vorglührelais so angesteuert, daß nach beendetem Anlaßvorgang die Glühanlage ausgeschaltet wird.
Die Sicherheitsschaltung bewirkt, daß durch ihren Schließer die Glühanlage abgeschaltet wird, wenn nach einer bestimmten Glühzeit nicht gestartet wird. Eine Glühwiederholung ist nur möglich, wenn der Glüh-Anlaß-Fahrschalter vorher in die 0-Stellung zurückgeschaltet wird.

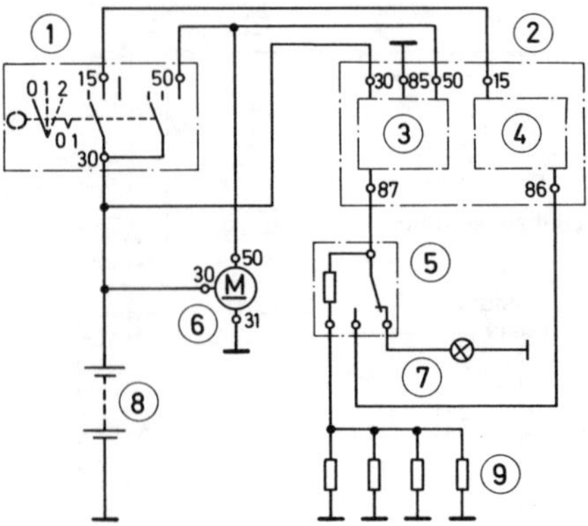

Bild 12.13 Halbautomatische Schnellstartanlage für Dieselmotor mit Glühstiftkerzen (Robert Bosch GmbH)
Es bedeuten:
1 = Glüh-Anlaß-Fahrschalter
2 = Vorglührelais
3 = Last- und Schaltblock
4 = Sicherheitsblock
5 = Vorwiderstand mit Bimetallkontakt
6 = Anlasser
7 = Anzeigeleuchte für Startbereitschaft
8 = 12-V-Batterie
9 = Glühstiftkerzen

12.3 Heizflansche

Bei modernen Motoren wird der Heizflansch zwischen Ansaugrohr und Motorblock angeordnet. Er eignet sich auch für den nachträglichen Einbau in Motoren, die ab Fabrik ohne Starthilfeanlage geliefert werden. Teilweise ist das bei Direkteinspritzern und Luftspeichermotoren der Fall.
Die Verwendung von Heizflanschen ist heute allerdings nicht so verbreitet wie die von Glüh- oder Glühstiftkerzen. Der wesentlichste Grund dafür ist neben der längeren Aufheizzeit die wesentlich größere Belastung der Startbatterie durch höhere Stromaufnahme.
Von der Robert Bosch GmbH ist der Heizflansch AH/H12ZI entwickelt worden. Die auf 12 V abgestimmte Heizwicklung ist relativ lang

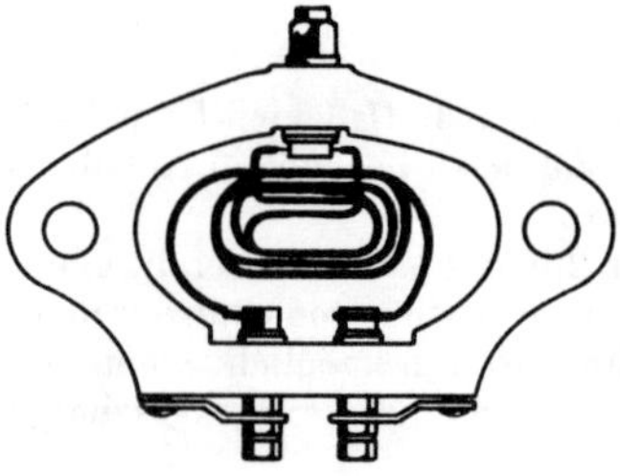

Bild 12.14
Zweipoliger Heizflansch zum Einbau in das Luftansaugrohr (Robert Bosch GmbH)

ausgeführt. Sie wird in der Mitte von einem Haltebolzen abgestützt, an dem sich ein Anschluß einer Kontrolleuchte befindet, die mit ihrem zweiten Anschluß zur Motormasse führt. Durch die Anordnung des isolierten Haltebolzens beträgt die Betriebsspannung im Heizbetrieb 6 V je Widerstandshälfte, weshalb die Kontrolleuchten auch nur mit 6 V Spannung versorgt werden und deshalb weniger intensiv leuchten. Verlöscht eine Kontrollampe, oder leuchtet sie heller als die anderen, so ist der zugehörige Heizflansch defekt.

Bild 12.15
Schematisches Schaltbild von zwei parallelgeschalteten Heizflanschen

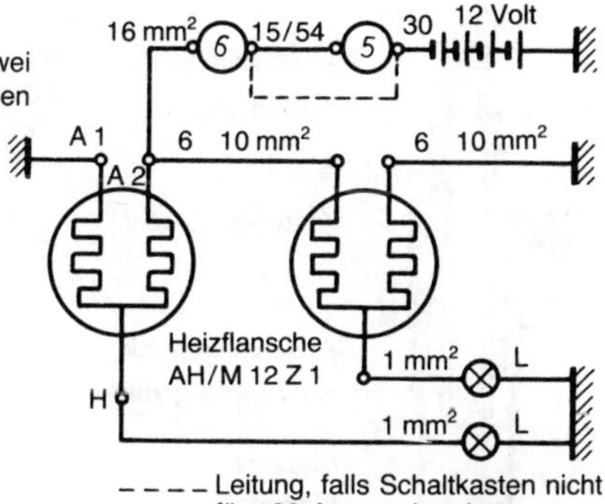

Entsprechend der Anzahl der Saugkanäle sind Heizflansche anzuordnen. Bei einem 6-Zylinder-Motor sind in der Regel demnach 3 Heizflansche erforderlich. Da der Bosch-Heizflansch eine Stromaufnahme von 52,5 A hat, beträgt seine elektrische Leistung 630 W. Bei Verwendung von 3 Heizflanschen beträgt der Verbrauch mithin 1890 W, was eine besondere Auslegung der Batterie und sonstigen elektrischen Anlage erfordert.

12.4 Flammglühkerze

Flammglühkerzen werden überwiegend als Starthilfe für Vielstoffmotoren vorgesehen. Sie heizen die Ansaugluft des kalten Motors durch Verbrennung von Dieselkraftstoff oder den gerade im Vielstoffmotor befindlichen Brennstoff im Ansaugrohr auf.
Dabei erfährt das Glührohr während des Aufheizvorgangs Temperaturen bis zu 1000 °C. Über einen austauschbaren Kraftstoffeinlaß in der

Kerze wird Kraftstoff auf das Glührohr gebracht, so daß dieser verdampft. Durch die Löcher in der Kerzenschutzhülse tritt Luft hinzu, wodurch sich ein brennbares Gemisch bildet, das sich an dem heißen Glührohr entzündet. Die so entstehende Flamme heizt die Ansaugluft des Motors vor.
Nach dem Start läuft die Flammglühkerze je nach Außentemperatur noch eine begrenzte Zeit zur Verbesserung des Motorleerlaufs im Kaltzustand mit.

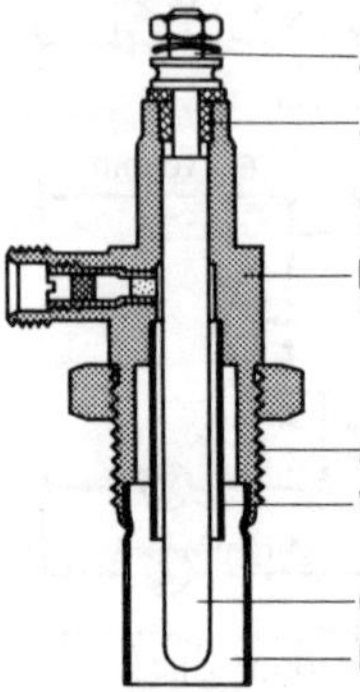

Bild 12.16
Schnittbild einer Flammglühkerze
(Robert Bosch GmbH)

12.5 Elektronisch gesteuerte Vorglühanlagen

Elektronische Steuergeräte ermöglichen es, die Vorglühzeit der Temperatur des Dieselmotors anzupassen. Dabei wird durch Messen der Kühlwassertemperatur mittels einer anstelle des Vorglühanlaßschalters eingebaute Steuerelektronik die Vorglühzeit bemessen. Danach zeigt das Verlöschen einer Kontrolleuchte die Startbereitschaft des Motors an. Bei warmem Motor ermöglicht die von der Motortemperatur abhängige Glühzeitsteuerung den sofortigen Start. Ein weiterer Vorteil der Steuerelektronik ist, daß diese dem anspringenden kalten Motor ein Nachglühen ermöglicht. Dadurch wird bei kaltem Motor ein besserer Lauf und weniger Ruß im Abgas erreicht. Höhe und Dauer des Nachglühstroms werden dabei in Abhängigkeit von der Kühlwassertemperatur des Motors gesteuert.
Um die Vorglühzeiten weiter zu verkürzen, hat die Robert Bosch GmbH ein Schnellstartverfahren für Diesel-Pkw entwickelt. Mit kon-

ventionellen Glühstiftkerzen dauert es beim Kaltstart etwa 20 s, bis die erforderliche Starttemperatur von 850 °C erreicht ist. Ein Glühzeitsteuergerät in Verbindung mit speziellen Schnellstart-Glühkerzen verkürzt diese Zeit auf nur 5 bis 6 s. Die Vorglühzeit wird dabei motortemperaturabhängig gesteuert. Damit ist es möglich, den warmen Dieselmotor sofort zu starten.

13 Solaranlagen im Kraftfahrzeug

Alle Welt spricht über Solarenergie. Ist sie nun in unseren Breiten eine Alternative zur herkömmlichen Energiegewinnung, oder ist sie es nicht? Sicherlich reicht Solarenergie nicht aus, um unsere Kraftfahrzeuge vom gewohnten Generator unabhängig zu machen. Dazu ist der Stromverbrauch in modernen Fahrzeugen zu hoch und die mittlere Sonnenscheindauer zu gering. Auch reicht der bisher erzielbare Wirkungsgrad von Solarmodulen – trotz aller Fortschritte, die diese Technik in den letzten Jahren erlebte – nicht aus.
Anders verhält es sich beim Einsatz von Solarmodulen für Wohnmobile. Hier geht es nicht darum, große Energiemengen über das gesamte Jahr zur Verfügung zu haben; hier will man kleinere Mengen über kürzere Zeiträume und das in Gegenden, in denen eine öffentliche Stromversorgung das Bordnetz des Grundfahrzeugs nicht unterstützen kann.
Die Umwandlung des Sonnenlichts in elektrischen Strom ist beileibe keine Errungenschaft der jüngsten Zeit. So berühmte und bekannte Namen wie Becquerel, Werner von Siemens, Max Planck und Albert Einstein stehen für die lange Zeit der Entwicklung. Heute ist es immerhin schon möglich, rund 15 Prozent der auf ein Solarmodul einfallenden Sonnenenergie in Strom umzuwandeln. Wirkungsgrade von über 20 Prozent scheinen erreichbar.
Die Solartechnik ist einfach zu verstehen und zu installieren: In den Solarmodulen werden Siliziumscheiben zusammengefaßt. Je nach Anzahl der Scheiben wird eine mehr oder minder hohe Spannung erzeugt, sowie Licht auf das Modul fällt. Je mehr Module parallelgeschaltet werden, und je größer ihre Fläche ist, desto mehr Strom wird gewonnen. Natürlich entscheidet auch die Intensität des Sonnenlichts über die erhaltene Strommenge. Bei Qualitätsmodulen ist es allerdings nicht so, daß sie nur in strahlender Sonne Strom abgeben. Die monokristallinen Siliziumscheiben, wie sie beispielsweise von Siemens in der Solarmodultechnik verwendet werden, verarbeiten einen Bereich des Sonnenlichts, der auch bei bedecktem Himmel noch vorhanden ist. Bei Schatten fällt allerdings auch ihre Leistung rapide ab.
Selbst im Winter ist die Stromausbeute bei Siemens-Modulen bei direktem Sonnenlicht gut. Das liegt wiederum an dem für die

Bild 13.1
Solaranlagen sind auch in unseren Breiten eine sinnvolle Stromquelle überall dort, wo Unabhängigkeit vom Stromnetz gefordert ist. Dazu gehört neben einem leistungsfähigen Solarmodul eine speziell für häufige Entladezyklen entwickelte Batterie (Varta)

Umwandlung in Strom gewählten Bereich des Sonnenlichts, aber auch daran, daß die Siliziumscheiben bei Kälte mehr Strom erzeugen als bei hohen Temperaturen.
Solarmodule fügen sich mühelos in die vorhandenen elektrischen Anlagen an Bord eines Fahrzeugs ein. Sie werden von der Schaltung her gleichbehandelt wie eine Lichtmaschine oder ein anderer Stromgenerator. Einen Unterschied jedoch gibt es: Solarstrom entsteht lautlos und abgasfrei.
Solargeneratoren können ohne Batterie betrieben werden. Ihre momentane Stromabgabe ist direkt nutzbar. Jedoch sind solche Anwendungsfälle selten. Im Kraftfahrzeug gehört zur Solaranlage eine Speicherkapazität, eine Solarbatterie. Wie auch der Lichtmaschine ist dem Solargenerator ein Regler vorgeschaltet. Er verhindert, daß die Batterie weder zu stark entladen noch überladen wird.
Für Solaranlagen ist eine Spezialbatterie erforderlich. Von Varta wurde eine entsprechende Batterie mit der Typenbezeichnung 82 000

Bild 13.2
Prinzipschaltbild einer Solaranlage ohne Regler (Varta)

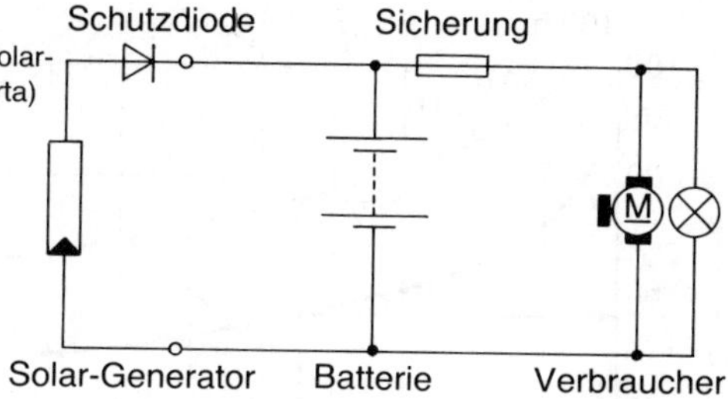

entwickelt. Sie hat eine Nennleistung von 100 Ah und ist so ausgelegt, daß bei einer Entladung über 20 Stunden gut 80 Ah zur Verfügung stehen, sofern nicht die Reglerauslegung eine frühere Begrenzung der entnehmbaren Kapazität vorsieht. Weitere Vorteile dieser Spezialbatterien sind: Fähigkeit zu häufigen Entladezyklen und optimale Aufnahme geringer Strommengen.

13.1 Planung einer Solaranlage für Freizeitmobile

Es ist von dem zu erwartenden Strombedarf auszugehen. Dabei gilt die Regel: Zuerst einmal an der unteren Grenze planen. Solaranlagen lassen sich problemlos nachträglich erweitern. Zur Ermittlung des Strombedarfs ist eine Liste der Stromverbraucher anzulegen, welche die genauen Stromaufnahmen der einzelnen Geräte und Lampen beziffert. Ferner ist die mittlere Einschaltdauer der Verbraucher pro 24 Stunden festzulegen. Die benötigte Kapazität wird durch Addition der

Bild 13.3
Prinzipschaltbild einer Solaranlage mit Regler und Entladeschutz (Varta)

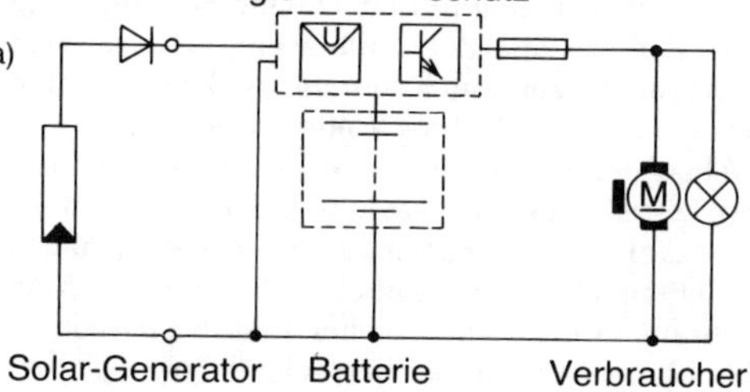

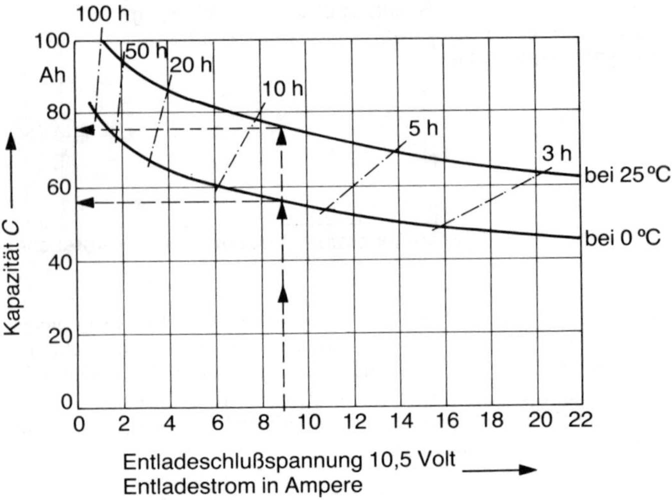

Bild 13.4
Entnehmbare Kapazität C in Abhängigkeit vom Entladestrom I (Varta). Bei einem entnommenen Strom von etwa 9 A können bei einer Batterie-Temperatur von 25 °C über etwa 9 Stunden maximal ca. 75 Ah entnommen werden. Bei einer Batterie-Temperatur von 0 °C reduziert sich die mögliche Entladezeit auf etwa 6,5 Stunden und die entnehmbare Kapazität auf ca. 58 Ah.

Stromaufnahmen (A) und anschließender Multiplikation mit der täglichen Einschaltdauer (h) zum täglichen Kapazitätsbedarf (Ah) hochgerechnet.
Die Zahl und die Fläche der Solarmodule muß nun so angelegt sein, daß sich die erzeugte Strommenge mit dem Stromverbrauch in etwa deckt. Als Richtwert kann gelten, daß ein Siemens-Solarmodul SM 36 mit 35 W Leistung in Deutschland an Sonnentagen etwa 10 Ah liefert. Die Batteriekapazität sollte wenigstens doppelt so groß wie der zu erwartende Verbrauch sein. Besser ist es, in allen Fällen mehr Batteriereserven für schlechtes Wetter zu haben.
Neben der Konzeption einer Solaranlage ist es erforderlich, auch die zu betreibenden Geräte und Lampen genau zu prüfen. Es gibt eine Vielzahl von energiesparenden Geräten, angefangen bei Transistorleuchten statt herkömmlicher Glühlampen, Kolben-Kompressor-Kühlschränken mit Kältespeicher statt der herkömmlichen Absorbergeräte bis hin zu optimierten Fernsehgeräten.

13.2 Berechnungsbeispiel einer Solaranlage für Freizeitmobile

Ein Siemens-Solarmodul SM 36, bestehend aus monokristallinen Zellen mit ca. 0,4 m^2 Fläche bringt in der Bundesrepublik Deutschland eine maximale Leistung von 35 Watt. Unter optimalen Bedingungen fließen dann 2,5 A. Für die Planung der Anlage ist von 10 Ah pro Modul und Sommertag auszugehen. Die Solarbatterie stellt bei 20stündiger Entladung ca. 80 Ah zur Verfügung.
Wichtig für die Planung sind auch die Gewichte der Solarbauteile, weil sie von der Zuladung des Fahrzeugs abgezogen werden müssen. Ein Siemens-Solarmodul SM 36 wiegt ca. 6 Kilogramm inklusive Regler und Verkabelung. Die Varta Solar 82 000 mit 100 Ah wiegt ca. 25 Kilogramm.
Die nachfolgende Tabelle zeigt eine anwendungsspezifische Bedarfsermittlung der Solarkapazität für ein Freizeitfahrzeug.

Die Stromverbraucher	Leistungsaufnahme in Watt	Stromaufn. in Ampere	Anzahl der Stromverbr.	Betriebszeit in Stunden	Strombedarf in Amperestunden
Transistorleuchte[1])	8	0,7			
Transistorleuchte[2])	11	0,5			
TV-Gerät, s/w	12	1,2			
TV-Gerät, Farbe	40	3,4			
Autoradio	10	0,9			
Wasserpumpe	70	6,0			
Lüfter	10	0,9			
Heizungsgebläse	10	0,9			
Absorberkühlschrank	nicht empfehlenswert für Solarbetrieb				
Kompressorkühlschrank	40				ca. 15 Ah pro Tag
Summen	1.	2.	3.	4.	5.

[1]) vergleichbar mit der Helligkeit 50-W-Glühlampe; [2]) vergleichbar mit der Helligkeit 75-W-Glühlampe

Die erforderliche Batteriekapazität in Ah ergibt sich aus der Summe 5. mal Faktor 2. Bei erwünschtem autarkem Betrieb über bestimmte Zeit ohne Sonne ist die Batteriekapazität entsprechend höher anzusetzen.

Tabelle 13.1

Schnellsuchtabelle der wichtigsten Fehler

Fehlersymptom	Kurzdiagnose	Abschnitt/Seite
Starter		
Starter dreht sich nicht	Batterie entladen oder defekt, Batterieklemmen haben schlechten Kontakt, Starterleitungen oder Masseverbindungen unterbrochen, Starter defekt, Starter verklemmt, Motor blockiert	7.7/S. 103 4.2/S. 46 11.3/S. 239
Starter dreht, spurt aber nicht ein	Starter defekt, Schwungscheibenverzahnung oder Ritzel vergratet	11.3/S. 239
Starter spurt nach Anspringen des Motors nicht aus	Magnetschalter bleibt hängen, Starter defekt, Ritzel oder Schwungscheibenverzahnung vergratet	11.2.2/S. 234
Starter dreht den betriebswarmen Motor nicht schnell genug	Batterie entladen oder defekt, Batterieklemmen haben schlechten Kontakt, Starterleitung oder Masserückleitungen haben keine einwandfreie Verbindung, Starter defekt	7.7/S. 103 11.3/S. 239 4.3/S. 47 11.4/S. 241
Starter dreht den betriebswarmen Motor an, dreht aber den kalten Motor nicht schnell genug	Batterie entladen, defekt oder zu kalt, Batterieklemmen, Starterleitungen oder Masserückleitung nicht einwandfrei, Starter defekt, Motor dreht sich zu schwer, ungeeignetes Schmieröl im Motor	7.7/S. 103 11.4/S. 241 11.3/S. 239

Fehlersymptom	Kurzdiagnose	Abschnitt/Seite
Starter dreht bei kaltem Motor anfänglich schnell, läßt aber rasch in der Drehzahl nach	Batterie entladen, verbraucht, defekt oder zu klein	7.7/S. 103 7.3.3/S. 90
Batterie		
Batterie wird nicht genügend geladen und muß oft stationär nachgeladen werden	Zu viele zusätzliche Verbraucher eingebaut und Generatorenleistung zu gering, Antriebskeilriemen des Generators zu lose, Spannungsverluste in Ladeleitung oder Masserückleitung, Reglerschalter oder Generator defekt, Feuchtigkeitsschluß im Kabelnetz, Verbraucher werden nicht alle ausgeschaltet, Batterie verbraucht, Motor wird bei dauerndem Stadtverkehr mit zu geringen Drehzahlen betrieben	8.1/S. 109 8.6/S. 139 4.3/S. 47 7.7/S. 103 8.2.1.6/S. 110
Batterie verbraucht viel dest. Wasser, Batterieklemmen korrodieren, Zellendeckel und Umgebung der Batterie ist säurefeucht	Falsche Einstellung des Spannungsreglers, Verbindung vom Generatormasse zur Reglermasse nicht einwandfrei, Kabelverbindungen vom Generator zum Regler nicht einwandfrei, falscher oder ungeeigneter Reglerschalter, Zellendeckel der Batterie undicht	8.6/S. 139 7.3.4/S. 91
Batterielebensdauer zu gering	Batterie wurde vollgeladen mit größerem Ladestrom weitergeladen, wird dauernd zu wenig geladen, schlechte Batteriepflege, ungeeignetes Wasser oder keine reine Akkusäure verwendet, Befestigung der Batterie schlecht, wird zu warm, sulfatiert durch längere Betriebspausen, Batterie für Kraftfahrzeug zu klein gewählt, dauernder Lade-Entlade-Betrieb, Anlasser wird zu lange betätigt, weil Motor zu schlecht anspringt	7.3.4/S. 91 7.6.4.2/S. 102 7.6.4/S. 101 7.6.3/S. 100 7/S. 83

Fehlersymptom	Kurzdiagnose	Abschnitt/Seite
Zellendeckel sind plusseitig hochgedrückt	Batterie ist verbraucht	7.7/S. 103
Batterie zeigt entladen beim Anschluß an ein normales Ladegerät sofort starke Gasentwicklung, dabei verändert sich der Ladestrom ohne Einstellungsänderung am Ladegerät	Batterie ist sulfatiert	7.4.1/S. 94
Anzeigeleuchte bei Kollektorgenerator		
Anzeigeleuchte brennt beim Einschalten der Zündung nicht	Glühlampe defekt, Kabel Nr. 61 oder 61a unterbrochen, Zündschalter defekt, Batterie tiefentladen, Rückstromschalter hängt fest	8.5/S. 137
Anzeigeleuchte brennt bei allen Drehzahlen voll weiter	Generator oder Reglerschalter defekt, Masseschluß in der Leitung 61, Antriebskeilriemen des Generators gerissen	8.6/S. 139 4.1/S. 45
Anzeigeleuchte verlöscht bei geringer Drehzahl, glimmt aber bei höheren Drehzahlen leicht auf	Unterbrechung oder größere Übergangswiderstände in Leitung 51 oder an deren Anschlußklemmen, schlechter Kontakt im Rückstromschalter des Reglerschalters, Regler zu hoch eingestellt, Generator erzeugt zu viel Strom	4.2/S. 46 4.3/S. 47 8.5/S. 137
Anzeige glimmt bei höheren Drehzahlen nur auf, wenn zusätzliche Verbraucher eingeschaltet werden	Spannungsabfall in der Ladeleitung oder im Reglerschalter zu groß, zu viele Verbraucher eingeschaltet, schlechter Kontakt der Anschlüsse des Kabels 51	4.3/S. 47 8.5/S. 137

Fehlersymptom	Kurzdiagnose	Abschnitt/Seite
Anzeige glimmt bei höheren Drehzahlen auf, wenn Tagesverbraucher eingeschaltet werden, welche nur bei eingeschaltetem Zündschalter betätigt werden können	Schlechter Kontakt der Kabelanschlüsse am Zündschalter, Zündschalter nicht in Ordnung, zu viele oder zu große Verbraucher werden über einen dafür nicht geeigneten Zündschalter geschaltet	4.3/S. 47 3.4/S. 39
Anzeigeleuchte bei kollektorlosen Generatoren		
Kontrolleuchte brennt bei allen Drehzahlen voll weiter	Regler oder Leitung 61 hat Masseschluß, Generator oder Regler defekt	8.5.2/S. 139
Kontrolleuchte brennt mit voller Helligkeit beim Stand und beim Betrieb des Motors	Unterbrechung oder schlechter Kontakt der Leitung DF oder der Lötbrücken im Regler, Übergangswiderstand zwischen Kohlebürsten und Schleifringen	8.2.2.1/S. 114 8.5.2/S. 139
Kontrolleuchte brennt nicht nach Einschalten der Zündung und auch nicht bei laufendem Motor	Glühlampe defekt, Kabelverbindung Nr. 61 oder Nr. 61a unterbrochen, Zündschalter defekt	8.5.2/S. 139
Kontrolleuchte brennt bei ausgeschalteter Zündung und geht beim Einschalten der Zündung aus	Plusdiode sperrt nicht	8.2.2.1/S. 114

Fehlersymptom	Kurzdiagnose	Abschnitt/Seite
Kontrolleuchte brennt bei Stand voll, glimmt aber bei Betrieb weiter	Übergangswiderstände im Stromkreis oder im Stromkreis des Zündschalters, Generator schadhaft	8.5.1/S. 138
Generatoren		
Batterie wird trotz verlöschender Anzeigeleuchte entladen	Mehr Verbraucher eingeschaltet als es der Generatorleistung entspricht, Antriebskeilriemen zu lose, fehlerhafte oder falsch eingestellte Regler, Übergangswiderstände in Leitung oder Masserückleitung, Fahrzeug wird im Stadtverkehr mit zu geringen Motordrehzahlen betrieben	8.1/S. 109 8.6/S. 139 4.3/S. 47 8.2.1.6/S. 111
Batterie wird bei abgestelltem Fahrzeug entladen	Batterie defekt, Masseschluß, Verbraucher nicht alle abgeschaltet, bei Drehstromgeneratoren ist Gleichrichterdiode defekt	7.7/S. 103 8.6.1.3.3/S. 142
Batterie wird überladen	Fahlerhafter oder falsch eingestellter Spannungsregler, schlechter Kontakt der Verbindung zwischen Reglerschalter und Generator, schlechter Kontakt zwischen Reglermasse und Generator	8.6.1.2.2/S. 141 4.3/S. 47
Zündanlage		
Motor springt nicht an, obwohl Anlasser genügend schnell dreht	Spannungsabfall im primären Stromkreis zu groß, Zündspule oder Kondensator defekt, Unterbrechung im sekundären Stromkreis, Entstörwiderstände defekt, Feuchtigkeitsschluß oder Massedurchschläge im sekundären Stromkreis, Unterbrecher schadhaft, Zündkerzenschäden, falsche Zündeinstellung	4.3/S. 47 9.5.1/S. 167

Fehlersymptom	Kurzdiagnose	Abschnitt/Seite
Motor springt gut an, läuft in allen Drehzahlen gut, setzt aber bei raschem Beschleunigen aus	Elektrodenabstände der Zündkerzen zu klein oder zu groß, Zündkerzen defekt oder verbleit, Unterbrecherschließwinkel zu klein, Unterbrecherkontakte verbraucht, Lagerspiel der Verteilerwelle zu groß, Unterbrechung in der Zündleitung oder Entstörwiderstände defekt, Zündspule oder Kondensator defekt, schlechter Kontakt oder Wackelkontakt im primären Stromkreis, Unterdruckversteller arbeitet nicht richtig, Zündeinstellung oder Fliehkraftzündversteller nicht in Ordnung	9.5.3/S. 168
Motor springt gut an, setzt aber bei oberen Drehzahlen aus oder erreicht seine Höchstdrehzahl und damit die Fahrzeughöchstgeschwindigkeit nicht	Elektrodenabstände der Zündkerzen zu groß, Zündkerzen verbraucht oder verbleit, Schließwinkel des Unterbrechers zu klein, Unterbrecherkontakte nicht in Ordnung, Verteilerwellenlager ausgelaufen, Spannungsabfall im primären Stromkreis zu groß, Unterbrechung in den Zündleitungen oder defekte Entstörwiderstände, Zündeinstellung oder Fliehkraftzündversteller nicht in Ordnung	9.5.2/S. 168
Beleuchtungsanlage und Kabelnetz		
Licht einer Beleuchtungseinrichtung versagt vollständig	Sicherung abgeschmolzen, Sicherung hat schlechten Kontakt, Unterbrechung der Zuleitung, Anschluß lose, Masseverbindung fehlt, Schalter defekt, Glühlampen defekt	3.6/S. 42 4.2/S. 46 5.12/S. 69
Eine Glühlampe einer Beleuchtungseinrichtung brennt nicht	Sicherung abgeschmolzen, schlechter Kontakt der Sicherung, Unterbrechung der Zuleitung, Anschluß lose, Masseverbindung fehlt, Glühlampe defekt	3.6/S. 42 4.2/S. 46 5.12/S. 69

Fehlersymptom	Kurzdiagnose	Abschnitt/Seite
Glühlampe einer Beleuchtungseinrichtung wird häufig unbrauchbar	Erschütterungen durch Riß in der Befestigung, lose Schrauben oder lose Bleche, Wackelkontakt in der Zuleitung, zu hohe Spannung	5.12/S. 69
Licht einer Beleuchtungseinrichtung flackert	Schlechter Kontakt von Sicherung oder Glühlampe, lockere Anschlußklemmen, Wackelkontakt in der Zuleitung oder in der Masserückleitung	3.6/S. 42 4.2/S. 46
Ein Scheinwerfer oder ein Abblendscheinwerfer brennt nicht so hell wie der andere	Massekontakt nicht einwandfrei, Sicherung hat schlechten Kontakt, schlechter Kontakt der Anschlußklemmen	4.3/S. 47 5.12/S. 69
Beide Scheinwerfer leuchten nicht weit genug	Glühlampen verbraucht, Reflektoren blind, Scheinwerfer falsch eingestellt	5.12/S. 69 5.4/S. 59
Abblendscheinwerfer blenden	Scheinwerfer falsch eingestellt	5.4/S. 59
Scheinwerfer lassen sich nicht abblenden	Abblendschalter defekt, Leitungsschluß	3.4/S. 39
Bremslicht versagt	Bremslichtschalter defekt, Kabel oder Kabelanschluß unterbrochen, Glühlampe defekt	4.2/S. 46 5.12/S. 69
Sicherung schmilzt häufig ab	Masseschluß, Leitung und damit Sicherung überlastet	4.1/S. 45 3.6/S. 42

Fehlersymptom	Kurzdiagnose	Abschnitt/Seite
Sicherung verliert oft den Kontakt	Kontaktfedern zu schwach, Sicherungskasten wird zu stark erschüttert, ungeeignete Sicherungen	3.6/S. 42
Blinkgeber ist häufig defekt	Zeitweiser Masseschluß in Blinkleuchten oder Blinkleuchtenleitungen	4.1/S. 45
Blinkleuchten links und rechts blinken mit verschiedener Frequenz	Verwendung von Glühlampen verschiedener Leistungsaufnahme, Widerstände der Stromkreise ungleich	5.12/S. 69
Signalhorn zu leise oder falscher Ton	Schlechter Kontakt im Hupknopf oder den Leitungen, Hupunterbrecher verschmort, Horn neu einstellen	4.3/S. 47 6.4/S. 77
Wischer wischt anfangs langsam und nach einiger Betriebszeit schneller	Schmiermittel im Getriebe verbraucht oder falsches Schmiermittel verwendet	
Wischer wird beim Betrieb zu warm	Wischer geht zu schwer, z.B. durch nicht geschmierte oder klemmende Gelenke oder Wischerachsen	

Stichwortverzeichnis